Hans-Bernd Brosius, Andreas Fahr

Werbewirkung im Fernsehen
Aktuelle Befunde der Medienforschung

ANGEWANDTE MEDIENFORSCHUNG
Schriftenreihe des Medien Instituts Ludwigshafen

herausgegeben von Hans-Bernd Brosius

Band 1

Hans-Bernd Brosius, Andreas Fahr

Werbewirkung im Fernsehen
Aktuelle Befunde der Medienforschung

in Zusammenarbeit mit:

Mirjam E. Bühl
Johanna Habermeier
Julia Spanier
Sönke Vaihinger

Zweite Auflage

Verlag Reinhard Fischer
MÜNCHEN

Die Deutsche Bibliothek - CIP-Einheitsaufnahme

Brosius, Hans-Bernd
Werbewirkung im Fernsehen : aktuelle Befunde der Medienforschung /
Hans-Bernd Brosius/ Andreas Fahr. - München: R. Fischer, 1996

(Angewandte Medienforschung ; Bd. 1)

ISBN 3-88927-170-7
NE: Fahr, Andreas:; GT

ISBN 3-88927-170-7

2. Auflage 1998

© Verlag Reinhard Fischer 1996, Weltistr. 34, 81477 München

Vorwort des Herausgebers

Die deutsche Medienlandschaft hat sich in den letzten zehn Jahren dramatisch verändert. Dies betrifft vor allem den Rundfunk. Gerade etwas länger als ein Jahrzehnt existiert im Fernsehbereich was wir „duales System" nennen. In diesem Zeitraum hat sich das Angebot für den Zuschauer durch Kabel- und Satellitenempfang vervielfacht. Durch die Wiedervereinigung wurden die Fernsehproduzenten ebenso wie die Medienforschung mit zwei unterschiedlichen Teilpublika konfrontiert. Die Diskussionen um Programmvielfalt, Qualität der Fernsehprogramme und Gefährdung von Kindern und Jugendlichen reißt nicht ab. Aber auch im Hörfunk und auf dem Zeitschriftenmarkt haben sich Angebot und Nutzungsbedingungen stark verändert. Die rapiden technischen Entwicklungen werden auch in den nächsten Jahren anhalten. Zum einen wird sich die Anzahl der verfügbaren Fernseh- und Radiokanäle weiter vermehren. Zum anderen wird durch das Zusammenwachsen der beiden Medien Computer und Fernsehen ein neues Angebotsspektrum für Rezipienten entstehen, dessen rechtliche, wirtschaftliche und soziale Aspekte noch weitgehend unbekannt sind.

Im Zuge dieser Entwicklungen ergibt sich im Bereich Medien und Massenkommunikation ein erheblicher Forschungsbedarf, der sich auf rechtliche, wirtschaftliche und soziale Fragestellungen erstreckt: Wie werden die Menschen mit neuen Programmformen umgehen und welche Konsequenzen hat dies für die herkömmlichen Medien? Welche Wirkungen werden neue Programmformen und -inhalte auf die Meinungen, Wertvorstellungen und Verhaltensweisen der Rezipienten haben? Welche rechtlichen Konsequenzen ergeben sich aus der Globalisierung der Kommunikationsmärkte? Wo muß man die Erscheinungsformen der modernen Kommunikationstechnologien im Spannungsfeld ökonomischer Interessen und gesellschaftlicher Relevanz verorten? Dieser Forschungsbedarf wird zur Zeit aus vielerlei Gründen weder von der universitären noch von der angewandten Forschung in Sendern und Agenturen abgedeckt, die zudem relativ isoliert voneinander arbeiten.

An dieser Stelle sieht das Medien Institut Ludwigshafen seinen Aufgabenbereich. Am Schnittpunkt zwischen Theorie und Praxis geht das Institut aktuellen Forschungsfragen nach, die für beide Bereiche gleichermaßen interessant und relevant sind. Nicht der viel zitierte Elfenbeinturm, sondern die praktische Anwendbarkeit steht hierbei im Vordergrund. Das Institut will weder die universitäre noch die Alltagsforschung ersetzen oder verdrängen. Vielmehr sollen Projekte und Forschungsfragen bearbeitet werden, die im Alltagsgeschäft von Agenturen, Sendern und Vermarktern aus Zeitgründen liegen bleiben und für die sich die rein akademische Forschung häufig nicht zuständig fühlt.

Die vorliegende Reihe „Angewandte Medienforschung", die das Medien Institut Ludwigshafen betreut, dient als Forum, der Öffentlichkeit aktuelle Forschungsergebnisse zugänglich zu machen, die sich mit Fragen der gegenwärtigen und zukünftigen Rahmenbedingungen von Rundfunk und Presse beschäftigen. Es sollen nicht nur Publikationen aus dem Arbeitsbereich des Instituts erscheinen. Manuskriptangebote, die sich mit den oben beschriebenen Kriterien decken, können gern an das Institut gerichtet werden. Die Arbeiten sollen auf der einen Seite einen deutlichen Praxisbezug haben, auf der anderen Seite aber auch theoretisch fundiert sein und somit die Kommunikation zwischen den verschiedenen Bereichen der Medienforschung fördern.

Der hier vorliegende erste Band der Reihe widmet sich dem Thema Werbewirkung. Kaum eine Erscheinungsform des dualen Systems steht so stark im Kreuzfeuer der Kritik. Nicht nur die Anzahl der Werbespots, auch die Erscheinungsformen haben sich vervielfacht. Eine ganze Palette von Werbeformen (Sponsoring, Product Placement, Tandemspots, Unterbrecherwerbung, etc.) sind neben dem klassischen Werbespot in einem Werbeblock entstanden. Das Buch untersucht mit einer Reihe von Experimenten, die nach einem einheitlichen Design durchgeführt wurden, die Wirkung einiger dieser Formen.

Wir hoffen, daß unser Anliegen auf Resonanz stößt und die Kommunikation zwischen den Medienforschern unterschiedlicher Herkunft stärkt.

Ludwigshafen im April 1996,

H.-B.B.

Inhalt

Dank

Einige der vorliegenden Kapitel basieren in wesentlichen Teilen auf den Forschungsarbeiten von Studierenden der Publizistikwissenschaft an der Johannes Gutenberg-Universität Mainz sowie der Kommunikationswissenschaft an der Ludwig-Maximilians-Universität München. Ohne ihre hervorragende Leistung sowie die Mithilfe zahlreicher Kommilitoninnen und Kommilitonen bei der Durchführung der experimentellen Studien hätte dieses Buch nicht geschrieben werden können. Hierzu gehören Mirjam Bühl (Kapitel Programmsponsoring), Julia Spanier (Kapitel Emotionalisierende Werbespots) und Sönke Vaihinger (Kapitel Furchtappelle). Besonders zu erwähnen sind Clemens Karsch für wesentliche Teile der Literaturrecherche zu „Erotik in der Werbung" sowie Dirk Engel, Christoph Hardy, Susanne Könighaus und Christina Weiß für die Erhebung der Daten für dieses Kapitel. Das Manuskript wurde von Christian Bahlinger, Karin Flier und Camille Zubayr Korrektur gelesen. Ihr Beitrag ging weit über das Finden von Tippfehlern hinaus. Auch ihnen herzlichen Dank. Für alle verbleibenden Fehler übernehmen wir natürlich die volle Verantwortung.

H.-B. B.
A. F.

1 Einführung

1.1 Fernsehwerbung in Deutschland

Die deutschsprachige Publizistik- und Kommunikationswissenschaft tut sich schwer mit dem Thema „Werbung" im allgemeinen und „Werbewirkung" im besonderen. Verglichen mit dem Ausstoß anglo-amerikanischer Studien zum Thema ist der deutsche Beitrag äußerst bescheiden zu nennen. Nicht daß die deutschsprachige Werbewirtschaft mit der englischen Forschung zufrieden wäre. Häufig ist die Übertragbarkeit der Ergebnisse auf deutsche Verhältnisse fraglich. In vielen Gesprächen mit Werbefachleuten wird der allgemeine Forschungsmangel beklagt. Die kommerzielle Marktforschung kann aber die Forschungslücken nur bedingt schließen. Ein Großteil der dort angesiedelten Forschung ist evaluativer Natur, kann also keinen theoretischen Beitrag zur Werbewirkung liefern. Viele Forschungsbemühungen sind zudem auf „ad-hoc"-Problemlagen bezogen; die Ergebnisse lassen sich häufig nicht verallgemeinern.

Das vorliegende Buch soll einerseits einen theoretischen Beitrag zur Beurteilung von Werbewirkung leisten und andererseits aktuelle Entwicklungen der Fernsehwerbung aufgreifen. Neben dem rein akademischen Leserkreis sollen damit auch Werbefachleute angesprochen werden. Das Buch stellt nach einem allgemeinen Einführungskapitel sieben experimentelle Studien zu aktuellen Phänomenen der Fernsehwerbung vor, die jeweils nach einem gemeinsamen methodischen Standard konzipiert wurden und deren Befunde sich aufeinander beziehen lassen.

Gerade der gestiegene gesellschaftliche Stellenwert von Werbung macht es notwendig, daß sich die akademische Forschung der Werbung als eigenständigen Bereich der Massenkommunikation nähert und diesen mit eigenen Methoden und Theorien untersucht. Hierzu benötigt die Kommunikationswissenschaft eine Arbeitsdefinition von Werbung.

1.2 Definition von Werbung

Werbung wurde in der Tradition der vornehmlich wirtschaftswissenschaftlichen Ursprünge auf vielfältige Weise diskutiert und definiert.[1] Vergegenwärtigt man sich die zahlreichen Definitionen, so kann man Werbung im engeren Sinne fünf wesentliche konstituierende Charakteristika zuschreiben:

1. Den *Gegenstand*: Produkte, Dienstleistungen, Unternehmen als Ganzes oder (politische, kulturelle, religiöse) Ideen,
2. das *Ziel*: Die Beeinflussung von Meinungen, Kognitionen, Emotionen, Motivationen oder Verhalten von Menschen,
3. die *Instrumente*: Die strategische und systematische Anwendung von Gestaltungstechniken,
4. die *Art der Kommunikation*: Der Versuch, das Werbeziel durch gezielte und offenkundige Beeinflussung zu erreichen,
5. den *Kanal*: Der Vorzug von bestimmten Verbreitungskanälen (Massenmedien im weitesten Sinne).

Der weitaus überwiegende Teil der Fernsehwerbung bezieht sich auf Produkte. Der Verkauf, die Direktwerbung und die Verkaufsförderung (also die nicht-klassische Werbung) können bei der Analyse der Wirkung von Fernsehwerbung aus methodischen Gründen oft keine Rolle spielen; der Verbreitungskanal ist qua definitionem das Medium Fernsehen. Daher leiten wir folgende Definition für Fernsehwerbung ab:

(Fernseh-)Werbung ist der absichtliche Versuch der Beeinflussung durch systematische und strategische Anwendung von Gestaltungstechniken.

Diese Arbeitsdefinition von Werbung zeigt bereits, daß sich allgemeine Kommunikationstheorien nicht immer ohne weiteres auf Werbung übertragen lassen. Die Zielgerichtetheit der Kommunikation von Seiten der Werbetrei-

---

[1] Vgl. z.B. ROSENSTIEL, L. von (1973) S. 47; SYFFERT, R. (1966) S. 7; BEHRENS, K.C. (1970) S. 3; KROEBER-RIEL, W. (1992) S. 610; SCHENK, M., DONNERSTAG, J. UND J. HÖFLICH (1990) S. 5.

benden und die eher beiläufige bis abwehrende Rezeption der Werbung durch das Zielpublikum sind die Besonderheiten der Kommunikationssituation, die sowohl theoretisch als auch methodisch aufgegriffen werden müssen.

1.3 Veränderungen der Erscheinungsformen von Fernsehwerbung

1.3.1 Fernsehwerbung im Wettbewerb

Seit der Einführung des dualen Rundfunksystems in Deutschland hat sich das Erscheinungsbild der Fernsehwerbung fundamental geändert. Die Vermehrung der verfügbaren Kanäle und die Ausdehnung der Werbezeit der privaten Anbieter hat das Werbevolumen vervielfacht. Entsprechend erreichte der Umsatz des Werbefernsehens seither in jedem Jahr zweistellige Zuwachsraten. Allein zwischen 1991 und 1994 stieg der Umsatz von etwa fünf auf knapp neun Milliarden Mark. Damit hatte das Fernsehen einen Anteil von 38 Prozent am gesamten Werbemarkt.[2] Die Wachstumsimpulse in der Werbewirtschaft gingen 1994 und 1995 zum größten Teil auf die gestiegenen Bruttoumsätze des Werbefernsehens zurück. Die Zeiten ungebrochenen Umsatzwachstums in zweistelliger Höhe scheinen nun zwar vorbei - Verlagsleute beschwören sogar bereits die Überschreitung des Werbezenits -, für das Jahr 1995 erwartete der ZAW aber immerhin noch ein Plus von acht bis neun Prozent im gesamten TV-Werbemarkt. Die Spotwerbung wird sich im Jahr 1996 ebenfalls weiter ausweiten.[3]

Das deutlich gestiegene Werbevolumen bleibt nicht ohne weitreichende Konsequenzen für die Werbeakzeptanz und Werbewirkung. Dabei verärgert die einen, das Kulturgut Fernsehen würde zum reinen Werbeträger der Industrie degradiert, während die anderen beim Rundfunk ohne Werbung die Lichter

---

[2] Vgl. DEBUS, M. (1995) S. 246-257.
[3] Vgl. MEDIA FACTS 12/ 95, S. 29.

ausgehen sehen. Beide Einschätzungen sind in ihrer Extremform sicher nicht haltbar, dennoch deuten etliche Daten auf eine veränderte Rolle der Fernsehwerbung hin.

Auf der einen Seite ist bei den großen privaten Anbietern bald die Zahl von 200.000 Spots jährlich erreicht. Dies bewirkt eine verringerte Akzeptanz bei den Rezipienten[4], hat zu deutlichen Einbußen bei den Werbeumsätzen der öffentlich-rechtlichen Sender geführt[5] und hat vor allem den intermediären Wettbewerb verschärft. Private Fernsehsender bestücken mittlerweile bis zu 15 Prozent ihrer Sendezeit mit Werbung; sie sind aber dennoch - gemessen an den Einschaltquoten - sehr erfolgreich. Die Quoten geben jedoch nur wenig Auskunft über die tatsächlich rezipierte gegenüber der im gesamten angebotenen Werbung. Kontrovers wird in diesem Zusammenhang diskutiert, ob die werblichen Informationen die jeweilige Zielgruppe überhaupt erreichen und ob die Qualität des Kontakts nicht erheblich überschätzt wird.[6]

Auf der anderen Seite wollen Medienpolitiker das Fernsehen ungern als rein kommerzielles Unternehmen sehen. Sie weisen auf die besondere Stellung des Fernsehens im Hinblick auf die Informiertheit und Bildung der Bürger, ihre politische Meinungsbildung und somit ihre gesellschaftliche, soziale und politische Partizipation hin. In der medienpolitischen Diskussion bestimmen Liberalisten auf der einen und Moralisten auf der anderen Seite die mediale Tagesordnung. Gesellschaftliche, politische und wirtschaftliche Machtgruppen ringen dabei um Kompetenzen, Verantwortlichkeiten, Posten und Geld. Die Auseinandersetzung um Sinn oder Unsinn und letztlich politische Wertung von Werbung kann und soll daher nicht Gegenstand dieses Buches sein. Uns geht es vor allem um die Beschreibung von Struktur, Inhalt und Wirkung von Werbung unter verschiedenen Voraussetzungen vor dem Hintergrund der gegenwärtigen werbe- und medienpolitischen Fakten.

---

[4] Über 80 Prozent der Deutschen geben bei Befragungen an, daß es ihrer Ansicht nach zu viel Werbung gibt: *Horizont 44* vom 4. Nov. 1994, S. 40. Dabei wird der Werbedruck im Fernsehen am unangenehmsten wahrgenommen.
[5] Vgl. DEBUS, M. (1995) S. 249.
[6] Vgl. NIEMEYER, H.-G. und J.M. CZYCHOLL (1994).

Aus Sicht der Kommunikationswissenschaft läßt sich die Veränderung der Werbelandschaft auf vier Ebenen nachzeichnen:

1. Die quantitative Zunahme (Saturierungseffekte)
2. Die Spotebene (Veränderung von Werbeformen und Werbestilen)
3. Die Werbeblockebene (Positions- und Ausstrahlungseffekte)
4. Die Programm- oder Senderebene (Positions- und Ausstrahlungseffekte)

1.3.2 Quantitative Veränderungen

Die Zahl der ausgestrahlten Werbeblöcke hat sich, nicht zuletzt durch die Einführung immer neuer privater Sender, von Jahr zu Jahr stetig vermehrt. Gleichzeitig haben die Beschränkungen der Anzahl von Werbeunterbrechungen durch den Gesetzgeber dazu geführt, daß Werbeblöcke insgesamt länger geworden sind. Nach einer von uns durchgeführten Stichtagserhebung werden nicht selten, vor allem in attraktiven Programmumfeldern, mehr als 15 Spots in einem Werbeblock untergebracht. Gerade diese Massierung von Spots in wenigen Blöcken macht die quantitative Zunahme in den Augen der Rezipienten wesentlich offensichtlicher. Ab einer bestimmten Werbeblocklänge ist also auch an einem begehrten Programmplatz mit dem Risiko einer „Saturierung" zu rechnen, sprich einer Grenze der Aufnahmekapazität von Informationen durch den Rezipienten.

Im Wettbewerb wird es für etablierte Sender immer wichtiger, ihre Marktposition gegenüber Konkurrenten zu behaupten. Neue Fernsehsender und Spartenkanäle schöpfen zunehmend Werbegelder und Zuschauermarktanteile ab. Die Branchenstruktur der Unternehmen, die im Fernsehen werben, hat sich dagegen über die Jahre kaum verändert. Die fünf Geschäftszweige Handel, Medien, Freizeit, Körperpflege und Kosmetik sowie Süßwaren tragen mit weit über 50 Prozent zum Werbevolumen bei und liegen meist im Fokus der Vermarkter. Besonders bei Sendern mit geringem Werbevolumen oder bei

Zielgruppensendern kann es so zu starker Konzentration einzelner Branchen kommen.

Die wichtigste Ursache für diese Konzentration dürfte die gestiegene Bedeutung der Mediaplanung und der Werbewirkungsforschung für den Einsatz der Werbeaufwendungen sein. Im Kontext der sprunghaft gestiegenen Anzahl der Möglichkeiten, einen Spot zu plazieren, versuchen die Planer, die optimale Plazierung ihres Spots zu finden. Sie strengen sich an, ihren Kunden rasch, kostengünstig und effektiv Zuschauerschaften in beliebiger Größe und soziodemografischer Zusammensetzung zu liefern - kurz, die Quantität und Qualität von Kontakten zu optimieren. So lapidar es vielleicht klingt: Rezipienten müssen einen Werbespot sehen, mit dem Werbemittel in „Kontakt kommen", bevor er wirken kann. Aus betriebswirtschaftlicher Sicht hängt die Anzahl der „notwendigen" Kontakte vom Kampagnenziel, dem Konkurrenzdruck, der Stellung des Produktes am Markt sowie den anderen Faktoren des Marketing-Mix ab (Vertrieb, Promotion am Point of Sale, andere Werbeträger und -mittel usw.).

Die überwiegende Mehrheit der Mediaplaner bewertet die Effizienz ihrer TV-Kampagnen ungeachtet o.g. Einflüsse vor allem mit Hilfe des Tausend-Kontaktpreises (TKP).[7] Daneben spielen Nettoreichweite[8] und Kontaktverteilung eine zunehmend wichtigere Rolle bei der Beurteilung von Mediaplänen. Die Kontaktverteilung macht eine Aussage darüber, wie viele Personen einer Zielgruppe wie oft mit einem Werbemittel (z.B. Werbeblock) in Berührung gekommen sind. Wie oft aber ein Zuschauer mit einer Werbebotschaft in Kontakt kommen muß, um eine bestimmte Wirkung zu zeigen, ist eine umstrittene und derzeit noch kaum geklärte Frage. Da den Mediaplanern außerdem in aller Regel die gleichen Mediennutzungsdaten zur Verfügung stehen und Zielgruppendefinitionen vergleichsweise wenig Varianz aufweisen,

---

[7] Die Höhe der Kosten pro 1.000 erreichter Personen der Zielgruppe: (Spotpreis/ Einschaltquote) X 1000.

[8] Anzahl der mindestens einmal mit einem Spot erreichten Personen.

ANGEWANDTE MEDIENFORSCHUNG

Schriftenreihe des Medien Instituts Ludwigshafen

Band 12

Uwe Hasebrink, Patrick Rössler (Hrsg.)

Publikumsbindungen

Medienrezeption zwischen Individualisierung und Integration

Die gegenwärtigen Entwicklungen im Bereich der Medienangebote sind durch zwei Trends gekennzeichnet:
* aufgrund einer zunehmenden Zielgruppenorientierung differenzieren sich bestehende Angebote aus - Beispiele sind neue Fernsehspartenprogramme, der Markt der Fachzeitschriften oder die steigende Zahl lokaler Rundfunk- und Printangebote;
* zumindest auf der technischen Ebene ist eine Konvergenz von Medien der Individual- und der Massenkommunikation zu beobachten.

Die Schlagworte Individualisierung und Integration markieren unterschiedliche Vorstellungen davon, wie die Rezipientinnen und Rezipienten mit diesen Tendenzen der Angebotsentwicklung umgehen. Zugleich verweisen sie auf unterschiedliche Muster der Bindung an Medienangebote einerseits und der Ent-Bindung von ihnen andererseits: Während im einen Fall von einer Fragmentierung der Publika und von einer Auflösung der Öffentlichkeit gesprochen wird, werden im anderen Fall die kommunikationsfördernden Funktionen zielgruppenspezifischer Angebote und die Herausbildung interpretativer Gemeinschaften um bestimmte Medienangebote und medienvermittelte Foren herum betont.

Die im vorliegenden Band versammelten Beiträge bewegen sich in diesem Spannungsfeld. Dabei werden Individualisierung und Integration zunächst aus gesellschaftlicher Perspektive untersucht, danach konkrete Aspekte der Mediennutzung und ihr Bezug zu individualisierenden und integrativen Funktionen der Medien behandelt und abschließend die Einbettung der Medienrezeption in den Alltag erörtert.

194 Seiten, DM 39.-, ISBN 3-88927-253-3, 1999

Verlag Reinhard Fischer

Weltistr. 34, 81477 München, Tel.: 089 / 791 88 92, Fax: 089 / 791 83 10
www.Verlag-Reinhard-Fischer.de

Band 18

Maren Hartmann

Technologies and Utopias

The cyberflaneur and the experience of `being online´

Verlag Reinhard Fischer

Reihe

@INTERNET
Research

Herausgegeben von Patrick Rössler
Editorial Board:
Klaus Beck, Joachim Höflich
Klaus Kamps, Wolfgang Schweiger
Andreas Werner, Werner Wirth

Band 18:

Maren Hartmann

Technologies and Utopias

The cyberflaneur and the experience of `being online´

- in englischer Sprache -

Vor zehn Jahren kam das Web - wie jede neue (Medien)-Technologie - mit diversen Utopien im Gepäck. Insbesondere im Vokabular, welches versucht das Neue zu beschreiben, finden sich utopische Elemente. In der Studie wurde eine spezifische Untergruppe des Vokabulars untersucht: die Nutzertypen. Als metaphorische Ausdrücke idealisierter Formen von Internetnutzern beschreiben diese Nutzertypen was es heißt online zu sein - und was es heißen könnte. Im Detail analysiert werden cyberflaneur, web-grrl, cyberpunk, netizen, cybernaut und surfer. Zusammengenommen drücken sie aus, was cyberspace werden kann bzw. hätte werden können.

The web's role as a 'new technology' is currently beginning to disappear. Ten years ago, the web - as any new (media) technology - came with a diverse set of utopias attached. An important expression of the utopian potential was found in the vocabulary used to describe the new. The specific subset of this vocabulary analysed in this study are the user types. As metaphoric descriptions of idealised forms of Internet users, user types state what 'being online' is - and what it should be. Analysed in detail are the cyberflaneur, cyberflaneuse, webgrri, cyberpunk, netizen, cybernaut and surfer. All of them taken together express what Cyberspace could (have) become.

As a virtual archaeology, this study concentrates on a readily found vocabulary The theoretical-methodological framework for the analysis consists of metaphor theory (especially in terms of metaphors in the context of Computers and Cyberspace) cybercultural studies and cyberfeminism. Most importantly, it concentrates on Walter Benjamin, his Arcades Project and the flaneur figure. Reconstructing the transformation of a technology from the technical into recognisable social and cultural identities, this study analyses the cultural construction of an emerging medium at a particular moment in time. It thereby provides a critical intervention at a point when the vocabulary is threatening to become ubiquitous and thus to lose its utopian Potential.

308 Seiten, € 22.-, ISBN 3-88927-361-0, Novembe 2004

Verlag Reinhard Fischer

Weltistr. 34, 81477 München
Tel: 089 / 791 88 92, Fax: 089 / 791 83 10
www.Verlag-Reinhard-Fischer.de

Patrick Rössler / Helmut Scherer / Daniela Schlütz (Hrsg.)

Nutzung von Medienspielen –
Spiele der Mediennutzer

Verlag Reinhard Fischer

Reihe **Rezeptionsforschung**

Herausgegeben von:
Helena Bilandzic, Volker Gehrau, Uwe Hasebrink, Patrick Rössler

Band 6:

Patrick Rössler / Helmut Scherer / Daniela Schlütz (Hrsg.)

Nutzung von Medienspielen - Spiele der Mediennutzer

Der Begriff „Spiel" kann zugleich ein Medienangebot und eine Rezeptionsweise charakterisieren: Auf Angebotsseite von den Produzenten als solche definiert, laden Spiele die Rezipienten zu einer entsprechenden Rezeptionserfahrung ein. Spielerische Rezeptionsweisen müssen aber nicht zwingend ihren Ausgangspunkt in spielerischen Medienangeboten haben. Spiel kann in vielen Kontexten entstehen. Wie Menschen ihre (Medien-)Spiele erleben und mit ihnen umgehen und welche Wirkungen daraus resultieren, ist Gegenstand dieses Bandes. Er leistet insofern einen Beitrag zur systematischen Beschäftigung mit diesem kommunikationswissenschaftlich noch wenig bearbeiteten Thema und eröffnet damit ein weites und viel versprechendes Forschungsfeld.

Die Relevanz von Spielen steht – zumindest für die Rezipienten und Spieler – außer Frage: Im deutschen Fernsehen beispielsweise werden die Hitlisten der meistgesehenen Sendungen von Sport- und Quizformaten dominiert. Wichtige Länderspiele der DFB-Auswahl und Olympiaden, aber auch Spiel- und Quizshows wie „Wetten dass...?" oder „Wer wird Millionär?" stehen in der Gunst des Publikums regelmäßig ganz oben. Ein anderes Medium und seine Spiele erreichen ebenfalls immer mehr Menschen: Mit 11,4 Milliarden Dollar überstieg der Umsatz mit Computerspielen in Amerika erstmals die Ergebnisse an den Kinokassen des Landes. Gleichzeitig steigt das Alter der Computerspieler kontinuierlich an – und verdeutlicht, dass Computerspielen kein vorübergehendes Phänomen des Jugendalters ist, sondern auch seinen Platz in der Erwachsenenwelt findet.

Der vorliegende Band beschäftigt sich mit Spielen und spielerischer Rezeption, und macht dabei klassische Forschungsgebiete der Kommunikationswissenschaft, wie etwa die Selective-Exposure-Forschung, die Wirkungsforschung oder den Uses-and-Gratifications-Ansatz für dieses neue Themenfeld nutzbar. Die Beiträge wurden auf der Tagung der Fachgruppe Rezeptionsforschung der Deutschen Gesellschaft für Publizistik- und Kommunikationswissenschaft (DGPuK) im Jahr 2002 in Hannover erstmals vorgestellt und für die Publikation überarbeitet.

166 Seiten, € 20.-, ISBN 3-88927-370-X, November 2004

Verlag Reinhard Fischer Weltistr. 34, 81477 München
Tel: 089 / 791 88 92, Fax: 089 / 791 83 10
www.Verlag-Reinhard-Fischer.de

ANGEWANDTE MEDIENFORSCHUNG

Schriftenreihe des Medien Instituts Ludwigshafen

Band 5

Helmut Scherer • Hans-Bernd Brosius (Hrsg.)

Zielgruppen, Publikumssegmente, Nutzergruppen

Beiträge aus der Rezeptionsforschung

Verlag Reinhard Fischer

ANGEWANDTE MEDIENFORSCHUNG
Schriftenreihe des Medien Instituts Ludwigshafen

Band 5

Helmut Scherer / Hans-Bernd Brosius

Zielgruppen, Publikumssegmente, Nutzergruppen

Beiträge aus der Rezeptionsforschung

Die andauernden technischen Entwicklungen in der Medienlandschaft betreffen in erster Linie die Rezipienten. Diese erhalten eine größere inhaltliche, zeitliche und räumliche Flexibilität bei der Nutzung; gleichzeitig wird das Medienangebot aber auch schwerer überschaubar, Nutzergruppen und ihr Nutzungsverhalten werden schwerer identifizierbar.

Die Beiträge in diesem Band untersuchen Rezipienten und Rezeption vor dem Hintergrund des sich verändernden Mediensystems.

- Welche Nutzertypologien sind sinnvoll?
- Welche Determinanten beeinflussen die Nutzung?
- Wie stabil sind Zielgruppen?
- Wie muß die kommunikationswissenschaftliche Rezeptionsforschung weiter entwickelt werden?

Diese und weitere Fragen werden aus unterschiedlichen wissenschaftlichen Perspektiven beleuchtet. Das Buch wendet sich an Kommunikations- und Sozialwissenschaftler, an interessierte Journalisten und Studierende der Nutzen- und Wirkungsforschung.

290 Seiten, DM 39.-, (€ 20.-), ISBN 3-88927-203-7, 1997

Verlag Reinhard Fischer

Weltistr. 34, 81477 München, Tel.: 089 / 791 88 92, Fax: 089 / 791 83 10
E-mail: VerlagFischer@CompuServe.de, www.Verlag-Reinhard-Fischer.de

ANGEWANDTE MEDIENFORSCHUNG

Schriftenreihe des Medien Instituts Ludwigshafen

Band 30

Jeannine Simon

Wirkungen von Daily Soaps auf Jugendliche

An jedem Werktag werden die deutschen Daily Soaps von bis zu 12 Millionen Zuschauern gesehen und das über Jahre hinweg. Jugendliche sind dabei die Hauptzielgruppe. Doch was bewirkt die Kombination von hoher Reichweite und langfristigem „Dauerbeschuss" bei den jungen Menschen? Trotz des enormen Gewichtes der Soaps gibt es bisher keine überzeugenden Antworten.

Im vorliegenden Buch werden die Wirkungen von Daily Soaps auf einer quantitativen Basis grundlegend erforscht. Die umfassende Analyse bedürfnisbefriedigender, bedürfnisweckender und konsuminduzierender Wirkungen mit modernsten statistischen Methoden vermittelt neue Einsichten. Die Emotionen und die schiere Wucht dieses Formates beeinflussen Jugendliche in starkem Maße und auf überraschende Weise.

Für die werbetreibende Industrie und die Medienpädagogik ergeben sich gravierende Implikationen. Das Thema betrifft Jugendliche wie Eltern, Pädagogen und Bildungspolitiker, Soap-Macher und Fernsehsender, Werbe- und Marketingleute.

294 Seiten, € 22.-, ISBN 3-88927-352-1, 2004

Verlag Reinhard Fischer

Weltistr. 34, 81477 München, Tel.: 089/791 88 92, Fax: 089/791 83 10
Www.Verlag-Reinhard-Fischer.de

Monika Suckfüll

Rezeptionsmodalitäten

Ein integratives Konstrukt für die
Medienwirkungsforschung

Verlag Reinhard Fischer

Reihe **Rezeptionsforschung**

Herausgegeben von:
Helena Bilandzic, Volker Gehrau, Uwe Hasebrink, Patrick Rössler

Band 4:

Monika Suckfüll

Rezeptionsmodalitäten

Ein integratives Konstrukt für die
Medienwirkungsforschung

Im Umgang mit den unterschiedlichen Medienangeboten entwickeln Rezipienten spezifische Herangehensweisen, die Verarbeitungsprozesse während
der Rezeption moderieren und Auswahlentscheidungen beeinflussen - so
genannte Rezeptionsmodalitäten. Im vorliegenden Band erfolgt die theoretische Fundierung, Operationalisierung und Validierung dieses Konstrukts.
Rezeptionsmodalitäten können zu einer Integration unterschiedlicher
Sichtweisen auf den Medienwirkungsprozess und zu einer Systematisierung
einer Vielzahl von Einzelthesen zur Rezeption von Medienangeboten beitragen.
Merkmale der Medienangebote werden nicht als grundsätzlich Wirkungen
bedingende Variablen gesehen. Sie werden erst relevant, wenn sie mit den
Modalitäten korrespondieren, die von den jeweiligen Rezipienten dominant
genutzt werden. Diese Konzeption verlangt weitreichende methodologische
Neuorientierungen. Die Entwicklung einer geeigneten Forschungsstrategie
steht im Mittelpunkt einer Reihe von Studien, im Rahmen derer das Konstrukt
zum Einsatz kommt.

298 Seiten, € 22.-, ISBN 3-88927-356-4, 2004

Verlag Reinhard Fischer
Weltistr. 34, 81477 München
Tel: 089 / 791 88 92, Fax: 089 / 791 83 10
www.Verlag-Reinhard-Fischer.de

ANGEWANDTE MEDIENFORSCHUNG

Schriftenreihe des Medien Instituts Ludwigshafen

Band 27

Jella Hoffmann

Verbrechensbezogene TV-Genres aus der Sicht der Zuschauer

Verlag Reinhard Fischer

ANGEWANDTE MEDIENFORSCHUNG

Schriftenreihe des Medien Instituts Ludwigshafen

Band 27

Jella Hoffmann

Verbrechensbezogene TV-Genres aus der Sicht der Zuschauer

„Dienstmarke, Pistole, Verfolgungsjagd … das kann nur ein Krimi sein."

Instinktiv und innerhalb weniger Sekunden ordnen Zuschauer Fernseh-sendungen allgemeinen Genres zu, welche ihnen die Identifikation und Verarbeitung einer Sendung erleichtern. Da diese Klassifikation von TV-Inhalten jedoch deren Bewertung und damit auch deren Wirkung beein-flusst, sollten auch Medienforscher bei Wirkungsstudien auf Klassifikationen zurückgreifen, die der Wahrnehmung der Zuschauer entsprechen. Vor-ausgesetzt, es existieren bei verschiedenen Zuschauern relativ ähnliche Zuordnungsmuster.
Die vorliegende Studie untersucht erstmals für den Bereich der verbre-chensbezogenen TV-Genres, ob es solche rezipientenübergreifenden Kate-gorien gibt, welche diese sind und wie sie von den Zuschauern bezeichnet werden.

172 Seiten, € 20.-, ISBN 3-88927-334-3, 2003

Verlag Reinhard Fischer

Weltistr. 34, 81477 München, Tel.: 089 / 791 88 92, Fax: 089 / 791 83 10
Www.Verlag-Reinhard-Fischer.de

drängen sich Werbespots auf bestimmten Programmplätzen, die das streufreie Erreichen „ihrer" Zielgruppe gewährleisten sollen.

Der positive Aspekt einer relativ streufreien Zielgruppenansprache wird also zuweilen damit erkauft, daß sich ähnliche Produkte oder Anbieter an gleichen Programmplätzen - wenn nicht sogar im gleichen Werbeblock - tummeln. Die Konsequenzen, wie beispielsweise eine Verwechslungsgefahr, können unter Umständen negativ für die Werbewirkung sein.[9]

Schon hier zeigt sich, daß die Tatsache eines Kontaktes noch nichts über seine Qualität sagt, d.h. welche wie auch immer geartete „Wirkung" der Kontakt beim Rezipienten hatte. Aus Befragungen kann man nur sehr bedingt auf das konkrete Nutzungsverhalten der Seher schließen, da deren Erinnerung an vergangene Nutzungssituationen in der Regel verzerrt und damit wenig valide ist. Neben Erinnerungslücken kommt es zu geschönten (sozial erwünschten) Antworten, bewußten Falschangaben oder ähnlichem. Die telemetrisch erhobenen Daten z.B. der GfK lassen zwar viel konkretere Nutzungsinformationen zu. Daß ein Kontakt stattgefunden hat, kann man hier schon mit größerer Sicherheit sagen. Ob der Zuschauer jedoch gerade konzentriert zugeschaut hat oder beim Fernsehen Nebentätigkeiten wie Lesen, Essen oder Telefonieren ausgeübt hat oder vielleicht sogar auf dem Weg zum Kühlschrank oder zur Toilette war, ist jedoch auch mit telemetrischen Daten bislang nicht zu klären. Außerdem sagt die tatsächliche Rezeption eines Spots nicht notwendigerweise etwas über seine Wirkung beim Zuschauer aus.

1.3.3 Spotebene: Neue Werbestile und Werbeformen

Neben der auch für den Laien auffälligen quantitativen Zunahme haben sich aber außerdem Struktur und Inhalt der Fernsehwerbung verändert. Zur Beurteilung der „Werbewirkung" wird an die Forschung zunehmend die Frage nach der Wirkung von Gestaltungsmerkmalen gestellt.[10]

---

[9]   Vgl. Kapitel 4 „Wirkungen inhaltlich ähnlicher Spots".
[10]   Vgl. BUCHMÜLLER, H. (1989).

17

Neue Werbeformen und Werbestile differenzieren die Werbespots, den Werbeblock und sein Umfeld. Werbe*stile* fußen zum einen auf den sich explosionsartig entwickelnden technischen Möglichkeiten der Gestaltung von Werbefilmen (digitale Schnittechniken, Aufzeichnungsverfahren, Bildbearbeitung), zum anderen auf den jeweils aktuellen Trends oder Modeerscheinungen der kreativen Gestaltung. Dabei bestimmen oft die technischen Möglichkeiten den „state of the art" der Gestaltung, nicht die Erkenntnisse über den Geschmack der Zielgruppe. Dies kann statt zu einer kreativen Vielfalt zu Konvergenzen der Werbestile führen, die im schlimmsten Fall in Austauschbarkeit und hoher Verwechslungsgefahr einzelner Spots gipfeln. Als neue Werbe*formen* lassen sich „Derivate" des ursprünglichen Werbespots verzeichnen, die ihren Ausdruck beispielsweise in der Tandemwerbung, beim Sponsoring oder Product Placement finden. Die Analyse der Wirkungen dieser neuen Werbeformen ist unter anderem Gegenstand dieses Buches.

1.3.4 Werbeblockebene: Ausstrahlungseffekte

„(...) eingerahmt von Rinderhack für 7,50 Mark das Pfund - verpufft doch jegliche Wirkung".[11]

Die *Gestaltung der einzelnen Werbespots* liegt vollständig in der Hand der Werbetreibenden. Die umfangreiche Literatur zum Einfluß von Gestaltungsmerkmalen auf die Verarbeitung der Werbespots gibt Hinweise darauf, wie ein bestimmtes Werbeziel erreicht werden kann. Die Untersuchung der Wirkung unterschiedlicher Gestaltungselemente läßt sich grob in folgende Forschungsschwerpunkte aufteilen: Verbale Stimuli (Art, Aufbau und Präsentation der Nachricht), visuelle Stimuli (z.B. Verarbeitung von Bildern, Farben), Musik, emotionale Stimuli (Humor, Sex/Erotik, Furchtappelle), Wirkung des Kommunikators (Sympathie, Attraktivität, Geschlecht, Glaubwürdigkeit), Informative vs. nicht informative Werbung, einseitige vs. zweiseitige Argumen-

---

[11] Friedrich Winkelmann, verärgerter Autohändler, der nicht mehr in Lokalzeitungen neben den Anzeigen von Diskountläden für seine Autos werben möchte, in: BALDAUF, S. (1995) S. 12.

tation, irreführende Werbung, Corrective Advertising, Vergleichende Werbung, Wirkung von Warnhinweisen, Spotlänge, Mehrfachkontakte (Wear-in/ Wear-out).[12]

Die Wirkung eines Werbespots - und damit der Werbeerfolg - hängt aber (neben der Reichweite insgesamt und in der anvisierten Zielgruppe) nicht nur von seiner Gestaltung selbst, sondern von einer Vielzahl von Faktoren ab, über die der Werbetreibende einen unterschiedlichen Grad der Kontrolle besitzt. Ein Werbespot ist in einen Kontext anderer Spots und in ein bestimmtes programmliches Umfeld eingebunden. Der dadurch hergestellte Kontext eines Spots beeinflußt die Wirkung ganz erheblich. Die empirischen Arbeiten in diesen Buch sind im wesentlichen der Beschreibung solcher Ausstrahlungseffekte gewidmet.

Fernsehwerbespots stehen im redaktionellen Umfeld nicht allein, sondern werden in immer wieder neu zusammengestellten Werbeblöcken mit zahlreichen Einzelspots präsentiert. Die externe Validität einer Untersuchung, die sich alleine auf die Wirkung *eines* Spots bezieht, findet in der Beschreibung seines Nettoeffekts meist ihre Grenzen. Die Spots konkurrieren vielmehr untereinander um die höchste Aktivierung, Aufmerksamkeit, Überzeugungskraft und Lernwirkung. Das Auftreten und die Gestaltung eines Spots kann mit anderen Worten die Werbewirkung eines vorausgehenden oder nachfolgenden Spots verändern. Da sich jeder Werbeblock als Ganzes in seiner Struktur von anderen unterscheidet, ist es kaum möglich, die Wirkung eines Werbespots ohne seinen Kontext abzuschätzen. Die Analyse der Wirkungsmöglichkeiten eines isolierten Werbespots muß folglich unvollständig bleiben, da sie den Einfluß auf das Umfeld, in dem der einzelne Spot gezeigt wird, nicht berücksichtigt.

Das Umfeld des Werbespots innerhalb eines Werbeblocks kann jedoch vom Werbetreibenden kaum kontrolliert werden. Aus der gedächtnis- und sozialpsychologischen Grundlagenforschung lassen sich mehrere Prinzipien ableiten,

---

[12]   Vgl. BUCHMÜLLER, H. (1989).

wie die Rezeption eines Werbespots von seiner Umgebung beeinflußt werden kann. Die Wirkung solcher Ausstrahlungseffekte bezieht sich auf das Behalten und Erinnern der werblichen Information, die Bewertung des Produkts und Spots selbst sowie die Stimmung der Rezipienten.

Am bekanntesten und recht gut erforscht sind die sogenannten Positionseffekte: Die erste (Primacy-Effekt) und letzte (Recency-Effekt) Position in einem Werbeblock erhöhen nicht nur die Kontaktchance für einen Spot, sondern auch die Wahrscheinlichkeit, daß das entsprechende Produkt und die Informationen dazu erinnert werden. Die meisten Sender räumen deshalb nach dem „fair-share"-Prinzip denjenigen Kunden, die viele Spots schalten, häufiger Eck-positionen ein. Wann und mit welchem Spot das geschieht, ist jedoch wenig transparent.

Bisher ist auch nicht bekannt, inwieweit Werbekunden Einfluß darauf haben, mit welchen anderen Spots im Werbeblock ihr eigener Spot gezeigt wird. Die Zusammenstellung der Spots hat - neben ihrer Positionierung - ebenfalls Einflüsse auf die Werbewirkung. Hierzu relevant sind die in der Literatur genannten Ausstrahlungseffekte. Damit ist gemeint, daß der Inhalt und die Form zeitlich vorher oder nachher geschalteter Spots die Rezeption eines gegebenen Spots verändern können. Dabei kann es zu positiven, aber auch zu negativen Ausstrahlungseffekten im Sinne der Werbewirkung kommen. Die Beschreibung von Ausstrahlungseffekten bedient sich in erster Linie psychologischen Erkenntnissen aus der Informationsverarbeitung und Lerntheorie. Nach herrschender Auffassung werden zwar einmal vom Menschen im Langzeitgedächtnis abgelegte Informationen nie wieder gelöscht. „Vergessen" oder „Verändern" dieser Informationen wird vor allem als mangelnde Zugriffsmöglichkeit auf die vorhandenen Informationen interpretiert, die besonders durch „Überlagerungen" verursacht werden. Diese Überlagerungen nennt man „Interferenzen". Nach der Interferenztheorie kann die Wiedergabe einer einmal gelernten Information dadurch gehemmt oder verändert werden, indem sie von vorher oder nachher präsentierten Informationen überlagert, umgeformt oder zerstört wird. Typische Beispiele hierfür sind Gedächtnis*hemmungen*. Hemmungen, die auf vorher gespeichertes Material zurückgehen, nennt man proaktive, die durch nachher gespeicherte Informationen entstehen, retroaktive Hemmungen. Gleichzeitig finden sich Anhaltspunkte dafür, daß sich werbliche Informationen gegenseitig auch positiv in bezug auf die Erinnerungsleistungen oder Bewertungen beeinflussen können. In diesem Fall spricht man nicht von Hemmungen, sondern von proaktiven oder retroaktiven Bahnungen oder auch „Aktivierungsschüben". In der Interferenztheorie oder auch der Theorie der Erregungsübertragung lassen sich Anhaltspunkte finden, welche Auswirkungen die kognitive und emotionale Bearbeitung eines Spots auf die Aufnahme und Verarbeitung des werblichen Umfelds hat. Gleichzeitig lassen sich Schlüsse ableiten, welche Effekte die besondere Konfiguration dieses Umfeldes auf die Rezeption bzw. Werbewirkung des speziellen Spots hat.

Ausstrahlungswirkungen wurden in der deutschen Werbewirkungsforschung vergleichsweise wenig untersucht. Dies hat vor allem den Grund, daß die Zusammenstellung eines Werbeblocks selten die gleiche ist, was die möglichen Interferenzen ins Unendliche zu steigern scheint. Postulierte Effekte lassen sich dann eben nur unter der ganz speziellen Spotkombination des Werbeblocks in einem speziellen Umfeld beschreiben. Dies macht die gewünschte Generalisierung schwer möglich. Die Forschung beschäftigt sich daher in erster Linie damit, generelle, meist besonders starke und eindeutige Interaktionseffekte zu suchen und zu beschreiben. Beispiele hierfür sind Emotionalisierung, Involvement, alle Formen der Aktivierung oder auch Ähnlichkeiten von Spots in Stil und Inhalt. Gerade in bezug auf Ausstrahlungseffekte besteht noch erheblicher Replikations- und Forschungsbedarf, um die Erkenntnisse abzusichern. Einige der hier vorgestellten Studien beziehen sich explizit oder implizit auf Ausstrahlungseffekte.

1.3.5 Programm- und Senderebene: Ausstrahlungseffekte

Das Programmumfeld sowie die Affinität der Rezipienten zum Programm und dessen Inhalten wird für die Art der beworbenen Produkte und die Aufmachung der Werbung immer wichtiger. Es wird die These vertreten, daß eine inhaltliche oder emotionale „Konsistenz" von Programmumfeld und Werbespot bzw.

Produkt einen fördernden Effekt auf die Verarbeitung der Werbebotschaft haben kann. Auch hier sind in Anlehnung an gedächtnis- und sozialpsychologische Forschung Ausstrahlungseffekte zu erwarten. Damit ist in diesem Fall gemeint, daß Inhalt, Form und Struktur des Programms, in das der Werbeblock eingebettet ist, die Rezeption des Werbeblocks insgesamt und eines gegebenen Spots innerhalb eines Blocks beeinflussen können. Dabei geht es zum einen um die vermittelte Stimmung des programmlichen Umfeldes wie Spannung, Erotik, Wärme oder Komik. Zum anderen ist der Zeitpunkt der Präsentation eines Werbespots im Programmablauf von Bedeutung für dessen Wirkung.

Zahlreiche empirische Studien, fast ausschließlich in den USA, haben sich mit der Auswirkung des Programmumfeldes auf die Rezeption von Werbung beschäftigt.[13] Eine bereits früh geführte Debatte bezieht sich darauf, ob der Programminhalt, das Programmgenre oder die positive Bewertung eines Programms die Verarbeitung und Rezeption von Werbung mehr beeinflussen. Beispielsweise fanden CLANCY und KWESKIN[14] und SCHWERIN[15] generell eine positive Korrelation zwischen dem positiven Affekt für eine Sendung und die Wirksamkeit der eingeblendeten Werbung. BURKE[16] fand dagegen, daß die Programminhalte innerhalb eines Genres trotz unterschiedlicher Valenz alle einen ähnlichen Einfluß auf die Werbewirkung hatten. Dies konnte YOSEPH[17] wiederum nicht bestätigen. Seine Ergebnisse deuten darauf hin, daß auch innerhalb eines Genres größere Unterschiede zwischen der Effektivität der konkreten Programminhalte existierten. LEACH[18] schätzt die Größe des Einflusses von Programm auf Werbung auf etwa 20 Prozent der Varianz.

Während die bisher dargestellten Arbeiten einen positiven Zusammenhang zwischen Attraktivität des Programmumfeldes und der Werbewirkung konsta-

---

[13] Vgl. die Übersicht von BELCH, G.E., BELCH, M.A. und A. VILLARREAL (1987) S.90f.
[14] Vgl. CLANCY, K.J. und D.M. KWESKIN (1971) S.18-20.
[15] Vgl. SCHWERIN, H. A. (1960).
[16] Vgl. BURKE MARKETING RESEARCH INC. (1978).
[17] Vgl. YOSEPH, S. (1977).
[18] Vgl. LEACH, D. C. (1981) S. 28-30.

tierten, zeigt eine Studie von STEINER[19], daß eine negative Korrelation besteht: Je interessanter das Programm, desto ineffektiver die Werbung, weil sich die Zuschauer von der Unterbrechung gestört fühlen. Eine Studie, die zeigt, daß die Wirkung des Programmumfeldes von der Wechselwirkung zwischen Programminhalt und Werbeinhalt beeinflußt wird, legten MURPHY, CUNNINGHAM und WILCOX[20] vor. Sie fanden, daß humorige Werbung am besten in einem „Action/Adventure"-Programmumfeld erinnert wurde, während nicht-humorige Werbung besser in einem Sitcom-Kontext erinnert wurde (freie Erinnerung). Schon die frühen Studien zeigen, daß die Wirkung des Programmumfeldes in zumindest zwei Komponenten zerlegt werden muß, die Wirkung einer positiven oder negativen Bewertung des Umfeldes sowie die Wirkung eines bestimmten Programm*inhaltes*. Man kann die erste Form als eine affektive, die zweite als eine kognitive Wirkung des Umfeldes bezeichnen. Ebenso kann man zwei Richtungen der Wirkung unterscheiden, die förderliche und die hinderliche Wirkung eines als interessant erlebten Programmumfeldes.

Die Forschungslage zu Kontexteffekten (Programm-Werbung und Werbung-Werbung) muß - trotz der Vielzahl von Studien, die wir zusammentragen konnten - als äußerst dürftig bezeichnet werden. Es liegen nur wenige empirische Studien vor, die zum großen Teil methodisch angreifbar sind. Vor allem gibt es kaum Replikations- oder Differenzierungsstudien, die widersprüchliche Ergebnisse aufklären könnten.

Das Gros der Studien beschäftigt sich mit den affektiven Auswirkungen von emotional positiv oder negativ gefärbten Programmkontexten auf die Verarbeitung der Werbung. Dabei lassen sich zwei gegensätzliche Befundstränge erkennen. Der eine Strang findet Übertragungseffekte: Programmkontexte mit positiver Stimmung fördern das Behalten, Erinnern und Bewerten der Werbespots, negative Kontexte behindern die Wirkung. Der andere Strang findet Kontrasteffekte: Programmkontexte mit positiver Stimmung behindern das Behalten, Erinnern und Bewerten der Werbespots, negative Kontexte sind dagegen förderlich. Einige weitere Studien versuchen diese gegensätzlichen

---

[19] Vgl. STEINER, G. A. (1966) S. 272-304.
[20] Vgl. MURPHY, J. H., CUNNINGHAM, I. C. M. und G. B. WILCOX (1979) S. 17-21.

Positionen zu differenzieren: Dabei finden sich wiederum zwei Ergebnisse: Der eine Strang findet Kongruenzeffekte: Emotional ansprechende Programm-kontexte wirken bei emotional ansprechender Werbung positiv, emotional nicht-ansprechende Programmkontexte wirken bei emotional nicht-ansprechender Werbung negativ und umgekehrt. Der andere Strang findet Divergenzeffekte. Ein ansprechender Kontext wirkt bei gleichzeitig ansprechender Werbung negativ und umgekehrt.

Die unterschiedlichen Ergebnisse kann man vermutlich zum großen Teil durch den Unterschied zwischen positiver Stimmung, Spannung und Erregung klären. Zwischen Erregung und Leistung besteht eine kurvilineare Beziehung, die in der psychologischen Forschung mehrfach bestätigt wurde. Bei zu geringer und zu hoher Erregung sinkt die Leistung, die bei einem mittleren Erregungsniveau optimal ist. Wenn also ein Programm durch sexuelle Stimuli stark erregt[21], an einer besonders spannenden Stelle unterbrochen wird[22] oder emotional außergewöhnliche Sachverhalte wie den Selbstmord eines Politikers vor laufender Kamera präsentiert[23], dann sinkt die Leistung, nämlich die Erinnerung an Produkte, Marken und Details. Man kann davon ausgehen, daß in diesen Fällen das Erregungsniveau zu hoch war. Wird dagegen vom Programm eine angenehm positive Stimmung erzeugt, kann dadurch ein mittleres Erregungsniveau hergestellt werden. In bezug auf die Involviertheit in die Werbung konnten PARK und MCCLUNG[24] den kurvilinearen Zusammenhang bestätigen. Die zweite offene Frage, ob für eine große Effizienz der Werbung die Stimmung des Programms und der Werbung übereinstimmen müssen, erscheint in bezug auf die tatsächlichen Gegebenheiten des deutschen Fernsehens nach wie vor interessant. Die meiste Werbung versucht u. E., emotional positive Stimmung zu erzeugen. Müssen Werbetreibende also im Sinne der Kongruenzhypothese positive Programmumfelder suchen, oder müssen sie im

---

[21] Vgl. BELLO, D.C., PITTS, R.E. und M.J. ETZEL (1983).
[22] Vgl. LORD, K.R. und R.E. BURNKRANT (1988).
[23] Vgl. MUNDORF, N., ZILLMANN, D. und D.DREW (1991) S. 46-53.
[24] Vgl. PARK, C.W. und G.W. MCCLUNG (1986) S. 544-548.

Sinne der Divergenzhypothese gerade negative Umfelder[25] wie Nachrichten oder Magazine suchen?

Die durch den Kontext ausgelöste Stimmung steht im Mittelpunkt der meisten Studien; die Wirkung inhaltlicher Komponenten des Kontextes auf die Verarbeitung von Werbung wird vernachlässigt. Es finden sich also kaum Studien, die sich mit kognitiven Effekten des Programmumfeldes beschäftigen. Ein weiteres Defizit der Forschung liegt darin, daß die meisten Studien in den USA durchgeführt wurden und zum großen Teil Bedingungen simulieren, die in Deutschland nicht gegeben sind.

Das programmliche Umfeld des Werbespots kann von Werbetreibenden begrenzt in Form der Wahl des Programmplatzes kontrolliert werden. Zwar können sie sich in aller Regel den Werbeblock auswählen, in dem ihr Spot plaziert wird, in welchem genauen programmlichen Kontext dieser Werbeblock aber tatsächlich läuft (ob beispielsweise ein Spannungshöhepunkt unterbrochen wird oder eine in sich geschlossene Handlung gerade zu Ende war, ob der Spot im Block an der Front, Insel- oder Endposition enthalten ist) ist nicht transparent.

1.4 Werbewirkung

Welche Wirkung eine werbliche Kommunikation beim Rezipienten hat, hängt - wie bereits angedeutet - von zahlreichen Faktoren ab, mit denen sich die in diesem Band vorgestellten Arbeiten in erster Linie befassen. Werbewirkung setzt zunächst den zumindest einmaligen Kontakt mit dem Werbeträger voraus. Je nach Zielsetzung und Produkt können zusätzliche quantitative und qualitative Kriterien zur Optimierung und Überprüfung der Kommunikationsleistung herangezogen werden. Jede Wirkungssituation ist aber meist so spezifisch, daß sich allgemeingültige Aussagen nur sehr schwer und nur unter bestmöglicher Formulierung der Wirkungsbedingungen aufstellen lassen. Wirkungsmuster

---

[25]   Im Sinne der vermittelten Stimmung.

geben dabei an, welche Werbewirkungen unter den verschiedenen Bedingungen zu erwarten sind. Die „Wirkungsdeterminanten" sind für das Zustandekommen einer Wirkung verantwortlich.[26] Je nach Untersuchungsanlage handelt es sich um unabhängige oder intervenierende Variablen in der Wirkungskette. Wirkungsdeterminanten können sich dabei auf die Art der Werbung, den Empfänger und die Rezeptionssituation beziehen. Verschiedene Modelle sind entwickelt worden, die die vorliegenden Befunde systematisieren sollen und die in ihren wesentlichen Zügen kurz vorgestellt werden.

1.4.1 Stufenmodelle der Werbewirkung

In der Tradition der Stimulus-Response-Modelle[27] wurde Werbewirkung lange durch Spielformen des **AIDA**-Modells beschrieben. Demnach sollte werbliche Kommunikation zunächst Aufmerksamkeit erregen (**Attention**), dadurch Interesse wecken (**Interest**), einen Wunsch oder ein Bedürfnis erzeugen (**Desire**) und schließlich eine (Kauf-) Handlung nach sich ziehen (**Action**). Dabei wird unterstellt, daß sich die Wirkungsprozesse in genau dieser *Hierarchie* vollziehen[28] und jede Wirkungsstufe durchlaufen werden muß.[29] Hätten diese Modelle uneingeschränkte Gültigkeit, müßte der Ablauf vom Stimulus bis zur Handlung geradezu „automatisch" in dieser einen Richtung ablaufen und bei jedem Rezipienten den nahezu gleichen Effekt haben. Diese Auffassung ist offensichtlich unrealistisch. Es wurden daher in der Folgezeit eine Vielzahl von Einflüssen auf die Verarbeitung von Stimuli formuliert, die untereinander verknüpft sind, in der Regel zeitlich aufeinander folgen und aufeinander aufbauen.[30]

---

[26] Vgl. KROEBER-RIEL, W. (1992) S. 619ff.

[27] S-O-R-Modelle beschreiben die Wirkung eines Stimulus (S) in Form einer bestimmten Response (R), die durch die Eigenarten eines Organismus (O) -also z.B. durch Persönlichkeitsvariablen eines Rezipienten- modifiziert wird.

[28] Vgl. MOSER, K. (1990) S. 51.

[29] Vgl. MCGUIRE, W.J. (1968).

[30] So z.B. MCGUIRE, W.J. (1968) S. 266.

1.4.2 Involvementmodelle der Werbewirkung

Die Konsumenten spielen in den hierarchischen Modellen der Werbekommunikation eine eher untergeordnete Rolle. Man ging in den Modellen davon aus, daß Werbekommunikation auf alle Menschen gleich wirkt und daß Rezipienten der Werbebotschaft Aufmerksamkeit schenken. Diese Vorstellung erscheint gerade vor dem Hintergrund der gestiegenen Anzahl von Spots unrealistisch. Rezipienten bringen den dargebotenen Informationen wenig Interesse entgegen, sie versuchen sogar eher, die Werbung zu vermeiden. Sie sind wenig *involviert*. Informationen werden nicht gezielt gesucht, sondern allenfalls beiläufig wahrgenommen. Das gilt vor allem für Produkte auf relativ gesättigten Märkten, deren Spezifikum sachlich geringe Produktunterschiede sind und die Konsumenten ein geringes Informationsbedürfnis haben.[31] Gleiches gilt für Routinekäufe oder Käufe mit geringem Kaufrisiko (Beispiele hierfür sind Waschmittel, Nahrungs- oder Pflegemittel). Geringes Involvement trifft besonders häufig auf Produkte zu, die in Hörfunk und Fernsehen beworben werden[32], da sich TV-Werbung an ein eher breites Massenpublikum wendet und die Möglichkeit, detaillierte Informationen zu kommunizieren, zu aufwendig und teuer wäre. Rezipienten bemühen sich also in der Regel nicht aktiv darum, Information zu den Produkten zu finden oder elaboriert zu verarbeiten. Eine passive und beiläufige Aufnahme von Informationen durch den Rezipienten ist eher wahrscheinlich.[33]

Das „Low-Involvement-Modell"[34] der Werbewirkung trägt dieser Rezeptionssituation Rechnung. Der Erklärungsansatz bezweifelt, daß für die Werbewirkung die Einhaltung der o.g. Wirkungshierarchie notwendig ist bzw. vor der Verhaltensänderung die Einstellungsänderung steht sowie *gerichtete Aufmerksamkeit* für die Wirkung vorhanden sein muß.[35] Es wird im Vergleich zu den Hierarchiemodellen vielmehr oft ein umgekehrter Verlauf des Wirkungsprozesses angenommen. Werbewirkungen können demnach auch dann zustande kom-

31 Vgl. KROEBER-RIEL, W. (1984) S. 538-543.
32 Vgl. SCHENK, M., DONNERSTAG, J. und J. HÖFLICH (1990) S. 20.
33 Vgl. KRUGMAN, H.E. (1966) S. 583-596.
34 Zuerst bei KRUGMAN, H.E. (1965) S.349-365.
35 Vgl. BATRA, R. und M.L. RAY (1985) S. 37ff.

men, wenn Werbung nebenbei, flüchtig und ohne gerichtete Aufmerksamkeit rezipiert wird.[36] Die Werbebotschaft wird dabei ohne besondere Beteiligung und kognitive Verarbeitung des Rezipienten aufgenommen („low involvement"). Ein Produkt wird spontan gekauft, wobei in der Kaufsituation früher beiläufig „gelernte" Kognitionen verhaltenswirksam werden. Affekte und Einstellungsänderungen treten dann erst bei der Produktverwendung auf. Das Konsumverhalten kann also *vor* der Einstellungsbildung stehen.[37] Nach ZAJONC ist die weitverbreitete Vorstellung falsch, Präferenzen für Gegenstände entstünden durch das Abwägen von Vor- und Nachteilen, also aufgrund von überlegten Entscheidungsprozessen.[38] Ein großer Teil des Informationsverarbeitungsprozesses läuft vielmehr automatisiert ab, wobei unbewußte Aktivierungen und Emotionen die Aufmerksamkeit und Informationsaufnahme steuern.[39]

Involvement ist heute eine entscheidende Determinante zur Beschreibung und Erklärung von Werbewirkungen geworden. Trotz der vielfältigen Verwendung des Begriffs fehlt allerdings bislang eine einheitliche Definition von Involvement.[40] Nach Durchsicht der Literatur kann man mit ANTIL Involvement sinnvollerweise definieren als den

> *„Grad wahrgenommener persönlicher Wichtigkeit und/oder des persönlichen Interesses, der durch einen Stimulus (...) in einer bestimmten Situation hervorgerufen wird".[41]*

CELSI und OLSON[42] konnten beispielsweise zeigen, daß das durch die Rezipienten wahrgenommene Involvement („felt involvement") als motivationaler Zustand Einfluß auf das Niveau der kognitiven Verarbeitung hat. Anhaltspunkte für die unterschiedliche Verarbeitung von Reizen unter hohem und niedrigem Involvement findet man aber im wesentlichen bei den Forschungen

---

[36] Vgl. KROEBER-RIEL, W. (1992) S. 620ff.

[37] Vgl. KRUGMAN, H.E. (1965) S. 353; vgl. auch SCHENK, M., DONNERSTAG, J. und J. HÖFLICH (1990) S. 20.

[38] Vgl. ZAJONC, R.B. (1980) S. 151f.

[39] Vgl. GLASS, A.L., HOLYOAK, K.J. und J.L. SANTA (1979) S.220ff.

[40] Vgl. LASTOVICKA, J.L. und D.M. GARDNER (1979) S. 57.

[41] ANTIL, J. (1984) S. 204.

[42] Vgl. CELSI, R.L und J.C. OLSON (1988) S. 211.

zur persuasiven Kommunikation von CACIOPPO und PETTY[43]: Ihr „Elaboration-Likelihood-Model" postuliert zwei unterschiedliche Wege der Informations-verarbeitung - je nach Involvement der Rezipienten. Sind sie hoch involviert, motiviert und fähig, ihnen dargebotene Botschaften zu verarbeiten - z.B. weil das Produkt sie interessiert -, ist die „Elaborationswahrscheinlichkeit" hoch. D.h. eine Einstellungsänderung ergibt sich aus der intensiven Verarbeitung werbe- und produktspezifischer Informationen. Argumente werden abgewogen, Informationen kritisch betrachtet, mit vorhandenem Wissen verglichen usw., wobei Affekte eine eher untergeordnete Rolle bei der Beurteilung spielen. Ein typisches Beispiel wäre das Abwägen von Marken und Modellen vor einem geplanten Autokauf. CACIOPPO und PETTY sprechen hier von der „zentralen Route" der Informationsverarbeitung und Überzeugungswirkung.

Wenn die Rezipienten demgegenüber wenig involviert sind und die Werbe-botschaften nur beiläufig wahrnehmen, treten die inhaltlichen Elemente und Abwägungen zurück auf Kosten positiv oder negativ empfundener Kontext-merkmale. Beispiele hierfür sind die Attraktivität oder Glaubwürdigkeit des Kommunikators, die Anzahl der Argumente oder visuelle Gestaltungsstile. Das Besondere dieses peripheren Verarbeitungsweges ist, daß die Rezipienten weniger Resistenz gegenüber dem Beeinflussungsversuch entwickeln werden, da sie sich kaum mit dem konkreten Inhalt der Botschaft auseinandersetzen und folglich weniger innere Gegenargumente entwickeln.

Für die Fernsehwerbung liegt die Informationsverarbeitung via peripherer Route nahe, da die Rezipienten vergleichsweise wenig involviert sind. Das heißt aber auch, daß diese Form der Werbung keine direkte Einstellungs-änderung bewirken kann, wie sie die Stufenmodelle implizieren. Sie wirkt vielmehr „durch die Hintertür" anhand von gestalterischen Kontextmerkmalen und vermittelten Affekten, die möglicherweise in der Kaufsituation vor dem Regal zum Tragen kommen und die Zahl der Auswahlalternativen begrenzt. Eine *Einstellung*, die die Kommunikationswissenschaft als relativ überdauernde

---

[43] Vgl. CACIOPPO, J.T. und R.E. PETTY (1986); CACIOPPO, J.T. und R.E. PETTY (1979); PETTY, R.E., CACIOPPO, J.T. und D. SCHUHMANN (1983).

Verhaltensdisposition definiert[44], wird erst im Anschluß an die Produkt-verwendung entstehen oder sich verändern. Ob Rezipienten niedrig oder hoch involviert sind, hängt unter anderen auch von der Situation, dem beworbenen Produkt und Merkmalen des Rezipienten ab.[45]

1.4.3 Messung der Werbewirkung

Das Low-Involvement-Modell erlaubt es, von Gedächtniseffekten und Bewer-tungen auf Überzeugungen und Verhaltensdispositionen des Konsumenten zu schließen.[46] In der empirischen Werbewirkungsforschung wird daher die Kommunikationswirkung einer Werbung meist durch ihre kognitiven und affektiven Wirkungen beschrieben. Wirkungen auf das Verhalten, die in der Regel schwerer zu untersuchen sind, werden entsprechend selten erhoben. Zu den *kognitiven* Wirkungen gehören beispielsweise die Eigenarten der Auf-nahme, Verarbeitung und Speicherung der dargebotenen Information. For-schungsansätze dieser Art betonen den Informationsverarbeitungsprozeß einer Werbebotschaft. Zu den *affektiven* Wirkungen zählen Effekte auf Motivationen (Kaufabsicht, Informationssuche) und Emotionen (z.B. Aktivierung, Anmu-tung, Bewertung (auch likability)) sowie auf Überzeugungen (relevant-set-shift[47]). Die Verknüpfung von kognitiven und affektiven Wirkungen soll unter bestimmten Bedingungen zu Änderungen des *Verhaltens* wie z.B. Änderungen der Kaufabsicht oder des Kaufverhaltens führen.[48]

Im Bereich der kognitiven und affektiven Wirkungen können verschiedene Indikatoren - in Abhängigkeit von dem verwendeten Meßinstrument - unter-schieden werden: Neben *Aktivierung* (gemessen als physiologische Reaktionen

---

[44] Vgl. KOSCHNICK, W.J. (1988) S. 129.

[45] Vgl. BITNER, M.J und C. OBERMILLER (1985) S. 420-425.

[46] Vgl. HAWKINS, S.A. und S.J. JOCH (1992) S. 212.

[47] Der Begriff „relevant set-shift" bedeutet so viel wie „Hinstimmung zur beworbenen Marke/ zum beworbenen Produkt", der sich aus den drei Variablen *Verständlichkeit, Relevanz* und *Glaubwürdigkeit* zusammensetzt. Er wurde in Anlehnung der Definition der icon Forschung & Consulting, Nürnberg verwandt. Vgl. hierzu statt anderer SIEBENHAAR, H.-P. (1996) S.14-17.

[48] Vgl. MOSER, K. (1990) S. 52-63.

wie Hautwiderstand, Blickreaktionen, EEG) spielt die *Erinnerung* (gemessen über Befragungstechniken) eine zentrale Rolle bei der Messung von Werbeerfolg. Unter bestimmten Bedingungen kann dabei von der Quantität der gespeicherten Information auf die Qualität der Informationsverarbeitung, also auf *Verstehen*, geschlossen werden. Mit Fragetechniken kann man auch *Einstellungen* oder *Bewertungen* gegenüber den präsentierten Produkten oder Spots erfassen. Häufig werden auch *Kaufintentionen* bzw. Produktpräferenzen erhoben.

Wir definieren in unseren Studien Werbewirkung entsprechend der von uns verwendeten Fragebogentechniken als Änderung der kognitiven Leistung, die einen Gedächtnis-, einen Bewertungs- und einen Einstellungsaspekt hat.[49] Wir gehen davon aus, daß diese Veränderungen der kognitiven Leistung durch Fragen meßbar gemacht werden können.[50] Dies Vorgehen entspricht weitgehend dem o.g. Vorgehen in der bisherigen experimentellen Forschung zur Werbewirkung, die zwischen Aufmerksamkeit (awareness), Bewertung (likability) und Überzeugungswirkung (relevant-set-shift) unterscheidet.

Die drei wichtigsten direkten Meßverfahren für Gedächtniswirkungen sind die „freie Erinnerung" (free oder unaided recall), die „gestützte Erinnerung" (aided recall) und das „Wiedererkennen" (recognition). Recall- und Recognition-messungen erfordern unterschiedliche gedankliche Abrufleistungen aus dem Gedächtnis. Es ist bis heute nicht geklärt, inwieweit sie einen einheitlichen Gedächtnisstand (Behaltensleistung) oder verschiedene *Aspekte des Behaltens* messen. Beide Erinnerungsmessungen werden in unterschiedlicher Weise von den Eigenschaften des Reizmaterials sowie den unterschiedlichen Prädispositionen der Befragten beeinflußt. Recognitionmessungen werden beispielsweise mehr als Recallwerte vom Interesse der Empfänger an der Werbung beeinflußt. Dagegen weisen recalls wesentlich höhere Zufallsfehler auf.[51] In den Tests zur Fernsehwerbung sind Recallmessungen besonders verbreitet, die

---

[49] Vgl. zu diesem Problem z.B. KEPPLINGER, H.M. (1990) S. 26-33.

[50] Zur Gestaltung des Erhebungsinstruments wird auf Punkt 1.5 in dieser Einleitung sowie die einzelnen Kapitel verwiesen.

[51] Vgl. BAGOZZI, R.P. und A.J. SILK (1981) S. 364f.

24 Stunden nach der Darbietung erfolgen („day-after-recall"). Sie haben den Vorteil, daß wirklich nur Informationen des Langzeitgedächtnisses - auch unter dem Einfluß nachfolgender Informationen - geprüft werden. Darauf wurde in unseren Untersuchungsanlagen verzichtet, um den Einfluß von Faktoren, die zwischen der Rezeption der Werbesendung und dem recall-Zeitpunkt liegen, auszuschließen. Der recall wird auch als „aktive Markenbekanntheit" bezeichnet, da der Konsument in der Lage ist, aus dem Gedächtnis zu einem bestimmten Produktbereich eine Marke zu nennen. Die aktive Markenbekanntheit ist bei überlegten, geplanten und bewußten Kaufentscheidungen wichtig, weil sie im wesentlichen die Zahl der Alternativen begrenzt, die beim Kauf berücksichtigt werden. Die Recognition-Werte geben demgegenüber die „passive Markenbekanntheit" an, bei der sich der Rezipient erst bei Vorlage des Namens oder der Marke an das Produkt erinnert. Gerade bei sehr geringer persönlicher Bedeutung eines Produkts für den Rezipienten wird die Kaufentscheidung oft erst in der Kaufsituation getroffen. Der Konsument greift dann eher bei Marken zu, die ihm zu diesem Zeitpunkt in Erinnerung gerufen werden, die ihm also „bekannt" sind.[52]

Ob durch Erinnerungsmessungen tatsächlich die zentralen Aspekte der Werbewirkung erfaßt werden, wird vielfach in Zweifel gezogen. Erinnerung zeige allenfalls eine Teilwirkung, lasse jedoch den zentralen Aspekt, nämlich die Kaufentscheidung, außen vor.[53] Gerade zur Beschreibung der Werbewirkung bei Konsumenten, die das Werbeprogramm eher beiläufig rezipieren, versagen oft die herkömmlichen Recall-Tests und das experimentelle Design. Die Werbung wird nämlich auch dann verhaltenswirksam, wenn sich die Empfänger nicht aktiv an die Werbebotschaft erinnern und wenn sie ihre Einstellung zum Produkt nicht ändern.[54] Erinnerungsmessungen können also nur Vergleichsdaten anbieten, um Niveauunterschiede zu erklären. Zur Beschreibung der vollständigen Breite von Wirkungen sind sie unzureichend. Wir können also mit unseren Ergebnissen Vorhersagen über Wirkungsstärken der verschie-

---

[52] Vgl. ROSSITER, J.R. und L. PERCY (1983) S. 83-125.
[53] Vgl. KROEBER-RIEL, W. (1992) S. 365.
[54] Vgl. KROEBER-RIEL, W. (1992) S. 436.

denen experimentellen Variationen machen, wir können dagegen nicht den wirtschaftlichen Erfolg einer Werbung im Sinne eines gesteigerten Absatzes prognostizieren.

1.4.4 Meßmethoden

Die im vorliegenden Band vorgestellten Studien befassen sich in erster Linie mit dem qualitativen Aspekt der Werbewirkung. Das heißt, sie beschreiben, welche Effekte bei Anwendung aktueller Gestaltungsmerkmale zu erwarten sind. Dabei wird in der Regel der mindestens einmalige Kontakt mit dem Werbespot vorausgesetzt. Experimentelle Anlagen erlauben es als einzige Methode, die Wirkung einer bestimmten Gestaltungsvariablen isoliert zu betrachten. Der entscheidende Vorteil des Experiments ist, daß die Werbewirkung (abhängige Variable) einzig und allein durch die Variation eines Gestaltungsmerkmals (unabhängige Variable) erklärt wird. Alle anderen Störeinflüsse, die z.B. beim Fernsehen zu Hause auftreten können, werden im Experiment konstant gehalten und/oder kontrolliert. Voraussetzung ist hierbei, daß das Werbematerial mindestens zwei vergleichbaren, also im statistischen Sinne gleichen, Gruppen in vergleichbarer Situation gezeigt wird. Zum einen kann der Forscher die Rezeptionssituation umfassend kontrollieren. Zum anderen unterscheidet sich das Stimulusmaterial lediglich in der Variation des zu untersuchenden Gestaltungsmerkmals.

Gegenüber experimentellen Untersuchungen in der Werbewirkungsforschung werden immer wieder - und oft berechtigterweise - Zweifel an der Gültigkeit der Ergebnisse geäußert. Die Kritik richtet sich in der Regel gegen die Künstlichkeit der Laborsituation, den meist nur einmaligen Kontakt mit der werblichen Kommunikation, die Auswahl der Versuchspersonen und die Vernachlässigung der weiteren Variablen des Media-Mix. Da die Situation im Studio als artifiziell angesehen wird, können die dort gewonnenen Ergebnisse nicht ohne weiteres auf die Wirklichkeit übertragen werden. Radikalisiert man dieses Argument aber, verböte sich jede empirisch abgesicherte Annäherung an die Wirkung von Gestaltungsmerkmalen. Im Umkehrschluß hieße es aber auch, daß man bei der Planung und Analyse von Werbekampagnen lediglich auf persönliche oder stereotype Vorurteile zur Werbewirkung, Daumenregeln oder Heuristiken zurückgreifen würde (z.B. „Mir gefällt die unbekleidete Frau im Werbespot, also wirkt die Werbung"). Würde man Werbewirkungsstudien auf der anderen Seite im Feld durchführen, wären - neben dem gewaltigen methodischen, technischen und finanziellen Aufwand - die Rezeptionssituationen oft derart verschieden, daß sie kaum vergleichbare Einflußfaktoren in bezug auf die gemessene Werbewirkung darstellen. Der verallgemeinerbare Gehalt der Ergebnisse würde unzulässig klein. Mäße man allein die Veränderung des Kaufverhaltens während einer Kampagne, was ja letztendlich Ziel werblicher Kommunikation ist, ließe sich zwar die allgemeine Aussage treffen, daß die Werbung „gewirkt" hat, die Ursachen ließen sich wiederum nur (intuitiv) vermuten. Natürlich ist es vermessen zu behaupten, experimentelle Studien erklärten angemessen alle Fragen der Werbewirkung. Sie können aber rein quantitative Betrachtungen über Kontaktverteilungen ergänzen. Insofern können diese Erkenntnisse dem Werbetreibenden *ein* Baustein in seinem Planungskonzept sein.

Aus diesem Grund wird im folgenden nach der Operationalisierung von „Werbewirkung" zunächst die experimentelle Anlage der Studien erläutert, die bei allen Untersuchungen, die im Anschluß daran referiert werden, vergleichbar ist. Abweichungen werden im Rahmen der einzelnen Kapitel erläutert. Aufgrund dieser Ähnlichkeit lassen sich die verschiedenen Studien auch untereinander vergleichen und stehen nicht völlig für sich allein.

1.5   Experimentelle Anlage der Untersuchungen

In den folgenden experimentellen Untersuchungen haben wir die nachfolgenden Werbewirkungsmaße untersucht:

Die *freie Erinnerung* oder freie Spoterinnerung wird als die Erinnerung definiert, die der Rezipient ohne Hilfe frei leisten kann (englisch: free recall). Sie gibt die aktive Markenbekanntheit an und ist Indikator für Gedächtnisaktivitäten bezüglich der Basisinformation eines Spots (Markenname, Spotbezeichnung). Die Operationalisierung erfolgt etwa mit der Frage: *„Wir haben Ihnen vor ein paar Minuten eine Sendung vorgespielt, in der ein Werbeblock enthalten war. An welche Spots können Sie sich erinnern? Was wurde beworben? Bitte schreiben Sie ganz spontan auf, was Ihnen einfällt. Sollten Sie sich an das Produkt nicht mehr erinnern, nennen Sie die Produktgruppe oder Besonderheiten des Werbespots".*

Mit der *Aufmerksamkeit* soll der Spot erfaßt werden, der dem Rezipienten besonders im Gedächtnis geblieben ist. Er kann als wesentlicher Indikator für die besondere kognitive oder affektive Wirkung eines Spots angesehen werden. Die Operationalisierung erfolgte beispielsweise mit der Frage: *„Ist Ihnen ein Spot besonders aufgefallen? Wenn ja, welcher und warum?".* Dabei ist zu bemerken, daß der Aufmerksamkeit in allen Fällen eine Aktivierung vorausgegangen sein muß, die allerdings nur durch physiologische Meßmethoden zu erfassen ist. Wir setzen dies implizit voraus.[55]

Die *gestützte Erinnerung* wird als die Erinnerungsleistung definiert, bei der es dem Rezipienten gelingt, unter einer Vielzahl vorgelegter Spot-/ Markenbezeichnungen *die richtigen* zu erkennen. Operationalisiert wurde sie z.B. mit der Frage: *„Für welche der folgenden Produkte war in dem Werbeblock ein Spot vorhanden? Bitte kreuzen Sie alles zutreffende an (..)".* Es wurde eine Liste mit etwa dreimal so vielen Bezeichnungen von Werbespots in zufälliger Abfolge vorgelegt. Jeder erkennbare richtige Spot wurde mit zwei verwechselbaren (in bezug auf das Produkt oder die Machart) ergänzt. Diese Erfassung ermöglicht es zusätzlich, das *Raten* zu kontrollieren.

---

[55] Vgl. zur Unterscheidung von "Aktivierung" und "Aufmerksamkeit" besonders: KROEBER-RIEL, W. (1991) S.119ff. Aufmerksamkeit ist in der Regel eine *Folge* von Aktivierung. Da Aktivierung aber einen eher physiologischen Aspekt der Wahrnehmung betrifft, der durch Befragung nicht meßbar ist, wird hier besser von "Aufmerksamkeit" gesprochen, da diese durch die Befragten im nachhinein artikuliert werden kann. Dabei ist zu bemerken, daß von dieser "artikulierten Aufmerksamkeit" implizit auf eine vorausgegangene Aktivierung geschlossen wird.

Die *ungestützte Detailerinnerung*, die in einigen Studien erfaßt wurde, ist eine Erinnerungsleistung, bei der der Rezipient in der Lage ist, *einzelne Teile* eines Werbespots frei und ohne Hilfe reproduzieren zu können. Sie ist ein sensibler Indikator für eine eingehende kognitive Auseinandersetzung mit einem Werbespot und gibt neben der *Zahl* der erinnerten Informationen auch Auskunft darüber, welche *Art* der Informationen behalten wurden (z.B. Markennamen oder Produktinformationen gegenüber bildlichen oder akustischen Gestaltungsmerkmalen. Die ungestützte Detailerinnerung wurde etwa wie folgt erfragt: *„In dem Werbeblock war ein Spot über „...." enthalten. Beschreiben Sie bitte kurz (in Stichworten), an was Sie sich dabei noch erinnern können (z.B. den Slogan, Bilder, Personen, Musik. etc.)"*. Bewußt wurde hier auf eine kurze Schilderung des Spots verzichtet, um die Detailerinnerung nicht zu manipulieren.

Die *gestützte Detailerinnerung* wird als Erinnerungsleistung definiert, bei der der Rezipient in der Lage ist, falsche und richtige vorgegebene Details voneinander zu unterscheiden. Von vorgegebenen Details waren einige als richtig und einige als falsch festgelegt worden. Die Testfrage lautete beispielsweise: *„Welche der folgenden Informationen waren nach Ihrer Meinung im Spot über „...." enthalten? (Mehrere Antworten können richtig sein)"*. Die gestützte Detailerinnerung ist ein nicht so sensibles Maß für differenzierte Erinnerungsleistungen wie die freie Detailerinnerung, erlaubt aber eine Aussage über die Verarbeitungstiefe bezüglich der präsentierten Informationen. Außerdem kann sie als Maß für die Irritationswirkung eines Werbespots oder besonders einer Blockkonstellation gesehen werden, wenn die Anzahl der falschen Details relativ hoch ist. Die gestützte Detailerinnerung ist natürlich in erheblichem Maß davon abhängig, wie hoch der vom Forscher vorgegebene Schwierigkeitsgrad der Unterscheidung ist. Folglich eignen sie sich nur für einen Vergleich der Experimental- und Kontrollbedingung bezüglich eines Spots.

Einstellungen sind latent verhaltenswirksam, erlernt und haben eine kognitive (Beurteilung) und eine affektive (Motivation) Komponente.[56] Folglich sollten

---

[56] Vgl. FISHBEIN, M. und J. AJZEN (1975).

sie in der Werbewirkungsforschung, die sich mit kurzfristigen Effekten befaßt, *kontrolliert* werden. Dies zielt auf die Hypothese ab, daß Personen, die eine positive Einstellung gegenüber der Werbung haben, den Beeinflussungsversuch weniger stark abwehren und somit höhere Erinnerungswerte erzielen. Demgegenüber kann auch die These vertreten werden, daß negativ eingestellte Versuchspersonen unter der *„forced exposure-Bedingung"*[57] gleiche oder höhere Erinnerungswerte erreichen, da der Zwang, kombiniert mit einer negativen Einstellung, die Verarbeitungstiefe stark erhöhen kann.

Die *Bewertung* der Spots, die vorherige *Spotbekanntheit*, das *Produktinteresse* oder die *Kaufabsicht* wurden in den einzelnen Untersuchungen auf unterschiedliche Art erhoben. Die Operationalisierung ist daher am entsprechenden Ort nachzulesen.

Aus praktischen und ökonomischen Erwägungen wurden für alle vorgelegten Untersuchungen Studierende herangezogen. Die Generalisierbarkeit der Ergebnisse ist dann zwar auf andere Gruppen nicht ohne weiteres möglich. Aber junge Leute stellen erstens eine wichtige Zielgruppe für Werbetreibende dar, da sie konsumfreudig und flexibel sind. Außerdem kann man unterstellen, daß sich die unterschiedlichen Wirkungen - wenn auch auf anderem absolutem Niveau - ebenso in anderen Bevölkerungsschichten zeigen. Diese Annahme gilt für Unterschiede in den Behaltensleistungen und Bewertungen gleichermaßen.

Beim Übertragen experimenteller Ergebnisse zu Wahrnehmung, Verarbeitung und Erinnerung von Werbereizen ist ebenfalls zu beachten, daß eine forcierte Rezeption des Reizmaterials erfolgt („forced exposure"). Die Versuchspersonen werden angehalten, sich die Reize anzuschauen. Sie können schwerer, wie in der realen Rezeptionssituation, den Reiz ignorieren oder sich von ihm abwenden (sie sind eine sogenannte „captured audience"). In der Realität kann es also viel häufiger zu einer Wahrnehmungsabwehr als im

---

[57] Versuchsteilnehmer werden angehalten, sich die dargebotenen Reize anzusehen.

Experiment kommen. Ebenso kann die Reaktanz[58] erhöht sein und die reakti-
ven Effekte der Experimentalsituation mit dem Stimulus konfundieren. Die
Verarbeitung von Werbung wird in der Realität also sicherlich auf anderem
Niveau stattfinden als im Labor. Dort ist z.B. die Wahrscheinlichkeit höher,
daß ein Reiz die Aufmerksamkeitsschwelle erreicht bzw. es ist unwahrschein-
licher, daß er sie nicht erreicht. Über Niveauunterschiede oder die Art der
Verarbeitung der Details kann das Experiment aber sehr gut Auskunft geben.
Eine Mindestaktivierung bzw. Aufmerksamkeit muß allerdings von den
Werbespots erreicht worden sein.

Um die Künstlichkeit der Laborsituation zu mildern, wurde versucht, die
Experimentalbedingungen den Bedingungen in der Realität ähnlich zu gestalten. Das „Labor" wurde möglichst einer normalen Fernsehsituation nachempfunden mit Gruppen zwischen drei und neun Personen, kleinen Snacks etc..
Die Werbeblöcke wurden beispielsweise in eine Ankündigung einer Nachrichtensendung (Trailer) und die anschließende Nachrichtensendung eingebettet,
wie es im privaten Fernsehen häufig vorkommt. Andere Studien bedienten sich
Teilen aus Spielfilmen, Reportagen oder ähnlichem. Man konnte also davon
ausgehen, daß die Teilnehmer den Werbeblock nicht als ungewöhnlich empfinden würden. Diese Technik sollte das „Involvement" der Teilnehmer in den
Werbeblock vermindern helfen und den fortlaufenden Charakter des Fernsehkonsums simulieren. Außerdem wurden die Teilnehmer im unklaren darüber
gelassen, daß es bei dem Experiment um die Erinnerung an die Werbespots
ging. Der Versuchsleiter erläuterte vielmehr, die Untersuchung hänge mit der
Rezeption von Nachrichten oder ähnlichem zusammen. Damit sollten die
Teilnehmer von dem eigentlichen Ziel der Untersuchung abgelenkt werden
Erhofft wurde, daß sich die Versuchspersonen stärker auf die Nachrichten-
sendung bzw. den Film als auf den Werbeblock konzentrieren und so die Low-
Involvement-Situation entstehen würde.[59] Dieses Verfahren hat außerdem den
Vorteil, daß zwischen dem letzten Werbespot und der Beantwortung der ersten

---

[58] Darunter ist die Abwehr gegen einen Beeinflussungsversuch zu verstehen, die sich in
kognitiven oder affektiven Reaktionen äußern kann. Vgl. z.B. BREHM, J.W. (1989)
S. 72-75.

[59] Vgl. auch FESTINGER, L. und N. MACCOBY (1964) S. 360f.

werbebezogenen Fragen mindestens 15 Minuten Zeit vergangen waren, die eine Messung der Inhalte des Kurzzeitgedächtnisses ausschließen.[60]

Zur Erfassung und Kontrolle der Wirkungseffekte wurden mehrere Versionen eines Fragebogens erstellt, der die Operationalisierung der Variablen enthielt. Die verschiedenen Versionen werden in den jeweiligen Kapiteln erläutert. Jede Version bestand wiederum aus separaten Teilen, die von den Versuchsteilnehmern einzeln nacheinander ausgefüllt werden sollten. Die Zuordnung geschah später durch ein persönliches „Phantasiewort", das die Teilnehmer auf jedem ihrer Bögen notieren sollten. Die Aufteilung war notwendig, da sonst nach Kenntnis der Detailfragen gegen Ende des Fragebogens möglicherweise die bereits beantworteten Fragen der ungestützten und gestützten Erinnerung im nachhinein modifiziert worden wären.

Im ersten Teil wurde den Teilnehmern die Beantwortung der Fragen schriftlich erläutert sowie das System des „Phantasieworts" erklärt. Es folgten Aufwärm- oder Ablenkungsfragen, die die Teilnehmer offen beantworten konnten und ihnen Gewöhnungsmöglichkeit an die Fragebogensituation gewährten. Dies ließ weitere Zeit verstreichen. Ein weiterer Grund für die Aufwärmfragen war, die Verärgerung über die Täuschung bezüglich des Versuchsgegenstands gering zu halten. An diese Fragen schloß sich die Erhebung der Wirkungsvariablen an. Die Einstellung zur Fernsehwerbung wurde mit der Zustimmung bzw. Ablehnung zu verschiedenen Statements[61] operationalisiert. Sie wurden erst am Ende des Fragebogens gestellt, um Ausstrahlungseffekte auf die Erinnerungs- und besonders die Bewertungsfragen zu vermeiden. Den Abschluß bildeten die statistischen Fragen zu Geschlecht, Alter und Beruf.

---

[60] Vgl. auch KROEBER-RIEL, W. (1979) S. 244f.
[61] Siehe Beschreibung in den einzelnen Kapiteln.

Anmerkung zum Aufbau der Tabellen in den folgenden Kapiteln: Zur besseren Lesbarkeit der Tabellen wird darauf verzichtet, die Fallzahlen in allen einzelnen Untergruppen anzugeben, wenn die Unterschiede der Fallzahlen zwischen diesen Untergruppen nicht größer als n = 3 sind. Die freie und gestützte Spot-Erinnerung wird in fast allen Fällen als *Prozentanteil der Befragten* (gekennzeichnet durch „%") angegeben. Die Signifikanzberechnungen beruhen hier auf dem Chi^2-Test (χ^2). Die Beschreibung der Detailerinnerung sowie die Bewertung der Spots wird anhand von *Mittelwerten* veranschaulicht, die in den Tabellen mit „MW" gekennzeichnet sind. Als Signifikanztest wurden der t-Test für unabhängige Stichproben benutzt sowie einfache Varianzanalysen gerechnet. Signifikante Unterschiede werden dann angenommen, wenn die Irrtumswahrscheinlichkeit der gefundenen Differenzen mindestens kleiner als fünf Prozent ist (p<.05). In mehrspaltigen Tabellen werden diese Unterschiede durch gleiche bzw. unterschiedliche hochgestellte Kennbuchstaben indiziert ([a b]).

2 Wirkungen von Erotik[62]

2.1 Einleitung

Werbebotschaften mit sexuellen Elementen gehören formal zu den emotional wirkenden Reizen und finden sich im klassischen Repertoire vieler Werbetreibenden. Erotische Reize sollen besonders „zuverlässig" die Aufmerksamkeit der Rezipienten erregen. Diese Erregung wird willentlich wenig kontrolliert, die Empfänger legen sich selbst zunächst kaum Rechenschaft über ihren Zustand ab. Erotische Stimuli nutzen sich relativ wenig ab und wirken auf Erwachsene weitgehend unabhängig von Alter, Geschlecht und anderen soziodemografischen Merkmalen.[63]

Der Einsatz des Primärmotivs „Erotik" - man könnte auch von Sex, erotischen Stimuli, attraktiven Modellen, Sex-Appeal oder Sex-Images sprechen - scheint aus der Geschichte der Wirtschaftswerbung und besonders aus der aktuellen Fernsehwerbung nicht mehr wegzudenken zu sein. Jedem Rezipienten werden auf Anhieb erotisierende Werbespots einfallen, die den weiblichen Körper als Attraktion benutzen. Eine zunehmend kritische Auseinandersetzung um Sex in der Werbung geht jedoch seit Anfang der 70er Jahre mit dem gestiegenen selbstbewußten Auftreten von Frauen und deren Foren einher.[64] Konsequenzen aus dieser Auseinandersetzung zog beispielsweise der Deutsche Werberat, indem er fordert, daß „bei der Darstellung von Personen in der Werbung sexuell aufreizende Abbildungen oder Texte unterlassen werden".[65] Diese brancheneigene Selbstkontrolle kann so wirkungsvoll wie nutzlos sein, je

---

[62] Über unsere Verwendung des Begriffs „Erotik" läßt sich gewiß wegen des semantisch changierenden Inhalts streiten. Zur besseren Lesbarkeit der experimentellen Befunde sprechen wir aber von Erotik bzw. von erotischen Sequenzen.

[63] Vgl. statt anderer KROEBER-RIEL, W. (1992) S. 68f.

[64] Vgl. z.B. die „PorNo"-Kampagne der Zeitschrift EMMA oder deren Klage gegen sexistische Stern-Titelbilder.

[65] Verlautbarung des Deutschen Werberats zum Thema Herabwürdigung und Diskriminierung von Personen, in: JAHRBUCH DEUTSCHER WERBERAT (1992) S. 27.

nachdem, wie groß die Angst der Werbetreibenden vor einer öffentlichen Rüge des Werberats ist.

Neben der moralischen Diskussion um Sex in der Werbung, die hier nicht Gegenstand sein kann, wurden auch die Wirkungsaspekte von Erotik aus wissenschaftlicher Sicht differenzierter betrachtet. Dabei spielen für den Kommunikationswissenschaftler in erster Linie Erinnerungs- und Bewertungseffekte von sexuellen Stimuli in der Werbung eine Rolle. Idealtypisch vereinfacht kann man sich die Wirkungskette wie folgt vorstellen: Ein attraktives Modell soll zunächst den Rezipienten aktivieren und so die Aufmerksamkeit gegenüber dem Werbespot katalysieren. Daraus soll eine intensivere Verarbeitung der werblichen Botschaft folgen, die die Erinnerung an das Produkt respektive den Markennamen verbessert. Parallel dazu wird das Ziel verfolgt, daß sich die durch die Erotik ausgelösten positiven Gefühle auf die Bewertung des Produkts übertragen.

Erotik wird dabei aufgrund ihrer Universalität in besonderem Maße als Garant angesehen, die typischen Engpässe der Wirkungsmöglichkeiten von Fernsehwerbung zu überwinden. Das sind vor allem die geringe Aufmerksamkeit und das niedrige Involvement gegenüber Werbebotschaften sowie die begrenzten kognitiven Verarbeitungsmöglichkeiten der Rezipienten im Konflikt mit der Reizüberflutung. Außerdem scheinen Werbetreibende - zumindest implizit - prinzipiell von einem Transfer angenehmer Gefühle auf das Produkt aufgrund sexueller Erregung auszugehen.[66]

Diese monokausalen Wirkungsvorstellungen lassen sich heute nicht mehr ohne weiteres aufrechterhalten. Die Wirkungen von erotischen Darstellungen müssen vielmehr unter genauer bestimmten Bedingungen untersucht werden. Besonders schwer ist es dabei bereits, den „Grad des erotischen Inhalts" einer Werbung eindeutig zu messen. WELLER, ROBERTS und NEUHAUS[67] unter-

---

[66] Dies läßt sich im psychologischen Bereich durch Theorien zur Erregungsübertragung TANNENBAUM, P.H. (1980); ZILLMANN, D. (1971) und ZILLMANN, D. (1983) belegen.
[67] Vgl. WELLER, B.R., ROBERTS, C.R. und C. NEUHAUS (1979) S. 145-161.

schieden beispielsweise drei Stufen erotischen Gehalts (gering, mittel, hoch). RICHMOND und HARTMANN grenzen dagegen vier „Qualitäten" erotischer Stimuli voneinander ab: funktionelle, phantasiebezogene, symbolische und unangemessene erotische Darstellung.[68] Entsprechend unterschiedlich fallen auch die Wirkungen aus, die in diesen Studien gemessen wurden.

2.2 Kognitive Wirkungen von Erotik

Zunächst ist bei der Rezeption erotischer Szenen mit einer physischen Aktivierung und unwillkürlicher Aufmerksamkeitslenkung zu rechnen.[69] Die erhöhte Aktivierung ist gleichzeitig mit einer Steigerung der Verarbeitungseffizienz verbunden.[70] Gleichzeitig kann die Verarbeitung der selektierten Reize die Verarbeitung der Reize im Umfeld hemmen.[71] Auch „zu starke" Aktivierung kann zu erschwerter oder gestörter Informationsverarbeitung führen.[72] Dies scheint besonders für die Erinnerung an Details einer Werbebotschaft zu gelten.[73] STEADMAN[74], aber auch WELLER et al. fanden beispielsweise eine geringere Markenerinnerung bei sexuell illustrierter Werbung. Je stärker der erotische Gehalt einer Anzeige war, um so geringer fiel die Erinnerungsleistung aus.

CHESTNUT et al. konnten dagegen zeigen, daß durch erotische Modelle das Wieder*erkennen* von Anzeigen zwar besser ist, die Markenerinnerung aber nicht erleichtert wird.[75] Erotische Stimuli scheinen also zwar die Aufmerk-

---

[68] Vgl. RICHMOND, D. und P.T. HARTMAN (1982) S. 53-60.

[69] Dabei beschränkt sich das Verarbeitungssystem in diesem Stadium auf die Verarbeitung der subjektiv wichtigsten, auffälligsten Reize. Vgl. dazu STEINER, K. (1980) S.31f.

[70] Vgl. statt anderer: KREOBER-RIEL, W. (1992); SCHENK, M. u.a. (1990) S. 83ff.

[71] Vgl. STEINER, K. (1980) S. 34ff.

[72] Vgl. MOSER, H. (1990) S. 190; SANBONMATSU, D.M. und F.R. KARDES (1988) S. 379-385.

[73] Siehe Kapitel 3 „Wirkungen emotionalisierender Werbespots" in diesem Buch.

[74] STEADMAN, M. (1969) S.15-19.

[75] Vgl. CHESTNUT, R., LaCHANCE, C. und A. LUBITZ (1977) S. 11-14.

samkeit der Rezipienten zu erhöhen, bürgen aber nicht dafür, daß auch der Inhalt der Werbebotschaft besser behalten wird. Diese Ablenkung vom Inhalt der Werbung kann indes die Überzeugungswirkung insoweit unterstützen, als die Botschaft oberflächlicher verarbeitet wird und somit auch weniger Widerstand gegen die versuchte Beeinflussung in Form der Bildung von Gegenargumenten entsteht.[76]

Da der weitaus überwiegende Teil der Fernsehwerbung weiblichen Sex-Appeal einsetzt, sind die Wirkungen der erotischen Elemente für Männer und Frauen vermutlich unterschiedlich. Dies gilt nicht nur für die kognitive Verarbeitung der Werbebotschaft, sondern vor allem für die Bewertung. Während ein Mann möglicherweise von der erotischen Darstellung positiv beeinflußt wird, gilt dies für eine Frau vermutlich nicht.

2.3   Bewertungseffekte von Erotik

Gerade bei der Bewertung erotisch gestalteter Werbung spielen Persönlichkeitsvariablen der Rezipienten[77], die Art der kreativen Umsetzung der Stimuli, die Produktbezogenheit und nicht zuletzt die Erhebungsmethode dieser Bewertung eine zentrale Rolle für die postulierten Wirkungen. Generell scheinen Frauen aber erotische Stimuli negativer zu bewerten als Männer.[78] PETERSON und KERIN konnten zeigen, daß zunehmende „Nacktheit" eines Modells bei Frauen eine negativere Bewertung von Werbung, Produkt und Unternehmen hervorruft.[79] Es finden sich aber auch Anzeichen dafür, daß Frauen gekonnt eingesetzte *männliche* Erotik durchaus positiver bewerten als Männer.[80] Gerade hier scheint also das Gefühl für das „richtige Maß" mit Blick

---

[76]   Vgl. WILSON, D.R. und N.K. MOORE (1979); CACIOPPO, J.T. UND R.E. PETTY (1979).

[77]   Vgl. z.B. Einstellung zur Erotik, Selbstbewußtsein, persönlicher Hintergrund etc.

[78]   Vgl. WILSON, D.R. und N.K. MOORE (1979) S. 55-61.

[79]   Vgl. PETERSON, R.A. und R.A. KERIN (1977) S. 59-63.

[80]   Vgl. Dieses Ergebnis findet sich beispielsweise bei der Bewertung eines Spots für Lenor Ultra-Weichspüler, bei dem ein attraktiver nackter Mann in einen See springt. Vgl. FAHR, A. (1995).

auf die Merkmale der gewünschten Zielgruppe entscheidend für die Wirkung zu sein.

2.4 Forschungsziele

Aus dieser Diskussion lassen sich Hypothesen in bezug auf die Verwendung von Erotik im deutschen Fernsehen bilden:

Hypothese 1:   Männer bewerten Werbespots mit weiblicher Erotik positiver als Frauen.

Hypothese 2:   Männer erinnern aufgrund der für sie größeren Auffälligkeit Werbespots mit weiblicher Erotik häufiger als Frauen (freie Spot-Erinnerung).

Hypothese 3:   Männer erinnern aufgrund der für sie größeren Ablenkung die Details der Werbespots mit weiblicher Erotik schlechter als Frauen.

2.5 Untersuchung

2.5.1 Experimentaldesign

Zwei relativ neue und damit den Rezipienten vermutlich kaum bekannte Werbespots wurden derart verändert, daß an einer Stelle für eine Zeitspanne von wenigen Sekunden das Bild einer unbekleideten Frau eingeblendet wurde.[81] Diese beiden Spots wurden, wie in allen anderen Experimenten auch, in einen Werbeblock mit mehreren weiteren Spots eingebettet und der ersten Rezipientengruppe (Experimentalgruppe) vorgeführt. Die zweite Gruppe (Kontrollgruppe) erhielt die beiden gleichen Spots in der gleichen Form.

---

[81]   Es handelte sich hierbei um einen sehr sanften Einsatz weiblicher Sinnlichkeit, wie er aus typischen Werbespots zu Hautpflegemitteln bekannt ist.

Allerdings wurde an der entsprechenden Stelle keine unbekleidete Frau, sondern ein neutrales Bildelement eingefügt.

Konkret handelte es sich einmal um einen Werbespot der BfG-Bank AG, in den für die Experimentalgruppe das Bild einer barbusigen Frau, die auf einem Sofa sitzt, für die Kontrollgruppe ein Radfahrer in freier Natur eingeblendet wurde. Der Einsatz erotischer Stimuli in einer Bank-Werbung ist vergleichsweise selten und wurde als Bedingung eines „ungewöhnlichen" Einsatzes von Sex gesehen. Hierdurch wurde gleichzeitig eine geringe Korrespondenz zwischen Produkt und Erotik operationalisiert. Aus einem zweiten Werbespot (Herrenparfum Aramis) wurden auf ähnliche Weise zwei Versionen hergestellt: zum einen mit der Einblendung einer liegenden, unbekleideten Frau, zum anderen mit der Einfügung eines lächelnden jungen Mannes am Schreibtisch. Der Einsatz erotischer Szenen in einem Parfum-Spot leuchtet als „funktional" oder „üblich" ein, es besteht also eine höhere Korrespondenz zwischen dem Inhalt des Spots und dem erotischen Element.[82]

Die derart manipulierten Spots wurden an den Positionen drei und sechs in einer Reihe von neun Werbespots eingeschnitten.[83] Als Rahmen wurde die circa einminütige Themenankündigung einer ZDF-heute-Nachrichtensendung (als Trailer für die nachfolgende Nachrichtensendung) dem Werbeblock vorangestellt und eine fünfminütige, auf drei Themen gekürzte, heute-Sendung angefügt. Experimental- und Kontrollgruppe unterschieden sich also ausschließlich durch die Einblendung einer unbekleideten Frau, bzw. eines neutralen Bildelements in zwei der neun Werbespots.

Das Experiment wurde mit Studenten durchgeführt. Hierbei handelte es sich um insgesamt 55 Personen (33 weiblich, 22 männlich), die per Zufallsprinzip in

---

[82] Wir haben sowohl für Experimental- als auch Kontrollgruppe den Originalspot durch einen Schnitt verändert, so daß nicht allein die Tatsache, daß eine Version geschnitten war und die anderen nicht, einen Einfluß auf die Ergebnisse hatte.

[83] Der gesamte Werbeblock sah wie folgt aus: 1. Licher-Pils, 2. McDonalds/Big Mac, 3. BfG-BANK AG(manipuliert), 4. Bronchicum-Hustensaft, 5. Haribo-Colorado, 6. ARAMIS-HERRENPARFUM (manipuliert), 7. Trivial Persuit-Brettspiel, 8. Odol med 3, 9. Ariel ultra.

zwei etwa gleich große Gruppen aufgeteilt wurden. Die Experimentalgruppe bestand damit aus 25 Personen (15 weiblich, 10 männlich), die Kontrollgruppe aus 30 Personen (18 weiblich, 12 männlich). Im Durchschnitt waren die Versuchspersonen 23 Jahre alt.[84] Die Teilnehmer wurden, wie in den anderen Experimenten auch, in Kleingruppen in den Versuchsraum geführt. Der Versuchsleiter teilte ihnen als Zweck der Untersuchung mit, daß sie die Qualität und die Themen der heute-Sendung beurteilen sollten.

2.5.2 Meßinstrument

Neben der *Spot-Erinnerung*, die in Form der freien Erinnerung an die beworbenen Marken abgefragt wurde, wurde eingangs die Aufmerksamkeit über die *Auffälligkeit* der erotischen Spots ermittelt. Hierzu wurde den Versuchspersonen die Frage nach dem subjektiv besten und schlechtesten Spot - jeweils mit kurzer Begründung - gestellt. Die offenen Antworten wurden mit Hilfe eines speziellen Schlüsselplans codiert. Hierbei ging es zum einen darum, ob die Versuchspersonen einen der beiden manipulierten Spots nannten, zum anderen darum, ob in der Experimentalgruppe die erotische Sequenz selbst im positiv oder negativ wertenden Sinne für die Auffälligkeit des jeweiligen Spots verantwortlich war. Der zweite Teil des Fragebogens beschäftigte sich konkret mit der Erinnerungsleistung und Einschätzung der beiden manipulierten Spots. Hier wurden Produktnamen und einzelne szenische Bildelemente anhand einer Liste abgefragt (*gestützte Spot- und Detailerinnerung*). Die Erinnerung an den verwendeten Werbeslogan wurde offen gestellt und danach verschlüsselt. Anhand eines siebenstufigen Semantischen Differentials mit 12 Itempaaren wurde die *Bewertung* der Spots erhoben. Zuletzt schlossen sich statistische Angaben zur Person (Alter, Geschlecht, Hauptstudienfach, Semesterzahl), den täglichen Fernsehkonsum, das bevorzugte Medium und die Einstellung gegenüber Fernsehwerbung allgemein an.

---

[84] Obwohl die entsprechenden Werbespots relativ neu waren, gaben in der Experimentalgruppe für den BfG-Spot vier, für den Aramis-Spot drei Personen an, die Werbung schon einmal gesehen zu haben, in der Kontrollgruppe waren es für den BfG-Spot elf Personen, für den Aramis-Spot fünf Personen.

2.6 Ergebnisse

2.6.1 Haupteffekte

Als erstes Ergebnis läßt sich feststellen, daß auch sehr kurze erotische Szenen in einem Werbespot durchaus in der Lage sind, die Aufmerksamkeit und die Spot-Erinnerung zu verbessern. Dies galt in unserer Untersuchung sowohl für den Bank-Spot (ungewöhnlicher Einsatz von Erotik) als auch für den Parfum-Spot (üblicher Einsatz). *Tabelle 1* zeigt die Befunde für die verschiedenen Formen von Erinnerungsleistungen, die wir erhoben haben.

Tabelle 1 :   **Einfluß von erotischen Sequenzen auf die Erinnerung**

	erotische Sequenzen % (n=25)	neutral % (n=30)	Differenz +/-[1]	p
freie Spot-Erinnerung				
BfG	96,0	76,7	19,3	<.05
Aramis	68,0	43,3	24,7	<.05
gestützte Spot-Erinnerung				
BfG	88,0	73,3	14,7	n.s.
Aramis	84,0	93,3	-9,3	n.s.,
freie Detailerinnerung[2]				
BfG				
Slogan	72,0	50,0	22,0	n.s.
Text	8,0	6,7	1,3	n.s.
Aramis				
Slogan	0,0	10,0	-10,0	n.s.
Text	8,0	16,7	-8,7	n.s.

[1] : Ein positiver Wert zeigt an, daß der Spot mit erotischen Sequenzen besser erinnert wird.
[2] : Details wurden dann gezählt, wenn der Text/Slogan teilweise richtig wiedergegeben wurde.

Den größten Einfluß hatte die erotische Darstellung auf die freie Erinnerung an den Spot bzw. die beworbene Marke. Die Differenz betrug bei beiden Spots etwa 20 Prozentpunkte. Dies kann man dahingehend interpretieren, daß die erotische Sequenz die Auffälligkeit des Spots erhöht hat. Für die gestützte Spot-Erinnerung und die freie Detailerinnerung zeigten sich keine signifikanten Unterschiede. Von der Tendenz her waren beide Erinnerungsformen beim erotischen Bank-Spot besser, beim erotischen Parfum-Spot schlechter als bei der jeweiligen Vergleichsversion. Dies bestätigt, daß die Wirkung von Sex in Werbespots in besonderem Maße von der Korrespondenz mit dem umworbenen Gegenstand abhängt. Vermutlich kann ein ungewöhnlicher Einsatz von Erotik (hier in einer Bank-Werbung) Vorteile bei der inhaltlichen Verarbeitung der Werbebotschaft erzielen. Der verhältnismäßig gängige Einsatz nackter Haut in Parfumwerbungen scheint die Detailverarbeitung eher zu hemmen.

Hinsichtlich der Bewertung zeigt sich ebenfalls ein bedeutsamer Unterschied zwischen beiden Spots. Betrachtet man die Bewertung des Aramis-Spots über alle Dimensionen des Semantischen Differentials hinweg, so zeigt sich, daß die erotische Sequenz einen signifikanten Effekt auf die Bewertung der Spot-versionen hatte (vgl. *Tabelle 2*). Der „neutrale" Spot wurde auf fast allen Skalen positiver bewertet als der erotisch manipulierte. Es ist also nicht zu vermuten, daß sexuelle Stimuli in einem korrespondierenden Produktumfeld regelmäßig positive Gefühle auf Spot oder Produkt übertragen. Vielmehr ist - gewiß je nach Art des kreativen Einsatzes der Erotik - eher mit dem Gegenteil zu rechnen. Sex bürgt in diesem Produktumfeld, wie die Daten zeigen, nicht für Originalität.

Tabelle 2:   **Einfluß von erotischen Sequenzen auf die**
Bewertung des Aramis-Spots

Aramis	erotische Sequenzen MW (n=25)	neutral MW (n=30)
unnatürlich - natürlich	2,0	2,3
unrealistisch - realistisch	2,2	2,2
langweilig - spannend	3,2	3,7
unerotisch - erotisch	3,5	3,1
konventionell - originell	3,3 [a]	4,3 [b]
unromantisch - romantisch	2,6	2,7
ernst - witzig	3,2	3,6
nicht informativ - informativ	2,1	2,6
geschmacklos - geschmackvoll	3,5 [c]	4,4 [d]
sexistisch - nicht sexistisch	3,8	4,6
nicht überzeugend - überzeugend	2,8	3,2
schlecht gemacht - gut gemacht	3,5	4,0
Gesamtbewertung	**3,0**	**3,4**

Die Mittelwerte basieren auf einer Skala zwischen 1 (negatives Adjektiv) und 7 (positives Adjektiv). *Lesebeispiel:* Der Spot mit erotischen Sequenzen wird als konventioneller eingeschätzt als der Spot ohne erotische Sequenzen.
Mittelwerte mit unterschiedlichen Kennbuchstaben unterscheiden sich signifikant nach dem t-Test für unabhängige Stichproben.
[a,b] : t= 2,70; p<.01
[c,d] : t= -2,07; p<.05

Auch der BfG-Spot wurde in der erotischen Version auf einigen Skalen signifikant anders bewertet, allerdings ist die Tendenz hier weniger deutlich. Zurückzuführen ist der Unterschied maßgeblich auf die Bewertungsdimensionen „erotisch-nicht erotisch" und „witzig-ernst". Zwar wird der Spot auch hier offensichtlich als erotischer wahrgenommen, erscheint den Befragten aber tendenziell auch geschmackloser und sexistischer. Einzig auf der Dimension „Originalität" kann der Bank-Spot in der erotischen Variante gewinnen, was offensichtlich auf den ungewöhnlichen Einsatz von erotischen Stimuli bei dieser Art Unternehmen zurückzuführen ist. Beim BfG-Spot ist also der Einsatz von nackter Haut - in der von uns verwendeten Form - als dysfunktional für die Werbewirkung zu betrachten, wenn man die Bewertung des Spots in den Vordergrund stellt.

Tabelle 3 : **Einfluß von erotischen Sequenzen auf die Bewertung des BfG-Spots**

BfG	erotische Sequenzen MW (n=25)	neutral MW (n=30)
unnatürlich - natürlich	3,3	3,2
unrealistisch - realistisch	3,0	3,1
langweilig - spannend	3,3	3,2
unerotisch - erotisch	3,2 [a]	2,0 [b]
konventionell - originell	3,5	2,8
unromantisch - romantisch	3,3	4,0
ernst - witzig	2,6 [c]	3,3 [d]
nicht informativ - informativ	2,1	1,9
geschmacklos - geschmackvoll	3,8	4,5
sexistisch - nicht sexistisch	4,2	5,0
nicht überzeugend - überzeugend	2,8	2,7
schlecht gemacht - gut gemacht	3,7	3,8
Gesamtbewertung	**3,2**	**3,3**

Die Mittelwerte basieren auf einer Skala zwischen 1 (negatives Adjektiv) und 7 (positives Adjektiv). *Lesebeispiel:* Der Spot mit erotischen Sequenzen wird als ernster eingeschätzt als der Spot ohne erotische Sequenzen.
Mittelwerte mit unterschiedlichen Kennbuchstaben unterscheiden sich signifikant nach dem t-Test für unabhängige Stichproben.
[a,b] : t= 2,96; p<.001
[c,d] : t= -2,16; p<.05

2.6.2 Geschlechtsspezifische Unterschiede

Die bisher referierten Gesamtunterschiede verdecken möglicherweise die in unseren Hypothesen ˙angesprochenen Unterschiede der Wirkung zwischen Männern und Frauen. Zweifache Varianzanalysen mit dem Geschlecht und der erotischen Gestaltung der Spots als unabhängige Variablen zeigen, daß Männer und Frauen zumindest tendenziell unterschiedlich auf die Anreicherung der Spots mit Erotik reagieren.

2.6.2.1 Erinnerungsleistung

Tabelle 4 zeigt, daß Männer wie Frauen sich tendenziell häufiger an die beiden Spots erinnern, wenn diese erotische Elemente enthalten. Erotik steigert also bei beiden Geschlechtern die Aufmerksamkeit. Fragt man die Männer allerdings nach Details der Spot-*Texte*, bewirkt Erotik eher eine schlechtere Erinnerungsleistung (2,40 versus 3,42). Männer behalten weniger verbale Details, wenn der Spot ein visuelles erotisches Element enthält. Die Unterschiede deuten die Richtung der Effekte offensichtlich an, signifikant sind sie nicht.

Tabelle 4 : **Einfluß von erotischen Sequenzen auf die Erinnerung bei Frauen und Männern (Aramis & BfG)**

	Frauen		Männer	
	erotische Sequenzen MW (n=15)	neutral MW (n=18)	erotische Sequenzen MW (n=10)	neutral MW (n=12)
freie Spot-Erinnerung	1,73	1,33	1,50	1,00
gestützte Spot-Erinnerung	1,80	1,78	1,60	1,50
freie Detailerinnerung (Slogan)	2,13	1,94	2,70	2,42
freie Detailerinnerung (Text)	2,67	2,72	2,40	3,42

n.s.
Die Mittelwerte der Spot-Erinnerung können zwischen 0 (kein Spot genannt) und 2 (beide Spots genannt) liegen. Die Werte der Detailerinnerung können zwischen 0 „keine Angaben" und 6 „vollständig erinnert" liegen.

Hinter diesem generellen Befund verbergen sich jedoch Unterschiede zwischen den beiden Spots. *Tabelle 5* (Aramis) und *Tabelle 6* (BFG-Bank) zeigen dies. Der Aramis-Spot wird von Männern generell schlechter frei erinnert. Frauen nennen diesen Spot sowohl in der erotischen als auch in der neutralen Version wesentlich häufiger. Das Geschlecht bestimmt hier die Qualität der Erinnerung. Für den Bank-Spot gilt dies nicht. Hier bewirkt das erotische Element bei Männern wie bei Frauen eine höhere Erinnerungsleistung. Die unbekleidete Frau im Bank-Spot scheint die Erinnerung also eher zu stimulieren. Hieran läßt sich deutlich erkennen, daß es hinsichtlich der Erinnerung an die Werbung keine generellen, allgemeingültigen Wirkungen von Erotik in der Werbung geben kann. Die Erinnerung an die Werbetexte ist bei Männern für beide Spots geringer, wenn die Spots erotische Elemente enthalten. Für Männer gilt also, daß erotische Elemente die Erinnerung des Textes stören.

Für diese Effekte lassen sich verschiedene Erklärungsmöglichkeiten heranziehen. Erstens kann der im Hinblick auf das Produkt funktionale bzw. dysfunktionale Einsatz von Erotik die Erinnerungsleistung bei Männern modifizieren. Die eher unpassende und damit überraschende Verwendung der nackten Frau im Bank-Spot mag die Erinnerungsleistung an den Spot bei Männern tendenziell erhöht haben. Die Korrespondenz zwischen Produkt und Verwendung des erotischen Stimulus beim Aramis-Spot birgt demgegenüber die Gefahr, daß sich Männer zwar besser an den Spot, aber schlechter an inhaltliche Details des Spots erinnern.

Eine zusätzliche Erklärung für die spot-spezifischen Effekte könnte die unterschiedliche Qualität des erotischen Stimulus sein. Da in den beiden Spots jeweils unterschiedliche erotische Sequenzen eingeschnitten wurden, könnte die Art des erotischen Stimulus selbst in besonderem Maß für unterschiedliche kognitive Wirkungen verantwortlich sein kann.

Tabelle 5 :   **Einfluß von erotischen Sequenzen auf die Erinnerung an den Aramis-Spot bei Frauen und Männern**

	Frauen		Männer	
	erotische Sequenzen (n=15)	neutral (n=18)	erotische Sequenzen (n=10)	neutral (n=12)
freie Spot-Erinnerung (%)	80,0	55,6	50,0	25,0
gestützte Spot-Erinnerung (%)	93,3	94,4	70,0	91,7
freie Detailerinnerung (Slogan MW)	0,40	0,44	0,80	1,00
freie Detailerinnerung (Text MW)	1,80	1,72	1,70	2,33

n.s.
Die Werte der Detailerinnerung können zwischen 0 „keine Angaben" und 3 „vollständig erinnert" liegen.

Tabelle 6 :   **Einfluß von erotischen Sequenzen auf die Erinnerung an den BfG-Spot bei Frauen und Männern**

	Frauen		Männer	
	erotische Sequenzen (n=15)	neutral (n=18)	erotische Sequenzen (n=10)	neutral (n=12)
freie Spot-Erinnerung (%)	93,3	77,8	100,0	75,0
gestützte Spot-Erinnerung (%)	86,7	83,3	90,0	58,3
freie Detailerinnerung (Slogan MW)	1,73	1,50	1,90	1,42
freie Detailerinnerung (Text MW)	0,87	1,00	0,70	1,08

n.s.
Die Mittelwerte der Detailerinnerung können zwischen 0 „keine Angaben" und 3 „vollständig erinnert" liegen.

Zusammengefaßt läßt sich festhalten, daß der Einsatz erotischer Sequenzen bei Männern zu gegensätzlichen Erinnerungsleistungen führen kann. Die Auffälligkeit der Spots und in der Folge die freie Spot-Erinnerung können durch Erotik profitieren, vor allem wenn die Erotik für den jeweiligen Gegenstand des Spots eher ungewöhnlich ist. Die Erinnerung an die Details durch erotische Darstellungen wird dagegen ausschließlich für Männer gehemmt. Für Männer scheint das visuelle erotische Element mehr Verarbeitungskapazität auf sich zu ziehen, so daß für die differenziertere Verarbeitung der verbalen Information keine Zeit bleibt.

2.6.2.2 Bewertung

Frauen und Männern bewerten die neutrale und erotische Version des Aramis-Spots sehr unterschiedlich, wie *Tabelle 7* zeigt. Frauen schätzen auf allen Bewertungsdimensionen den erotischen Spot negativer ein. Bei Männern ist dies eher umgekehrt. Die erotische Version wird leicht positiver beurteilt, sie bewerten den Spot als spannender, erotischer und romantischer. Die unterschiedliche Bewertung der neutralen und erotischen Version schlägt sich in einer signifikanten Wechselwirkung nieder. Beide Geschlechter finden die erotische Variante zwar sexistischer. Während für Frauen daraus allerdings eine insgesamt negativere Bewertung folgt, scheint es sich bei Männern eher um eine sozial erwünschte Antwort zu handeln, die nicht zu einer Veränderung der anderen Bewertungsdimensionen führt.

Der Blick auf die Bewertung der erotischen und neutralen Version des BfG-Spots zeigt im Gegensatz zu Aramis keine wesentlichen Unterschiede zwischen Männern und Frauen. Männer halten die erotische Version - erwartungsgemäß - für erotischer und allenfalls für origineller als die neutrale Version. Ob der fehlende Unterschied mit der Thematik der Spots oder mit der Art der erotischen Elemente zusammenhängt, läßt sich im einzelnen nicht beantworten.

Tabelle 7 :   **Einfluß von erotischen Sequenzen auf die Bewertung des Aramis-Spots bei Frauen und Männern**

	Frauen		Männer	
	erotische Sequenzen MW (n=15)	neutral MW (n=18)	erotische Sequenzen MW (n=10)	neutral MW (n=12)
unnatürlich - natürlich	2,0	2,7	2,1	1,8
unrealistisch - realistisch	2,1	2,5	2,3	1,8
langweilig - spannend	2,6	3,9	4,2	3,3
unerotisch - erotisch	3,1	3,4	4,1	2,6
konventionell - originell	3,1	4,3	3,6	4,3
unromantisch - romantisch	2,4	3,1	3,0	2,2
ernst - witzig	3,0	3,6	3,5	3,5
nicht informativ - informativ	1,8	2,9	2,5	2,1
geschmacklos - geschmackvoll	3,3	4,6	3,9	4,0
sexistisch - nicht sexistisch	4,0	4,6	3,6	4,8
nicht überzeugend - überzeugend	2,8	3,6	2,8	2,7
schlecht gemacht - gut gemacht	3,0	4,1	4,3	3,9
Gesamtbewertung [a]	**2,8**	**3,6**	**3,3**	**3,1**

[a] : Interaktionseffekt: $F=4,92$; $p<.05$
Die Mittelwerte basieren auf einer Skala zwischen 1 (negatives Adjektiv) und 7 (positives Adjektiv).

Auch im Hinblick auf die Unterschiede zwischen Männern und Frauen bei der Bewertung von Erotik zeigt sich also, daß es keine generellen Effekte zu geben scheint. Ob Erotik zu einer besseren Bewertung des Produkts oder des Spots führt, muß also ebenfalls mit Blick auf Themeninvolvement, die Konzeption des erotischen Details, der kreativen Gestaltung des Spots oder des funktionalen bzw. dysfunktionalen Einsatzes der erotischen Sequenz analysiert werden. Bei Frauen muß allerdings eher mit negativen Assoziationen zum erotischen Spot gerechnet werden. Bei Männern finden sich hinsichtlich der Bewertung zwar keine eindeutigen negativen Wirkungen. Ob Spots mit erotischen

Elementen von Männern positiver bewertet werden, hängt von ihrer Machart
bzw. dem beworbenen Produkt ab.

Tabelle 8 :   **Einfluß von erotischen Sequenzen auf die Bewertung des
BfG-Spots bei Frauen und Männern**

	Frauen		**Männer**	
	erotische Sequenzen MW (n=15)	neutral MW (n=18)	erotische Sequenzen MW (n=10)	neutral MW (n=12)
unnatürlich - natürlich	3,3	3,3	3,4	3,0
unrealistisch - realistisch	3,1	3,3	2,7	2,9
langweilig - spannend	3,5	3,2	3,0	3,1
unerotisch - erotisch	2,9	2,0	3,8	1,9
konventionell - originell	3,5	3,2	3,5	2,3
unromantisch - romantisch	3,4	4,0	3,1	4,0
ernst - witzig	2,6	3,3	2,7	3,3
nicht informativ - informativ	2,6	2,0	1,3	1,7
geschmacklos - geschmackvoll	3,7	4,4	3,9	4,7
sexistisch - nicht sexistisch	3,7	4,7	4,9	5,5
nicht überzeugend - überzeugend	2,6	2,9	3,0	2,4
schlecht gemacht - gut gemacht	3,6	3,9	3,9	3,7
Gesamtbewertung [a]	**3,2**	**3,4**	**3,3**	**3,2**

[a] : Interaktionseffekt: n.s.
Die Mittelwerte basieren auf einer Skala zwischen 1 (negatives Adjektiv) und 7 (positives Adjektiv).

2.6.2.3 Ausstrahlungseffekte

Im letzten Analyseschritt haben wir die Wirkung der Erotik auf die Verarbeitung der anderen Spots im Werbeblock untersucht. Da nach den anderen Spots
nicht differenzierter gefragt wurde, konnten wir nur die freie Erinnerung an die

Spots untersuchen. Die erotischen Elemente in den beiden Experimental-Spots veränderten die Behaltensleistung der übrigen Spots kaum. Lediglich eine - eher humorige - Wechselwirkung mit dem Geschlecht konnte festgestellt werden. Der erste Spot in dem untersuchten Werbeblock warb für die Biermarke „Licher". In der neutralen Version erinnerten alle Männer den Bierspot. In der erotischen Version waren es nur 70 Prozent. Bei den Frauen war die Erinnerung dagegen höher, wenn die beiden Experimentalspots erotische Elemente enthielten. *Tabelle 9* zeigt die Ergebnisse. Berechnet man für die Erinnerungsleistungen eine zweifache Varianzanalyse,[85] so ist der Interaktionseffekt an der Grenze der Signifikanz (F=3,68; p<.06). Offenbar kann bei Männern Erotik die (zweifellos vorhandene) Aufmerksamkeit für Bier ablenken. Hier könnte man, will man den Effekt unbedingt eingehender interpretieren, einen Bedürfniskonflikt unterstellen.

Tabelle 9 :   **Einfluß von erotischen Sequenzen auf die freie Spot-Erinnerung an den vorgeschalteten Licher-Bier-Spot bei Frauen und Männern**

	erotische Sequenzen % (n=25)	neutral % (n=30)
Frauen (n=33)	80,0	66,7
Männer (n=22)	70,0	100,0

---

[85] Die zugrundeliegenden Werte waren 0 (nicht erinnert) und 1 (erinnert). Dieses Datenniveau erlaubt in formalistischer Hinsicht keine varianzanalytischen Berechnungen. Im Bewußtsein dieser Einschränkung sind die Ergebnisse zu interpretieren.

2.7   Zusammenfassung

Zusammenfassend muß der Einsatz offensichtlicher weiblicher Erotik in Form von nackter Haut als „Eye-Catcher" in der TV-Werbung differenziert betrachtet werden. Zwar fällt nackte Haut nach wie vor besonders auf und die reine Spot-Erinnerung wird gesteigert. Der Erfolg ihres Einsatzes hängt jedoch von der Korrespondenz mit dem beworbenen Gegenstand ab. Vermutlich kann nur noch der eher ungewöhnliche - aber gefühlvolle - Einsatz von erotischen Sequenzen Vorteile bei der inhaltlichen Verarbeitung der Botschaft erzielen. Der vergleichsweise gängige Einsatz nackter Haut scheint die Detailverarbeitung eher zu hemmen. Gerade Männer behalten weniger inhaltliche Details (Slogans, Spot-Texte), wenn sie mit unbekleideten Frauenkörpern in der Werbung konfrontiert werden.

Es besteht auch die Gefahr, daß erotische Werbung von Männern wie Frauen als sexistisch empfunden wird. Dies gilt besonders dann, wenn die Frau in „üblicher" Weise mit den „üblichen" Produkten vergleichsweise stigmatisiert dargestellt wird. Diese Werbung wird im Ganzen gerade von Frauen als unattraktiver bewertet und in ihrer Darstellung abgelehnt. Es ist also nicht monokausal zu vermuten, daß sexuelle Stimuli regelmäßig positive Gefühle auf Spot oder Produkt übertragen. Weibliche Erotik in der Werbung auf ungewöhnliche Art bzw. bei ungewöhnlichen Produkten darzustellen, wird von Männern wie Frauen noch eher akzeptiert und kann auch die kognitive Verarbeitung bei Männern tendenziell unterstützen. Inwieweit der Typ des beworbenen Produkts, die Art der eingesetzten Erotik und die Zielgruppe des Spots hier ineinanderwirken, müßte noch genauer und ausführlicher untersucht werden.

3 Wirkungen emotionalisierender Werbespots[86]

3.1 Einleitung

Während die erste Untersuchung sich mit der Wirkung einzelner Elemente innerhalb eines Werbespots beschäftigt hat, wird in der vorliegenden Studie die Ausstrahlung von verschiedenen emotional stark ansprechenden Spots auf die Verarbeitung der sie im Werbeblock umgebenden Spots untersucht. Neben dem Programmumfeld ist nämlich auch das Spotumfeld selbst für die Wirksamkeit eines Werbespots von besonderer Bedeutung. Die Attraktivität eines Werbeblocks hängt besonders von der Art der gesendeten Werbespots ab.[87] Bemerkenswerter als die Attraktivität eines Werbeblocks im Ganzen dürfte es aber sein, wie die einzelnen Werbespots vom Zuschauer behalten und akzeptiert werden. Dabei kann man davon ausgehen, daß sich die einzelnen Werbespots im Werbeblock gegenseitig beeinflussen, d.h. daß ein Werbespot auf die ihn umgebende Werbung „ausstrahlt". Dabei sind verschiedene Auswirkungen möglich. Zum einen kann ein Werbespot, der das Interesse eines Zuschauers weckt, ihn dazu bewegen, auch die weitere Werbung zu verfolgen (Koppelungseffekt). Zum anderen kann ein Werbespot dazu führen, daß die Zuschauer die umgebende Werbung nicht mehr interessiert (Kontrasteffekt). Beide Typen von Ausstrahlungseffekten können durch inhaltliche und durch affektive Elemente des kritischen Spots ausgelöst werden.

Besonders interessant für die Untersuchung solcher Ausstrahlungseffekte sind vor allem Spots, die allein schon durch die Art ihrer inhaltlichen Gestaltung besondere Reaktionen beim Zuschauer hervorzurufen versuchen. Dazu gehört der Einsatz emotionalisierender Gestaltungsmerkmale visueller und verbaler Art wie beispielsweise erotische Elemente oder bestimmte Farben, Töne und

---

[86] Die Darstellung der folgenden Ergebnisse basiert auf der Magisterarbeit von Julia Spanier: „Ausstrahlungseffekte von emotionalisierenden Werbespots", vorgelegt an der Johannes Gutenberg-Universität Mainz 1993.

[87] Vgl. BROSIUS, H.B. und J. HABERMEIER (1993), S. 86.

Signalreize. Die emotionalisierende Gestaltung der Werbung kann beim Rezipienten selbst Emotionen auslösen (z.B. Angst, Betroffenheit oder Erregung), die dann die Erinnerung und Bewertung an diesen Spot beeinflussen. Es stellt sich aber auch die Frage, ob diese Beeinflussung nun über den emotional gestalteten Werbespot hinaus noch weiterreichende Effekte beim Rezipienten erzielt. Dies könnte sich etwa darin äußern, daß die Erinnerung und Beurteilung der umgebenden Fernsehwerbung beeinflußt wird, indem der Rezipient die umgebenden Spots anders beurteilt und erinnert, als wenn sie ihm nicht in der Umgebung eines emotionalisierenden Spots gezeigt würden. Diese Frage nach den Ausstrahlungseffekten emotionalisierender Werbespots steht im Mittelpunkt der folgenden Untersuchung.

3.2   Emotionen und Werbung

Die psychologischen Emotionstheorien kann man grob in zwei Klassen teilen. Die einen unterteilen Emotionen entsprechend ihrer Inhalte, wobei die subjektive Empfindung von Freude, Trauer, Angst etc. sich durch unterschiedliche Erregungsmuster kennzeichnen läßt. Emotionen sind nach diesen Theorien inhaltsgebunden.[88] Die anderen (z.B. die „Zwei-Faktoren-Theorie" von SCHACHTER und SINGER) widersprechen der Annahme inhaltsgebundener Emotionen. Sie gehen vielmehr davon aus, daß Emotionen auf dem Zusammenwirken einer unspezifischen physiologischen Erregung und einer situationsspezifischen Kognition beruhen.[89] Beide Faktoren sind notwendige Determinanten für das Zustandekommen von Emotionen, wobei die Erregung selbst aber immer noch emotionsunspezifisch ist. Ihr Ausmaß determiniert die Stärke der Emotionen. Von der meist an die Situation gebundenen Kognition hängt es dann ab, welche Emotion subjektiv empfunden wird. So kann das gleiche Erregungsmuster bei dem einen etwa Ärger, bei dem anderen Freude auslösen, je nach seiner subjektiven Interpretation der Situation. SCHACHTER und SINGER gehen also davon aus, daß eine Erregung anfangs emotional

---

[88]   Vgl. TRAXEL, W. (1983) S. 14.
[89]   Vgl. SCHACHTER, S. und J.E. SINGER (1992) S. 379-399.

unspezifisch, also „inhaltsfrei" ist und daß sie ihre emotionale Bedeutung erst durch die kognitive Bewertung der Situation durch das Individuum erhält.

Weiterführende Untersuchungen bestätigen, daß Personen, die sich in einem Erregungszustand befanden, heftiger reagieren, unabhängig vom Inhalt des die Erregung auslösenden Stimulus. Die in der weiteren Entwicklung gewonnenen Ergebnisse zeigten aber auch, daß die Inhalte des Erregung auslösenden Stimulus nicht völlig zu vernachlässigen sind: So fanden TANNENBAUM und ZILLMANN, daß ein sowohl emotional erregender als auch gewalttätiger Film mehr Aggression erzeugte als ein ebenso erregender, aber nicht aggressiver Film. Dies führt zu der Annahme, daß zwischen emotionalen und kognitiven Aspekten einer Botschaft unter bestimmten Umständen eine Interaktion stattfindet.[90]

Nach diesen Befunden ist davon auszugehen, daß ein erregender Reiz - wie beispielsweise auch ein Werbespot - mit emotionalen Gestaltungsmerkmalen beim Zuschauer eine Erregung bewirkt, die je nach Situationseinschätzung als unterschiedliche (z.B. positive oder negative) Emotion wahrgenommen werden kann. Durch den emotional aufgeladenen Inhalt des Werbespots findet dann eine *Emotionalisierung* des Rezipienten statt, die sich auf verschiedene Arten äußern kann.

3.3 Emotionalisierende Elemente in der Werbung

Hinter der Verwendung emotionaler Stimuli in der Werbung verbirgt sich die Idee, daß „Anreize durch ein speziell gestaltetes Werbemittel dargeboten, dann zum Kauf eines Produkts motivieren, wenn sie die Funktion eines Hinweis-reizes erfüllen und das Erleben möglichst angenehmer Gefühle vorwegnehmen (...)"[91] Diese Anreize werden heutzutage immer häufiger in Form von

---

[90] Vgl. ZILLMANN, D. (1971) S. 430; TANNENBAUM, P.H. und D. ZILLMANN (1975) S. 179f.
[91] Vgl. MAYER, H. (1982) S. 77.

emotionsauslösenden Gestaltungsmerkmalen gegeben. Emotionale Reize in der Fernsehwerbung sollen also Bedürfnisse wecken und den Zuschauer motivieren, durch den Kauf des beworbenen Produkts dieses Bedürfnis zu stillen.

Der Einsatz von Stimuli, die *angenehme* Empfindungen bzw. ein Bedürfnis nach Erreichen eines angenehmen Gefühlszustandes auslösen sollen, findet sich in der Werbung häufig. Daneben haben aber auch Angst- und Furchtappelle Verwendung in der Werbung gefunden.[92] Sie werden den gefahrenbezogenen Emotionen und den Fluchtmotiven zugerechnet und stellen verhaltenswirksame Motive dar (z.B. Furcht vor Krankheit oder fehlender sozialer Anerkennung), die sich relativ einfach mit bestimmten Produkten bzw. Verhaltensweisen verbinden lassen.[93] Ein typisches Beispiel ist der Versuch, durch das Zeigen von kariösen Zähnen und der dadurch ausgelösten Furcht, Hygieneverhalten zu stimulieren. Hier muß man jedoch feststellen, daß die Wirkung von Angst- und Furchtappellen stark vom Thema und Produkt abhängig ist und von dem jeweiligen Ziel, das erreicht werden soll. Deshalb können Furchtappelle nicht generell mit Erfolg eingesetzt werden.[94]

3.3.1 Ausstrahlungseffekte

ZILLMANN beschrieb in seiner Theorie der Erregungsübertragung, daß Personen, die durch einen (aggressionsneutralen) Stimulus erregt worden waren und anschließend einer aggressiven Situation ausgesetzt wurden, aggressiver reagierten als Personen, die vorher nicht durch einen Stimulus erregt worden waren.[95] Ungeachtet aggressionssteigernder Effekte läßt sich generell nach dieser Theorie die Aussage treffen, daß durch das Erregungspotential eines ersten Stimulus die Wirkung eines darauffolgenden Stimulus beeinflußt werden kann.[96] Im Bereich der Fernsehwerbung trifft das dann zu, wenn ein Spot so

---

[92]   Siehe Kapitel 8 über die „Wirkungen von Furchtappellen" in diesem Buch.

[93]   Vgl. MAYER, H. (1982) S. 79.

[94]   Vgl. SCHENK, M., DONNERSTAG, J. und J. HÖFLICH (1990) S. 75; Vgl. auch Kapitel 8 über die „Wirkungen von Furchtappellen" in diesem Buch.

[95]   Vgl. ZILLMANN, D. (1971) S. 419-434.

[96]   Vgl. ZILLMANN, D. (1983) S. 215-240.

starke Erregungen bzw. Emotionen auslöst, daß diese bei der Rezeption des folgenden Spots noch nachwirken.

Derartige Ausstrahlungseffekte wurden beispielsweise im Rahmen der Nachrichtenrezeptionsforschung von MUNDORF, DREW, ZILLMANN und WEAVER beschrieben.[97] Sie untersuchten, ob eine emotional erregende Nachrichtenmeldung negativen Inhalts Auswirkungen auf die Erinnerung der nachfolgenden Meldungen hatte. Die Erregung wurde dabei anhand psychophysiologischer Meßmethoden erfaßt. Es zeigte sich, daß Rezipienten, die eine Meldung schockierenden Inhalts gesehen hatten, in der Folge wesentlich weniger Nachrichten behielten als Rezipienten, die eine vergleichsweise neutrale Meldung gesehen hatten. Obwohl sich die Autoren in ihrer Studie auf negative Nachrichten konzentrierten, gehen sie davon aus, daß positive Emotionen ähnliche, in ihrer Intensität vielleicht etwas schwächere Effekte hervorrufen können.

Eine spätere Studie von MUNDORF, ZILLMANN und DREW beschäftigte sich mit der Frage, wie sich die während einer Nachrichtensendung mit emotionalisierendem Inhalt aufgebaute Erregung für das anschließende Behalten von Informationen in Werbespots auswirkte. Es zeigte sich auch hier, daß eine Gruppe von Rezipienten, die eine schockierende Nachrichtenmeldung gesehen hatten, die anschließenden Werbespots schlechter behielten als eine Kontrollgruppe.[98] Nach diesen Befunden läßt sich also erwarten, daß auch innerhalb eines Werbeblocks emotionalisierende Spots durch derartige Ausstrahlungseffekte die Wirkung anderer Spots verändern können.

3.3.2 Emotionalisierende Werbespots und Informationsverarbeitung

Nach den allgemeinen Vorstellungen der Werbetreibenden ist die Aktivierung einer werblichen Botschaft um so stärker, je mehr die kognitive Verarbeitung gesteigert und damit letztendlich die Speicherung der Information ermöglicht

---

[97] Vgl. MUNDORF, N., DREW, D., ZILLMANN, D. und J. WEAVER (1990) S. 601-615.
[98] Vgl. MUNDORF, N., ZILLMANN, D. und D. DREW (1991) S. 46-53.

wird. Diese Vorstellung entspricht den eingangs beschriebenen hierarchischen Modellen der Werbewirkung. Danach kann eine starke Aktivierung der Aufmerksamkeit dann erreicht werden, wenn Informationen mit physikalischen, kognitiven oder auch emotionsauslösenden Reizen verbunden werden.[99] Erst durch die Aktivierung der Aufmerksamkeit erhöht sich die Chance, daß ankommende Informationen die verschiedenen Stufen der Informations-aufnahme durchlaufen und in das Langzeitgedächtnis wandern, um dort dauerhaft gespeichert zu werden.

In einer amerikanischen Studie über den Einfluß von emotionaler TV-Werbung auf das Gedächtnis fand sich ein signifikanter Zusammenhang zwischen dem Grad der emotionalen Erregung und der Erinnerungsleistung: Je stärker die emotionale Erregung war, um so größer war die Erinnerungsleistung an die gezeigten Spots.[100] Auch wurden signifikant mehr emotionale als neutrale Botschaften erinnert. Darüber hinaus wurden emotional gestaltete Botschaften positiver bewertet als neutrale Werbebotschaften, d.h. Botschaften ohne emotionale Gestaltungsmerkmale. Emotionen in der Werbung führen also dazu, daß die Werbebotschaft größere Chancen hat, in unserem Gedächtnis weiter-verarbeitet zu werden, weil emotionale Reize die Aufmerksamkeit aktivieren und so die Chance für die Wahrnehmung der Werbebotschaft erhöhen.

3.3.3 Störung der Informationsverarbeitung durch überstarke Aktivierung

Allerdings kann eine Erhöhung der Aktivierung und damit der Aufmerksamkeit auch zu einer verschlechterten Erinnerungsleistung führen. Das ist dann der Fall, wenn die Aktivierung so stark ist, daß die Grenzen der Verarbeitungs-fähigkeit eines Individuums überschritten wird. Dieses Phänomen läßt sich beispielsweise durch das *Yerkes-Dodson-Gesetz*[101] erklären, das eine verkehrt U-förmige Beziehung zwischen Aktivierung und Leistung im weitesten Sinne

---

[99] Vgl. SCHENK, M., DONNERSTAG, J. und J. HÖFLICH (1990) S. 68.

[100] Vgl. FRIEDSTAD, M. und M. THORSTON (1986) S. 111-116.

[101] Vgl. YERKES, R.M. und J.D. DODSON (1908) S. 459-482.

postuliert. D.h. bei geringer Aktivierung ist die Leistungsfähigkeit gering, sie steigt bis zu einem „optimalen mittleren Bereich" an und fällt mit steigender Erregung langsam wieder ab.[102] Die oben erwähnte Studie von MUNDORF, ZILLMANN und DREW[103] kann als Beleg dafür gewertet werden, wie durch zu starke Emotionen die nachfolgende Verarbeitungsleistung eingeschränkt wird.

Auch in der Werbung hat man Leistungsverschlechterungen bei überstarker Aktivierung festgestellt: So hat eine Studie über den Einsatz von sexuellen Illustrationen in einer Anzeigenwerbung ergeben, daß durch die emotionale Erregung die Informationsverarbeitung gestört wird: Die Werbung selbst wurde besser erinnert, inhaltliche Details dagegen wurden schlechter erinnert als bei der gleichen Werbung ohne sexuelle Illustrationen.[104] Diese Befunde entsprechen auch weitgehend denen aus Kapitel 2 dieses Buches.

3.3.4 Bewertung von Umgebungsspots

Neben der Frage, was der Rezipient von den umgebenden Werbespots *behält*, ist es aber auch von Interesse, festzustellen, ob die *Akzeptanz* der Umgebungsspots im Zusammenhang mit der Bewertung der emotionalisierenden Werbespots steht. Dabei sind wiederum zwei Möglichkeiten denkbar: Zum einen könnte eine hohe Akzeptanz des emotionalisierenden Spots zu einer verschlechterten Bewertung der Umgebungswerbung führen (Kontrasteffekt). Denkbar wäre aber auch, daß die Bewertung des Experimentalspots auf die umgebende Werbung „abfärbt", d.h. daß diese tendenziell ähnlich beurteilt wird, wie die emotionale Werbung (Koppelungseffekt).

Für einen Kontrasteffekt spricht z.B. die Studie von MUNDORF und ZILLMANN.[105] Die Autoren stellten fest, daß eine positive Meldung noch positiver beurteilt wurde, wenn die Versuchspersonen diese nach einer negati-

---

[102]   Vgl. VITOUCH, P. (1982) S.23.

[103]   Vgl. MUNDORF, N., ZILLMANN, D. und D.DREW (1991) S. 46-53.

[104]   Vgl. MOSER, K. (1990) S. 190f.

[105]   Vgl. MUNDORF, N. und D. ZILLMANN (1991) S. 197-211.

ven Meldung sahen, und umgekehrt. In der Psychologie wird eine solche Konstellation als *affektiver Kontrast* bezeichnet, d.h. einem lustvollen Zustand folgt notwendigerweise ein unlustvoller und umgekehrt.[106] Dieser affektive Kontrast läßt sich durch die *Gegensatz-Prozeß-Theorie* von SOLOMON[107] erklären. In Anlehnung an den klassischen Behaviorismus geht er davon aus, daß sich alle prototypischen Emotionen (Furcht, Wut, Freude und Liebe) an neutrale Reize binden lassen.[108] Diese „erworbenen Emotionen" lassen sich nun auf zwei grundlegende Prozesse zurückführen: Auf einen Prozeß A, der die Reaktion auf ein affektives Ereignis darstellt, und der selbst unvermeidlich einen gegensätzlichen Prozeß B auslöst.[109]

Sahen die Probanden bei MUNDORF und ZILLMANN nun eine Meldung, die eine positive Reaktion bei ihnen auslöste, so muß nach SOLOMON darauf ein gegensätzlicher, also negative Reaktionen auslösender Prozeß folgen. Wenn die Versuchspersonen nach der positiven eine negative Meldung sahen, so wirkte der gegensätzliche Prozeß in diesem Fall verstärkend, die negative Meldung wurde also noch negativer empfunden, als sie von Personen aufgenommen wurde, die vorher keine positive Meldung sahen.

Nach den Ergebnissen verschiedener Untersuchungen, die sich mit Emotionen in der Fernsehwerbung befaßten, kann davon ausgegangen werden, daß emotional gestaltete Werbebotschaften in der Regel positiver bewertet werden als neutral gestaltete Werbespots.[110] Nach den Annahmen der Gegensatz-Prozeß-Theorie müßten die umgebenden Werbebotschaften in den Gruppen, die einen emotionalisierenden Spot sahen, deshalb negativer bewertet werden als in den Kontrollgruppen.

Andererseits ist es auch denkbar, daß die positiven Bewertungen der emotionalisierenden Werbung auf die direkte Umgebung dieser Werbung ausstrahlt:

---

[106] Vgl. EULER, H.A. (1983) S. 67.
[107] Vgl. SOLOMON, R.L. (1980).
[108] Vgl. EULER, H.A. (1983) S. 63.
[109] Vgl. SOLOMON, R.L. (1980).
[110] Vgl. FRIEDSTAD, M. und M. THORSTON (1986) S. 115f.

Weil der emotionalisierende Werbespot dem Zuschauer gefällt, findet er auch die umgebende Werbung besser, als wenn sie ihm in einem Werbeblock präsentiert wird, der ihn emotional nicht anspricht. In diesem Sinne kann man von einer „Koppelungswirkung" sprechen, die durch die emotionalisierende Werbung erreicht wird.

3.4 Forschungsziele

Zusammenfassend sind für die Untersuchung zwei grundlegende Annahmen von Bedeutung: Zum einen führen stark emotional ansprechende Fernseh-inhalte wahrscheinlich zu einer intensiveren Hinwendung des Rezipienten zu dem Geschehen auf dem Bildschirm. Das bedeutet aber für den unmittelbar vorangegangenen Werbespot, daß er aus dem Kurzzeitgedächtnis verdrängt und ihm nur verringerte Verarbeitungskapazität zugewendet wird, so daß Rezipienten ihn nicht oder nur bruchstückhaft im Langzeitgedächtnis speichern. Dies müßte sich in einer verschlechterten Erinnerung an diese Botschaft messen lassen.

Zum anderen führen emotionalisierende Botschaften im Fernsehen zu einer sehr starken Aktivierung der Aufmerksamkeit, so daß die Wahrnehmungs-leistung des Rezipienten erhöht wird und er sich dem Geschehen auf dem Bildschirm voll zuwendet. Damit ist dann aber die Grenze der möglichen Aktivierung überschritten und die Aufmerksamkeitsleistung des Rezipienten nimmt stark ab, so daß die nachfolgenden Fernsehinhalte für eine Zeit lang nicht weiter verarbeitet werden. Aus diesen Überlegungen lassen sich folgende Hypothesen ableiten:

Hypothese 1: Werbebotschaften werden - im Vergleich zu anderen Posi-tionen - schlechter erinnert, wenn sie einem emotionalisieren-den Werbespot vorausgehen.

Hypothese 2: Werbebotschaften werden - im Vergleich zu anderen Posi-tionen - schlechter erinnert, wenn sie einem emotionalisieren-den Werbespot folgen.

Hypothese 3a: Werbebotschaften werden in der Umgebung von stark emotionalisierenden Werbespots aufgrund eines Kontrasteffektes
negativer bewertet als in anderen Positionen.

Hypothese 3b: Werbebotschaften werden in der Umgebung von stark emotionalisierenden Werbespots aufgrund eines Koppelungs-
effektes positiver bewertet als in anderen Positionen.

3.5 Untersuchung

3.5.1 Experimentaldesign

Die Hypothesen wurden anhand eines Experiments überprüft. Um den Einfluß
von verschiedenartigen Emotionen prüfen zu können, wurden insgesamt drei
Spots mit emotionalisierendem Inhalt ausgewählt. Als Kontrollspot diente eine
Fernsehwerbung für ein Waschmittel, die in typischer Weise für ein solches
Produkt aufgebaut ist. In den Experimentalspots wird versucht, den Rezipienten
durch verschiedene Emotionen zu überzeugen. Drei solcher Experimentalspots,
die jeweils unterschiedliche Emotionen ansprechen sollen, haben wir ausgewählt. Diese Emotionen sind Erotik, Beklemmung und Spannung. Ein Werbespot für *Jade-Man*-Herrenparfum, in dem sich ein unbekleidetes Liebespaar
zärtlich umarmt und streichelt, bezog sich auf *Erotik*. Ein Spot gegen *Kindesmißbrauch*, in dem ein Kind an einem Fenster auf eine spielende Familie
herabschaut und offensichtlich gerade von einem hinter ihm stehenden Mann
mißbraucht worden war, zielte auf *Beklemmung* und Schock. Ein Spot für den
Gebrauch von *Kondomen*, bei dem an einem runden Tisch mehrere Personen
nacheinander russisches Roulette spielen, zielte auf *Spannung*. Alle drei
Werbespots waren zum Zeitpunkt der Durchführung des Experiments weitgehend unbekannt. Lediglich der Jade-Spot wurde in der Folgezeit häufiger
geschaltet.

Alle Werbespots wurden in dieser Untersuchung im Original verwendet. Der
jeweilige Experimentalspot war immer von den gleichen Spots umgeben, damit

Ausstrahlungseffekte für Experimental- und Kontrollgruppen einzeln überprüft und miteinander verglichen werden konnten. Bei den direkt umgebenden Spots handelte es sich erstens um „Blend-a-dent medic plus 3" (eine Zahnbürstenwerbung) sowie beim nachfolgenden Spot um „Knorr - die schnelle Feine" (eine Tütensuppe).

Anhand eines Pretests wurde der Emotionalisierungsgrad der Experimentalspots getestet. Dies geschah anhand eines semantischen Differentials, das zwölf Gegensatzpaare enthielt. Es wurde davon ausgegangen, daß Befragte dann heftiger und emotionaler reagierten, wenn sie eine extreme Bewertung wählen. Ein Hinweis für fehlende Emotionalisierung findet sich dann, wenn sich die Antworten um den Mittelwert bewegen. Das Versuchsmaterial erwies sich aufgrund des Pretests als geeignet: Der Herrenparfumspot wurde als erotisch empfunden, der Spot gegen Kindesmißbrauch als beklemmend und der Kondomspot als spannend und originell.

Der jeweilige emotionalisierende Werbespot plus die Umgebungsspots wurden in einen typischen Werbeblock, der insgesamt aus acht Werbespots bestand, eingebaut. Die Position der jeweiligen Werbespots wurde außerdem systematisch rotiert, um Positionseffekten vorzubeugen. Die Zusammenstellung der dadurch entstandenen Werbeblöcke zeigt *Abbildung 1*.

Der Werbeblock war insgesamt fünf Minuten lang, die Länge der einzelnen Spots betrug zwischen 30 und 45 Sekunden. Der Werbeblock wurde in die Ankündigung einer Nachrichtensendung und eine gekürzte Nachrichtensendung eingebettet, wie bereits im methodischen Teil des Einführungskapitels genauer erläutert.

Insgesamt nahmen an dem Experiment 168 Versuchspersonen teil, davon waren 85 männlich, 83 weiblich. Jeweils 20 bis 23 Personen sahen in mehreren Gruppen eine der insgesamt acht Experimentalversionen, das Geschlechterverhältnis war ausgewogen. Die Teilnehmer waren zwischen 19 und 38 Jahren alt, der Altersdurchschnitt lag bei 24 Jahren. Sie setzten sich aus Studierenden aller Fachbereiche zusammen.

Abbildung 1:   **Experimentaldesign: Emotionalisierende Werbespots**

	A	B	C	D	E	F	G	H
	Vorschaltspot	Emotionalisierende Spots	Folgespot			Vorschaltspot	Emotionalisierende Spots	Folgespot
1	Blend-a-dent	*Jade Man*	Knorr	Doublemint	Honda Civic	Meister Proper	Poly Ultra Care	Hanuta
2	Blend-a-dent	*Kindesmißbrauch*	Knorr	Doublemint	Honda Civic	Meister Proper	Poly Ultra Care	Hanuta
3	Blend-a-dent	*Kondome*	Knorr	Doublemint	Honda Civic	Meister Proper	Poly Ultra Care	Hanuta
4	Blend-a-dent	*Dash 3 (K)*	Knorr	Doublemint	Honda Civic	Meister Proper	Poly Ultra Care	Hanuta
5	Meister Proper	Poly Ultra Care	Hanuta	Doublemint	Honda Civic	**Blend-a-dent**	*Jade Man*	**Knorr**
6	Meister Proper	Poly Ultra Care	Hanuta	Doublemint	Honda Civic	**Blend-a-dent**	*Kindesmißbrauch*	**Knorr**
7	Meister Proper	Poly Ultra Care	Hanuta	Doublemint	Honda Civic	**Blend-a-dent**	*Kondome*	**Knorr**
8	Meister Proper	Poly Ultra Care	Hanuta	Doublemint	Honda Civic	**Blend-a-dent**	*Dash 3 (K)*	**Knorr**

Anmerkung: Die Experimentalspots Jade-Man, Kindesmißbrauch, Kondome bzw. der nicht-emotionalisierende Kontrollspot Dash 3 (K) wurden in Version A-C am Beginn, in Version F-H am Ende des Werbeblocks plaziert, um Positionseffekte kontrollieren zu können. Ausstrahlungseffekte der emotionalisierenden Spots wurden jeweils auf den vorgeschalteten Spot (Blend-a-dent) und den Folgespot (Knorr) untersucht. Der gesamte Werbeblock wurde zwischen Trailer einer Nachrichtensendung und der eigentlichen Nachrichtensendung eingebettet (Siehe Experimentaldesign Tandemspots).

71

3.5.2 Meßinstrument

Anhand eines Fragebogens wurden Erinnerung und Bewertung der jeweiligen Spots erfaßt. Der erste Teil des Fragebogens bestand aus Ablenkungsfragen zur Nachrichtensendung. Anschließend wurde offen nach der Erinnerung an die Produkte bzw. Themen der acht Werbespots gefragt (freie Spot-Erinnerung). Außerdem konnten die Versuchspersonen einen Spot nennen, der ihnen besonders aufgefallen war. Hierbei ging es vor allem darum, ob von den Personen, die emotionalisierende Spots sahen, diese häufiger als andere nannten. Im zweiten Teil des Fragebogens wurden detaillierte Fragen zu den beiden Umgebungsspots und dem emotionalisierenden Spot gestellt. Es wurden konkret inhaltliche Detailfragen zu einzelnen Handlungselementen gestellt. Außerdem sollte eine Einschätzung des jeweiligen Spots abgegeben werden, wie er den Versuchspersonen gefallen hat. Es wurde zusätzlich kontrolliert, ob die Spots den Versuchspersonen schon bekannt waren. Zum Abschluß folgten Fragen nach Alter, Geschlecht, Fernsehkonsum, usw. Dann wurde nach der persönlichen Einstellung zu Fernsehwerbung gefragt. Aus dem State-Trait-Test wurden verschiedene Items übernommen, um die allgemeine emotionale Ansprechbarkeit der Probanden einzuschätzen.[111]

3.6   Ergebnisse

3.6.1   Erinnerungen an die emotionalisierenden Werbespots

Falls die Probanden von einem der Experimentalspots emotional berührt und damit aktiviert wurden, ist es sehr wahrscheinlich, daß sie ihn sich deshalb

---

[111]   Der State-Trait-Test besteht aus standardisierten Skalen, um das subjektive emotionale Erleben von Individuen, speziell zur Ängstlichkeit als Persönlichkeitseigenschaft, zu erfassen. Man kann davon ausgehen, daß ängstlichere Menschen sensibler auf Situationen reagieren, die eine potentielle Gefahr in sich bergen (z.B. der Kondomspot) und daß bei ihnen eine allgemein erhöhte Sensibilität für emotionalisierende Botschaften besteht. Eine Zusammenfassung der in diesem Test verwendeten Items findet sich in: LAUX, L., GLANZMANN, P. und P. SCHAFFER (1981).

gemerkt und bei der freien Erinnerung auch angegeben haben. Wie *Tabelle 10* zeigt, ist das auch tatsächlich der Fall. Die Experimentalspots, vor allem der erotische Spot Jade-Man und der betroffen machende Spot über Kindesmißbrauch, werden sehr viel häufiger genannt als der Kontrollspot.

Tabelle 10: **Freie Spot-Erinnerung an die emotionalisierenden Spots**

	Jade % (n=44)	Kindesmißbrauch % (n=41)	Kondome % (n=42)	Dash % (n=41)	p
Vordere Positionierung	81	100	55	75 [a]	<.005
Hintere Positionierung	83	100	70	24 [b]	<.001
Gesamt	**82**	**100**	**62**	**49**	<.001

Prozentanteile mit unterschiedlichen Kennbuchstaben unterscheiden sich in der Positionierung signifikant auf dem 5-Prozent-Niveau nach dem χ^2-Test.

Interessant ist dabei zu bemerken, daß sich die Positionierung, die ebenfalls variiert wurde, bei den emotionalisierenden Spots kaum auf die Erinnerung auswirkt. Bei dem ohne emotionalisierende Merkmale geschalteten Kontrollspot (Dash) ist die Positionierung demgegenüber von großer Bedeutung für die Erinnerung: Wenn der Spot eher vorne plaziert war, erinnerten sich drei Viertel aller Versuchspersonen an ihn, wurde er dagegen erst am Ende des Werbeblocks gezeigt, war es nur noch ein Viertel. Auffällig ist auch, daß der Kondom-Spot bei vorderer Positionierung schlechter erinnert wird als bei hinterer Positionierung. Als emotionalisierender Spot wird er an der Anfangsposition sogar schlechter als der Kontrollspot erinnert. Für dieses Ergebnis bietet sich zunächst keine eindeutige Erklärung an. Die Unterschiede zwischen den drei Experimental- und dem Kontrollspot können nicht ohne weiteres interpretiert werden, da verschiedene Gestaltungsmerkmale so konfundiert sind, daß man nicht mit Sicherheit die emotionalisierende Gestaltung für die bessere Behaltensleistung verantwortlich machen kann.

3.6.2 Erinnerung an die Umgebungsspots

Konzentriert man die Analyse auf die umgebende Werbung, so zeigt sich, daß im Kontext emotionalisierender Werbung die vorgeschalteten und die nachfolgenden Werbespots (Blend-a-dent und Knorr) eher besser erinnert werden als ohne emotionalisierendes Umfeld. Auch wenn die Unterschiede zur Kontrollgruppe bei den Versionen Kindesmißbrauch und Kondome nur tendenziell vorhanden sind, deuten die Ergebnisse insgesamt jedoch auf eine Verbesserung der freien Erinnerung an Umfeldspots. *Tabelle 11* zeigt die Ergebnisse im einzelnen.

Tabelle 11: **Freie Spot-Erinnerung an die umgebende Werbung „Knorr" & „Blend-a-dent"**

	Jade MW (n=44)	Kindesmißbrauch MW (n=41)	Kondome MW (n=42)	Dash MW (n=41)
Vordere Positionierung	1,67 [a]	1,48 [a]	1,27	1,20 [a]
Hintere Positionierung	1,04 [b]	0,80 [b]	0,85	0,67 [b]
Gesamt	**1,34 [A]**	**1,15 [AB]**	**1,07 [AB]**	**0,93 [B]**

Die Mittelwerte können zwischen 0 (kein Umgebungsspot genannt) und 2 (beide Umgebungsspots genannt) liegen. Mittelwerte mit unterschiedlichen kleinen Kennbuchstaben unterscheiden sich in der Positionierung signifikant auf dem 5-Prozent-Niveau nach dem t-Test für unabhängige Stichproben (F=29,32; p<.001 für die verschiedene Positionierung). Mittelwerte mit unterschiedlichen großen Kennbuchstaben unterscheiden sich für die verschiedenen experimentellen Gruppen signifikant auf dem 5-Prozent-Niveau nach dem Duncan-Test für unabhängige Stichproben (F=2,93; p<.05 für die einzelnen experimentellen Gruppen).[112]

Wenn man davon ausgeht, daß die durch die emotionalisierende Werbung erhöhte Aktivierung für die bessere Erinnerung an die Umgebungsspots

---

[112] Dieses Datenniveau erlaubt in streng formalistischer Hinsicht keine varianzanalytischen Berechnungen. Im Bewußtsein dieser Einschränkung sind die Ergebnisse zu interpretieren.

verantwortlich ist, dann müßte man nach der Theorie hauptsächlich für den nachfolgenden Spot eine solche Verbesserung erwarten. Wir haben daher die Analyse getrennt für die beiden Spots wiederholt. *Tabelle 12* zeigt die Ergebnisse. Wie man deutlich erkennen kann, ist tatsächlich die verbesserte Erinnerungsleistung an die Umgebungsspots hauptsächlich auf den nachfolgenden Spot von Knorr begrenzt. Beim vorausgehenden Spot ist sogar eine umgekehrte Tendenz feststellbar. Die emotionalisierende Werbung behindert tendenziell die Erinnerung an den vorausgegangenen Blend-a-dent Spot. Am deutlichsten sind die Unterschiede jeweils beim Jade-Man-Spot. Nach dem Jade-Spot wird Knorr von 40,9 Prozent der Befragten erinnert, nach dem Dash-Spot dagegen nur von 17,1 Prozent.

Tabelle 12:   **Freie Erinnerung an die umliegenden Spots**

	Jade % (n=44)	**Kindesmißbrauch** % (n=41)	**Kondome** % (n=42)	**Dash** % (n=41)
Blend-a-dent (vorgeschaltet)	22,7	29,3	26,2	29,3
Knorr (nachgeschaltet)	40,9 [a]	24,4	23,8	17,1 [b]

Mittelwerte mit unterschiedlichen Kennbuchstaben unterschieden sich signifikant auf dem 5-Prozent-Niveau nach dem χ^2-Test.

Die verbesserte Erinnerung an den nachgeschalteten Spot bleibt auch bei unterschiedlicher Positionierung innerhalb des Werbeblocks stabil, allerdings werden in der Tendenz mehr Umgebungsspots erinnert, wenn sie am Anfang des Werbeblocks präsentiert wurden. Daraus folgt, daß bei nicht emotional gestaltetem Werbeblock die Plazierung vorne in einem Block mit von entscheidender Bedeutung für die Erinnerung ist, während die emotionalisierenden Spots selbst unabhängig von ihrer Plazierung gleich gut behalten werden.

Zusammenfassend läßt sich festhalten, daß emotionalisierende Werbung zu einer verbesserten Erinnerung an die nachfolgende Werbung führt. Dieser Effekt wird durch den Primacy-Effekt, also die Plazierung am Anfang des Werbeblocks, verstärkt. Primacy-Effekte spielen also auch dann eine Rolle, wenn Ausstrahlungswirkungen zu erkennen sind. Für die freie Spot-Erinnerung führt Emotionalisierung zu einer verbesserten Rezeption nicht nur dieses Spots selbst, sondern auch des direkt folgenden Spots. Dieser Effekt läßt sich allerdings nur deutlich für die *direkte* Umgebungswerbung nachweisen. Weiter weg liegende Spots[113] profitieren nicht mehr von der aufmerksamkeitssteigernden Wirkung eines emotionalisierenden Spots.

Im Hinblick auf die allgemeine Aktivierung, die wir durch die Frage nach dem auffälligsten Spot operationalisiert haben, ließ sich zeigen, daß emotionalisierende Spots deutlich den stärksten Eindruck hinterlassen haben. Alle drei experimentellen Spots ziehen erheblich mehr Aufmerksamkeit auf sich als die übrigen Spots zusammengenommen. Dies kann sicherlich neben der emotionalen Komponente auch daran liegen, daß diese Spots den Befragten in der Regel unbekannt waren. Als Ergebnis bleibt aber festzuhalten, daß die experimentellen Spots die Aufmerksamkeit der Befragten besonders auf sich gezogen haben (Vgl. *Tabelle 13*).

Tabelle 13:   **Besonders auffällige Spots**

	Jade % (n=40)	Kindesmißbrauch % (n=38)	Kondome % (n=34)	Dash % (n=28)
Untersuchungsspot	55	100	65	0
Umgebungsspots	25	0	15	21
andere Spots	20	0	21	79
Gesamt	**100**	**100**	**101**	**100**

---

[113]   In unserem Fall die Spots auf den Positionen 4 und 5.

3.6.3 Detailerinnerungen an die Umgebungsspots

Die bisherigen Ergebnisse bedeuten eine klare Widerlegung der Hypothesen 1 und 2: Zumindest die freie Erinnerung an die Umgebungsspots verschlechtert sich in den Experimentalgruppen nicht, im Gegenteil ist sie nicht nur genauso gut (für vorgeschaltete Spots), sondern (für nachfolgende Spots) sogar besser als in den Kontrollgruppen. Wie wirkt sich aber die Emotionalisierung auf die Erinnerung an Details der Umgebungsspots aus? Denkbar wäre es ja, daß nur die freie Spot-Erinnerung besser ist, daß aber Detailfragen von den Rezipienten nicht mehr beantwortet werden können. Im folgenden werden daher die Detailfragen zu Marken, Slogans, Darstellungsarten und handelnden Personen der Umgebungsspots ausgewertet.

3.6.4 Gestützte Erinnerung an die beworbene Marke

Soll eine Fernsehwerbung heute Erfolg haben, ist es von besonderer Bedeutung, daß der Werbespot den möglichen Kunden nicht nur anspricht, sondern daß sich dieser auch den Namen des beworbenen Produkts und dessen Eigenschaften merkt. Die gesehene Werbung also zweifelsfrei mit der Marke in Verbindung zu bringen, muß eines der primären Ziele des Anbieters sein. Wie die folgende Tabelle zeigt, wird die Marke der *nachfolgenden* Werbung in den Gruppen mit den emotionalisierenden Spots besser erinnert als in der Kontrollgruppe. Die Unterschiede sind für Jade-Man in der Tendenz vorhanden. Es konnte im Zweiervergleich eine deutliche Steigerung der Markenbekanntheit der Umgebungsspots festgestellt werden. Die Spots gegen Kindesmißbrauch und für Kondome bewirken gleich hohe Erinnerungen an die umgebenden Spots wie der Kontrollspot Dash.

Tabelle 14:   **Erinnerung an die Marke der umliegenden Spots**

	Jade % (n=44)	Kindesmißbrauch % (n=41)	Kondome % (n=42)	Dash % (n=41)
Blend-a-dent (vorgeschaltet)	86,4	68,3	69,0	73,2
Knorr (nachgeschaltet)	31,8	24,4	21,4	19,5

n.s.

Bei der gestützten Erinnerung profitieren also vor- und nachgeschaltete Spots von dem emotionalisierenden Spot, wenn dieser erotischen Inhalts ist. Wesentliches Ergebnis ist demnach, daß die Emotionalisierung der Probanden unabhängig vom Bekanntheitsgrad für beide Umgebungsspots die Erinnerung an die jeweilige Marke keineswegs verschlechtert. Im Gegenteil scheinen emotionalisierende Werbespots sogar zu einer teilweise verbesserten Erinnerung an umgebende Inhalte zu führen. Dies spricht erneut gegen die Hypothesen 1 und 2.

3.6.5 Erinnerungen an den Inhalt der Umgebungsspots

Zusätzlich zur freien und gestützten Spot-Erinnerung wurden die Versuchsteilnehmer detaillierter nach den Inhalten der Umgebungsspots gefragt, um Erkenntnisse über die Detailverarbeitung dieser Spots zu erhalten, wenn vor oder nach ihnen ein emotionalsierender Spot geschaltet wurde. Die Detailerinnerung wurde anhand von drei offenen Fragen erhoben: 1. *„Wie wurde für die Zahnbürste (die Tütensuppe) geworben? 2. „Wie lautete der Werbeslogan?"* und 3. *„Welche Personen kamen in dem Spot vor?"*.[114] In der

---

[114]   Es wurde codiert, ob die Spotdarstellung ausführlich, stichwortartig oder falsch war, ob der Slogan richtig oder unvollständig/falsch wiedergegeben wurde und ob die richtige Anzahl der handelnden Personen angeführt wurde.

folgenden Tabelle werden für beide Spots lediglich die richtigen[115] Antworten angegeben. Zusammen mit den falschen Antworten ergeben sich für jede Zelle 100 Prozent. *Tabelle 15* zeigt die Befunde.

Generell sind die Unterschiede gering. Lediglich für die Frage nach der Art der Darstellung konnte für den vorgeschalteten Blend-a-dent-Spot eine Wirkung der emotionalisierenden Werbung „Jade-Man" nachgewiesen werden. Wenn der Jade-Spot folgte, erinnern sich deutlich mehr Befragte an die Art der Darstellung, als wenn der Kondom-Spot folgte. Um neben der visuellen auch die verbale Detailerinnerung zu testen, wurde auch nach den Slogans der Umgebungsspots gefragt. Für die Zahnbürste zeigt sich, daß keiner der Versuchsteilnehmer den Slogan „Sauber sogar am Zahnfleischrand. Blend-a-dent Medic Plus 3" richtig wiedergeben konnte und ihn nur ein geringer Teil unvollständig oder falsch angab. Ausstrahlungseffekte scheiden allerdings als Begründung aus, da sich dieser Effekt in allen Gruppen gleichermaßen zeigt. An den Slogan konnte sich also, unabhängig vom zwischengeschalteten Spot, kaum jemand erinnern, an die beteiligten Personen dagegen nahezu alle Befragten. Insgesamt kann man diese Befunde nicht als Wirkung emotionalisierender Spots beschreiben.

Tabelle 15: **Detailerinnerung an den vorgeschalteten Spot „Blend-a-dent"**

richtige Antworten	Jade % (n=44)	Kindesmißbrauch % (n=41)	Kondome % (n=42)	Dash % (n=41)
Darstellung [a]	59,1	48,8	28,6	48,8
Slogan	2,3	0,0	2,4	0,0
Personen	97,7	92,7	88,1	87,8

[a]: $\chi^2=8,40$; $p<.05$

[115] Antworten wurden als „richtig" klassifiziert, wenn die Darstellung zumindest weitgehend vollständig war, mindestens die richtige Anzahl der handelnden Personen genannt wurde sowie der Slogan annähernd richtig wiedergegeben wurde.

Beim nachfolgenden Spot Knorr sind leichte Effekte der emotionalisierenden Werbung zu erkennen, zumindest was die Jade-Werbung betrifft. Mehr Befragte erinnern sich dort an die Art der Darstellung und an den Slogan, wenn die emotionalisierende Werbung voranging. Scheinbar hat gerade die Jade-Werbung eine besondere emotionalisierende Qualität (gelungen, gefühlvoll), die zu Ausstrahlungseffekten führt. Die Art der Emotionalisierung durch die beiden anderen Spots scheint diese Effekte nicht zu haben (Beklemmung, Schock). Daran zeigt sich, daß es keine „universelle" Wirkung emotionalisierender Spots gibt.

Der Slogan der Suppenwerbung, die dem emotionalisierenden Spot nachfolgte, lautete: „Knorr - Essen mit Lust und Liebe". Hier zeigt sich bei der Auswertung ein anderes Bild. Es scheint die Bekanntheit im Gegensatz zu Blend-a-dent einen erheblichen Einfluß auf die Erinnerung an den Slogan zu haben. Die Bekanntheit des Knorr-Slogans läßt sich sicherlich nicht allein auf den in dieser Studie verwendeten Spot zurückführen, sondern auf die insgesamt stark standardisierte Form dieser Werbung. Deutlichere Unterschiede zeigen sich nur im Anschluß an den Jade-Man-Spot. *Tabelle 16* zeigt diese Befunde.

Tabelle 16: **Detailerinnerung an den nachfolgenden Spot „Knorr"**

richtige Antworten	Jade % (n=44)	Kindesmißbrauch % (n=41)	Kondome % (n=42)	Dash % (n=41)
Darstellung [a]	52,3	29,3	26,2	36,3
Slogan	52,3	29,3	35,7	29,3
Personen [b]	79,5	51,2	78,6	73,2

[a] : $\chi^2 = 7{,}58$; p<.05
[b] : $\chi^2 = 10{,}58$; p<.05

3.6.6 Emotionale Sensibilität der Rezipienten als beeinflussender Persönlichkeitsfaktor

Die Beantwortung von zwei Items im Fragebogen sollte Auskunft darüber geben, wie empfänglich ein Rezipient generell für emotionale Einflüsse ist: Personen, die sich hier zustimmend äußerten, reagieren wahrscheinlich sensibler auf emotionale Botschaften. Die Operationalisierung erfolgte mit den Aussagen *„Mir gehen Probleme von anderen so nahe, daß ich stark mit ihnen mitfühle"* sowie *„Ich kann Filme manchmal nicht zuende sehen, weil sie zu spannend oder zu aufregend sind"*. Auf einer siebestufigen Skala konnten die Versuchspersonen ihre Einschätzung von „stimme zu" bis „stimme nicht zu" angeben. Aufgrund dieser Selbsteinschätzung wurden die Versuchspersonen in drei Klassen zusammengefaßt: Die Sensiblen, die Ausgeglichenen und die Pragmatischen. Wer den Aussagen stärker zustimmte, dem wurde ein hoher Grad an Sensibilität zugesprochen („Sensible"). Wer sich im Mittelfeld bewegte, kann als „ausgeglichen" gelten und wer sich schließlich ablehnend äußerte, schenkt emotionalen Gefühlen vermutlich weniger Beachtung und wurde daher als „Pragmatiker" definiert. Wie *Tabelle 17* zeigt, gibt es keine unterschiedlichen Erinnerungsleistungen in bezug auf die emotionalisierenden Spots zwischen den verschiedenen Persönlichkeitstypen.

Tabelle 17: **Erinnerung an einen emotionalisierenden Spot bei verschieden sensiblen Personen**

Person ist	sensibel % (n=18)	ausgeglichen % (n=37)	pragmatisch % (n=72)
Spot genannt	72	84	82
Spot nicht genannt	28	16	18
Gesamt	**100**	**100**	**100**

n.s.

Im nächsten Analyseschritt wurde der Einfluß des Persönlichkeitstyps auf die Erinnerung an die umgebenden Spots untersucht. Wie *Tabelle 18* zeigt, erinnern sich die sensiblen Personen häufiger an die Umgebungsspots der stark emotionalisierenden Werbungen als die anderen beiden Typen.[116] Dies spricht dafür, daß die Stärke der durch die emotionalisierende Werbung ausgelösten Aktivierung für die bessere Behaltensleistung verantwortlich ist.

Tabelle 18: **Freie Erinnerung an die umgebenden Spots bei verschieden sensiblen Personen**

Person ist	sensibel MW (n=24)	ausgeglichen MW (n=49)	pragmatisch MW (n=95)
Jade Man	2,00 (n=1)	1,54 (n=13)	1,23 (n=30)
Kindesmißbrauch	1,45 (n=11)	1,10 (n=10)	1,00 (n=20)
Kondome	1,17 (n=6)	1,14 (n=14)	1,00 (n=22)
Dash	1,17 (n=6)	1,17 (n=12)	0,74 (n=23)
Gesamt	*1,33* [a]	*1,24* [ab]	*1,01* [b]

Die Mittelwerte können zwischen 0 (kein Umgebungsspot genannt) und 2 (beide Umgebungsspots genannt) liegen. Mittelwerte mit unterschiedlichen Kennbuchstaben unterscheiden sich signifikant auf dem 5-Prozent-Niveau (nach dem Duncan-Test). ($F=3,32$; $p<.05$ für die verschiedenen experimentellen Gruppen; $F=3,76$; $p<.05$ für die unterschiedlichen Sensibilitätsgrade der Versuchspersonen).[117]

---

[116] Allerdings gab es nur eine sensible Person, die den Jade-Spot gesehen hatte.

[117] Dieses Datenniveau erlaubt in formalistischer Hinsicht keine varianzanalytischen Berechnungen. Im Bewußtsein dieser Einschränkung sind die Ergebnisse zu interpretieren.

3.6.7 Bewertungseffekte

Die emotionalisierenden Spots wurden überwiegend positiv eingeschätzt, die meisten Befragten gaben an, daß ihnen die emotionalisierenden Spots sehr gut oder gut gefallen haben. Bei Jade-Man gaben 80 Prozent der Teilnehmer an, der Spot hätte ihnen sehr gut bzw. gut gefallen, beim Spot gegen Kindesmißbrauch waren es 98 Prozent und beim Kondom-Spot 79 Prozent. Der Dash-Spot gefiel nur 15 Prozent gut bzw. sehr gut. Würde man Hypothese 3a folgen, müßten aufgrund dieses Ergebnisses die Umgebungsspots in den Experimentalgruppen negativer beurteilt werden als in der Kontrollgruppe. Nach Hypothese 3b müßte es aber zu einer gleichgerichteten Bewertung kommen, d.h. die umgebende Werbung müßte in den Experimentalgrupppen positiver bewertet werden als in der Kontrollgruppe. *Tabelle 19* zeigt, daß die Befragten den Blend-a-dent-Spot in allen Versuchsgruppen etwa gleich gut bewerten. Lediglich im Kontext mit dem Spot gegen Kindesmißbrauch schnitt der Spot geringfügig schlechter ab.

Tabelle 19: **Akzeptanz des vorgeschalteten Spots „Blend-a-dent"**

Blend-a-dent hat	Jade % (n=44)	Kindesmißbrauch % (n=39)	Kondome % (n=42)	Dash % (n=41)
sehr gut/ gut gefallen	23	10	19	24
weniger gefallen	36	41	38	37
nicht/ gar nicht gefallen	41	49	43	39
Gesamt	**100**	**100**	**100**	**100**

n.s.

Die Bewertung emotionalisierender Spots wirkt sich also nicht auf die Akzeptanz der vorhergehenden Werbung aus. Wird hingegen die Bewertung der nachfolgenden Knorr-Werbung zwischen Experimental- und Kontrollgruppe verglichen, so ergibt sich ein anderes Bild. Hier scheint die (positive) Bewertung des emotionalisierenden Spots im Sinne von Hypothese 3a eine bedeutende Rolle zu spielen: Die Suppenwerbung wird in den Experimentalgruppen deutlich schlechter bewertet als in der Gruppe, die die Dash-Werbung sahen. Diese schlechtere Bewertung ist über alle drei emotionalisierenden Spots stabil. Hypothese 3a trifft daher auf unsere Ergebnisse zumindest für den nachfolgenden Spot zu, Hypothese 3b findet dagegen keine Unterstützung.

Tabelle 20: **Akzeptanz des nachfolgenden Spots „Knorr"**

Knorr hat	Jade % (n=44)	Kindesmißbrauch % (n=37)	Kondome % (n=38)	Dash % (n=35)
sehr gut/ gut gefallen	7	3	5	24
weniger gefallen	32	19	32	29
nicht/ gar nicht gefallen	61	78	63	45
Gesamt	**100**	**100**	**100**	**98**

$\chi^2 = 16,81$; $p < .01$.

Daher kann folgender Schluß gezogen werden: Wenn Versuchspersonen ein emotional anregender Spot gezeigt wird, der ihnen gefällt, beurteilen sie die *nachfolgende* Werbung tendenziell schlechter. Emotionalisierende Werbespots können folglich zwar die Erinnerung an die nachfolgenden Spots fördern, führen aber gleichzeitig zu einer negativeren Bewertung. Dieses Ergebnis steht in Einklang mit der eingangs zitierten Studie von MUNDORF und ZILLMANN[118], in der es allerdings um die Bewertung von Nachrichten ging. Zu den Hypothesen 3a und 3b läßt sich folgendes sagen: Es gibt keinen Hinweis darauf, daß ein emotionalisierender Spot einen Einfluß auf die Bewertung des vorange-

---

[118] Vgl. MUNDORF, N. und D. ZILLMANN (1991) S. 208.

gangenen Spots hat. Für den nachfolgenden Spot kann dagegen eine negative Wirkung festgestellt werden. Ein nachfolgender Spot wird schlechter bewertet. Hypothese 3a findet daher (eingeschränkt auf nachfolgende Spots) Bestätigung, Hypothese 3b muß dagegen zurückgewiesen werden.

Ob sich dieses Ergebnis auch umkehren läßt in dem Sinne, daß nachfolgende Werbung besser beurteilt wird, wenn die emotionale Werbung abgelehnt wird, also schlecht bewertet wird, ließ sich in dieser Untersuchung nicht prüfen. Ebensowenig kann eine Aussage darüber getroffen werden, wie ein umgebender Spot akzeptiert wird, wenn er wiederum selbst emotional gestaltet ist.

3.7   Zusammenfassung

Die Verwendung emotionalisierender Gestaltungsmerkmale in der Werbung führt zu Ausstrahlungseffekten auf die umgebenden, vor allem nachfolgenden Spots. Diese Ausstrahlungseffekte haben jedoch keine verschlechterte Erinnerungsleistung zur Folge. Im Gegenteil: Emotionalisierende Spots wie beispielsweise der von uns verwandte erotische Jade-Man-Spot verbessern die Erinnerung an die direkt folgenden Umgebungsspots. Das gilt zumindest für Hauptinformationen der Umgebungsspots. Die Emotionalisierung führt demnach zu einer Aktivierung der Aufmerksamkeit, die die Erinnerung an die Werbung verbessert. Damit widerspricht diese Studie zunächst Befunden, daß Emotionen in den Medien zu einer Verschlechterung der Erinnerung an nachfolgende mediale Inhalte führen. Zu der positiven Wirkung auf das Behalten gesellt sich jedoch eine negativere Bewertung des nachfolgenden Spots.

Da emotionalisierende Werbestimuli meist „lebhaft" sind, kann man die außerordentlich positive Wirkung dieser Reize durch das *Vividness*-Konzept von NISBETT und ROSS[119] erklären. Nach diesem Konzept wird eine Information umso besser behalten, je lebhafter sie ist. Lebhaftigkeit setzt sich dabei

---

[119] Vgl. NISBETT, R.E. und L. ROSS (1980) S. 45.

zusammen aus verschiedenen Faktoren: „Information may be described as vivid, that is, as likely to attract and hold our attention and to excite the imagination to the extent that is a) emotionally interesting, b) concrete and imagery-provoking, and c) proximate in a sensory, temporal, or spatial way".[120] Lebhaftigkeit ist demnach ein Teil des Stimulus selbst, also Qualitäten der Information und damit primär reizgesteuert.[121] Nach dem Vividness-Konzept und den Ergebnissen der vorliegenden Untersuchung wird nicht nur die Aufmerksamkeit durch Emotion gesteigert, sondern auch die Lernleistung des Zuschauers verbessert, was im Einklang mit bisherigen Untersuchungsergebnissen steht.

Verbunden mit der Theorie der Erregungsübertragung von ZILLMANN[122] sowie dem *Yerkes-Dodson-Gesetz* wird davon ausgegangen, daß im vorliegenden Fall die Lebhaftigkeit der emotionalisierenden Werbung zu einer Steigerung der Aufmerksamkeit führt. Dies wirkt noch insoweit nach, daß die direkt anschließende Werbung besser erinnert wurde: Die emotionalisierende Wirkung der Experimentalspots führte zu einem *Aktivierungsschub*, der die Aufmerksamkeit zwar stark steigerte, ohne daß aber die kritische Aufmerksamkeitsschwelle, nach der die Aufmerksamkeitsleistung wieder absinkt, überschritten wird. Dadurch erfolgt eine höhere Behaltensleistung in den Experimentalgruppen. Der Aktivierungsschub scheint dabei die Speicherung bereits in den Kurzzeitspeicher gelangter Informationen zu katalysieren.

Die zum Teil geringere Wirkung des Spots gegen Kindesmißbrauch weist möglicherweise auf eine überstarke Aktivierung hin. Der Spot hatte ein Absinken der Behaltensleistungen im nachfolgenden Spot zur Folge. Eine starke Emotionalisierung bewirkt scheinbar das von MUNDORF, ZILLMANN u.a. beobachtete „Lernloch".[123] Bei den Rezipienten wird die Aktivierungsschwelle überschritten, so daß danach der Aufmerksamkeitspegel deutlich absinkt.

---

[120] NISBETT, R.E. und L. ROSS (1980) S. 45.
[121] Vgl. BROSIUS, H.-B. und N. MUNDORF (1990) S. 400.
[122] Vgl. ZILLMANN, D. (1983) S. 215-240.
[123] Vgl. MUNDORF, N., DREW, D., ZILLMANN, D. und J. WEAVER (1990); BROSIUS, H.-B. und N. MUNDORF (1990) S. 404.

Insgesamt gesehen muß sich ein Werbetreibender, wenn sein Spot in einem emotionalisierenden Umfeld plaziert ist, mit der positiven Wirkung auf die Erinnerung und der negativen auf die Bewertung arrangieren. Insofern haben emotionalisierende Umfelder gleichzeitig positive und negative Ausstrahlungseffekte.

4 Wirkungen inhaltlich ähnlicher Werbespots

4.1 Einleitung

Herausragendes Merkmal der heutigen Fernsehwerbung ist die enorm gestiegene Zahl von Programmplätzen in unterschiedlichen Programmen, auf denen Werbetreibende ihre Werbespots plazieren können. Gerade wegen der vielen Möglichkeiten sind Werbetreibende bemüht, den für sie günstigsten Werbeplatz zu finden. Hierbei kommt es nicht nur auf die absolute Anzahl der Zuschauer an, die ein Programm sehen. Viel wichtiger ist es, die für das entsprechende Produkt relevante Zielgruppe zu erreichen. Vereinfacht ausgedrückt, geht es darum, daß möglichst viele Zuschauer einer Sendung das beworbene Produkt auch tatsächlich verwenden können und damit überhaupt eine Kaufabsicht haben können.

In diesem Kontext hat sich die moderne Mediaplanung etabliert. Mit den von der GfK ermittelten Einschaltquoten versuchen Mediaplaner, für die Werbekunden das Programmumfeld zu finden, das den geringsten „Streuverlust" bietet. Die Mediaplaner definieren anhand der Informationen, die sie vom Kunden bekommen, die entsprechende Zielgruppe. Danach wird versucht, einen Sendeplatz zu finden, an dem - bei möglichst geringen Kosten - möglichst viele potentielle Käufer des entsprechenden Produktes zu erreichen sind. Da mittlerweile nahezu alle Werbetreibenden die Möglichkeit der Mediaplanung in Anspruch nehmen, verläuft die Suche nach den optimalen Programmplätzen häufig parallel.

Das Ergebnis eines solchen Optimierungsprozesses kann jeder beim Fernsehen leicht beobachten. Die Werbetreibenden, die Produkte für junge Männer anbieten, stellen beispielsweise fest, daß Sportsendungen - vor allen Dingen Fußballberichte - von einem Gutteil der potentiellen Käufer ihres Produkts gesehen werden. Dies führt dazu, daß die Hersteller von Biermarken, Rasierutensilien oder Autos in die gleiche Sendung drängen. Deshalb enthalten typische Sportsendungen in ihren Werbeblöcken oft mehr als einen Spot zu Automobilen, mehr als einen Spot zu Rasierutensilien oder mehr als eine Bierwerbung. Anders gewendet: Die Konkurrenten im Markt finden aufgrund ihrer Optimierungspläne Werbezeiten im gleichen Werbeblock. Sie sind also auch innerhalb des Werbeblocks Konkurrenten, da ihre Spots nacheinander ausgestrahlt werden. Dies gilt nicht nur für Sportsendungen, sondern für alle Programme, mit denen eine klar umrissene Zielgruppe angesprochen werden kann, unter anderem auch für Kindersendungen oder Frauensendungen.

In den Zeiten vor Einführung des dualen Fernsehsystems konnte der öffentlich-rechtliche Rundfunk aufgrund seiner Monopolstellung den Werbekunden in der Regel garantieren, daß ihr Produkt in einem Werbeblock exklusiv beworben wurde, d.h. daß kein Konkurrenzprodukt im gleichen Block einen Platz fand. Dies ist heute, eben wegen der parallelen Optimierungsverläufe, meistens nicht mehr gegeben. Die Werbetreibenden sind mit dieser Situation vermutlich nicht zufrieden. Dabei ist Exklusivität in einem Werbeblock aus der Sicht des Sozialwissenschaftlers nur in zweiter Linie ein Prestigeproblem. Entscheidender sind die Befunde aus der Lern- und Gedächtnispsychologie, die zeigen, daß bei der sequentiellen Verarbeitung von Itemlisten - also auch von Werbespots - die Rezeptionsverarbeitung einzelner Items vom Umfeld beeinflußt wird. Die gegenseitige Beeinflussung von Werbespots kann dabei in beide Richtungen laufen. Die Rezeption eines frühen Werbespots im Block kann die Rezeption eines späteren Werbespots beeinflussen (proaktive Interferenz). Umgekehrt kann die Rezeption eines späteren Spots auch die Verarbeitung des früheren Spots beeinflussen (retroaktive Interferenz). Ein typisches Ergebnis der empirischen Studien zum sequentiellen Lernen ist beispielsweise, daß bei einer Liste von Items die ersten und letzten Items wesentlich häufiger erinnert und wesentlich intensiver verarbeitet werden als die mittleren Items. Stellt man dies graphisch dar, ergibt sich die sogenannte serielle Positionskurve. Auch für die Rezeption von Werbeblöcken gilt diese serielle Positionskurve. Die ersten und letzten Spots innerhalb eines Blocks werden besser erinnert und tiefer verarbeitet als die mittleren Positionen in einem Block.[124]

---

[124] Vgl. die Diskussion von MAYER, H. (1993) S.159ff.

Diese serielle Positionskurve ist seither vielfach mit unterschiedlichen Materialien repliziert worden. Die erhöhte Behaltensleistung am Anfang einer Liste wird auch als „primacy effect" bezeichnet, die erhöhte Leistung am Ende der Liste als „recency effect". Primacy- und Recency-Effekte wurden in der Gedächtnispsychologie als wesentliche Indikatoren für das Vorhandensein zweier getrennter Gedächtnissysteme, Kurz- und Langzeitgedächtnis, angesehen. Der Primacy-Effekt ist dadurch bedingt, daß der Kurzzeitspeicher zu Beginn der Rezeption einer Liste noch leer ist. Die Items am Anfang der Liste können so im Kurzzeitspeicher ohne Konkurrenz anderer Informationen durch Wiederholung verarbeitet werden. Dadurch besteht eine gute Chance, daß sie in den Langzeitspeicher übernommen werden. Da der Kurzzeitspeicher jedoch nur über eine begrenzte Kapazität verfügt, gelingt die elaborierte Verarbeitung für die nachfolgenden Items nicht mehr. Die Stärke des Primacy-Effekts ist von einer ganzen Reihe von intervenierenden Variablen abhängig, z.B. der Länge der Liste oder der Lernerwartung der Versuchspersonen. Er ist bei längeren Listen oder bei einer intentionalen Instruktion (die Versuchspersonen erwarten, daß sie nach der Präsentation befragt werden) geringer. Der Recency-Effekt beruht darauf, daß die letzten Items einer Liste noch im Kurzzeitspeicher vorhanden sind, wenn die Versuchspersonen die Liste wiederholen sollen. Entsprechend nimmt die Stärke des Recency-Effekts ab, wenn der Abstand zwischen Präsentation und Reproduktion der Liste vergrößert wird.[125]

Auf komplexere Items - wie beispielsweise Rundfunkmeldungen - oder Werbespots lassen sich die Ergebnisse der experimentellen Psychologie nicht unmittelbar übertragen. Die Einheiten an sich - nämlich Spots - sind komplexer und mit vielfältigen Bedeutungen behaftet. Einige Versuche, die serielle Positionskurve bei Rundfunknachrichten zu replizieren, haben dennoch schwache Effekte gefunden. TANNENBAUM[126] variierte systematisch elf Hörfunkmeldungen in ihrer seriellen Position und konnte mit der Methode der freien Erinnerung eine erhöhte Behaltensleistung bei der ersten und letzten

---

[125] Vgl. GLANZER, M. und A.R. CUNITZ (1966) S. 351-360.
[126] Vgl. TANNENBAUM, P.H. (1954) S. 319-323.

Meldung einer Sendung feststellen. GUNTER[127] entwickelte ein ähnliches Design für Fernsehnachrichten. Er stellte 15 Meldungen (Sprechermeldungen, Standbildmeldungen und Filmberichte) zusammen und variierte (in einem unvollständigen Design) die serielle Position der Meldungen. Auch er fand sowohl Primacy- als auch Recency-Effekte. Allerdings waren seine Meldungen mit vier bis sechs Sekunden Länge eher untypisch kurz für Fernsehnachrichten.

Die umfangreichste Studie zur seriellen Position bei Fernsehnachrichten wurde von LILIENTHAL[128] vorgelegt. Er variierte systematisch die serielle Position und die Präsentationsform von acht Meldungen und erfaßte die Behaltensleistung sowohl mit freier als auch mit gestützter Erinnerung. Insgesamt 177 Versuchspersonen sahen die verschiedenen Versionen einer aus realem Nachrichtenmaterial konstruierten Sendung. Seine Ergebnisse zeigen, daß die Stärke des seriellen Positionseffekts sowohl von der Präsentationsform als auch von der Art der Behaltensmessung abhängig ist. Bei der freien Erinnerung der Meldungsthemen war der Effekt stärker ausgeprägt als bei der gestützten Erinnerung an zentrale Aspekte der Meldungen. Ebenso war der serielle Positionseffekt stärker bei Sprechermeldungen im Vergleich zu Filmberichten. Rezipienten behalten die Inhalte der ersten und letzten Meldungen also vor allem dann gut, wenn die Meldungen nicht durch zusätzliches Bildmaterial angereichert sind und wenn sie die Inhalte aktiv erinnern sollen. Die Tatsache, daß das aktive Erinnern und nicht die gestützte Erinnerung von der seriellen Position beeinflußt wird, zeigt, welche Konsequenzen die Präsentation am Anfang und am Ende einer Sendung haben kann. Die ersten und letzten Meldungen kommen besonders leicht wieder ins Gedächtnis und sind damit - nach der Nachrichtenrezeption - vermutlich häufiger Gegenstand interpersonaler Kommunikation. Dadurch dürfte die Wirksamkeit dieser Meldungen stärker sein.[129]

---

[127]   Vgl. GUNTER, B. (1979) S. 57-61.

[128]   Vgl. LILIENTHAL, G. (1990).

[129]   Vgl. BEHR, R.L. und S. IYENGAR (1985) S. 38-57. LILIENTHAL hat die Stärke des seriellen Positionseffekts nicht mit der Stärke anderer Einflußfaktoren in einem multivariaten Design verglichen. Dies haben BROSIUS und BERRY (1990) nachgeholt. Es zeigte sich, daß der Einfluß der seriellen Position von der Präsentationsform der Meldungen und vor allem vom Vorwissen und vom Interesse der Rezipienten über-

Ebenfalls aus der experimentellen Psychologie sind die bereits beschriebenen Ausstrahlungseffekte bekannt. Eine Meldung kann die Informationsaufnahme einer späteren Meldung positiv (proaktive Bahnung) oder negativ (proaktive Interferenz) beeinflussen. In gleicher Weise kann eine Meldung die weitere Verarbeitung bereits rezipierter Meldungen fördern (retroaktive Bahnung) oder behindern (retroaktive Interferenz). Diese Phänomene sind in der Psychologie meistens mit relativ einfachen, reduzierten Reizvorlagen untersucht worden. BERRY, GUNTER und CLIFFORD[130] haben proaktive Interferenz auch bei der Rezeption von Fernsehnachrichten festgestellt. Sie präsentierten ihren Versuchspersonen innenpolitische oder außenpolitische Meldungen in Blöcken von jeweils drei Items. Ihre Ergebnisse zeigten (sowohl direkt im Anschluß an die Präsentation als auch bei späterer Messung), daß mit zunehmender Anzahl von Meldungen aus derselben Kategorie die Rezipienten immer weniger von den Meldungsinhalten behielten, daß aber nach einem Wechsel von Innen- zu Außenpolitik oder umgekehrt die Behaltensleistungen wieder ihr ursprüngliches Niveau erreichten. Werden also taxonomisch ähnliche Meldungen hintereinander präsentiert, so beeinflussen die ersten Meldungen die Rezeption der späteren Meldungen dahingehend, daß diese schlechter behalten werden. Ein Wechsel der Taxonomie kann diesen negativen Effekt der proaktiven Interferenz wieder aufheben.

Ähnliche Ergebnisse finden sich auch in den Experimenten von BERRY und CLIFFORD.[131] Die Blockung von thematisch ähnlichen Meldungen, wie sie in deutschen Fernsehnachrichten durchaus üblich ist, behindert also vor allem das Behalten für die hinten im Block liegenden Meldungen. Dies spricht unter Gesichtspunkten der Informationsverarbeitung eher für eine bunte Mischung als für eine wohlgeordnete thematische Struktur.

---

lagert wird. Die serielle Position selbst erklärte nur relativ wenig Varianz der Behaltensleistungen. Dies bedeutet, daß der serielle Positionseffekt sich bei Fernsehnachrichten zwar nachweisen läßt, daß er aber sehr gering wird, wenn die Meldungen bebildert sind und wenn das Behalten durch gestützte Erinnerung erfaßt wird.

[130] BERRY, C., GUNTER, B. und B. R. CLIFFORD (1980) S. 688-694.

[131] Vgl. BERRY, C. und B.R. CLIFFORD (1986; vor allem Experimente C1 bis C3).

Eine ähnliche Art von Ausstrahlungseffekten fand STAAB.[132] Er untersuchte den Einfluß von Wirtschaftsmeldungen aus Ostdeutschland zu Beginn einer Nachrichtensendung auf die Wahrnehmung einer Meldung über Rechtsradikalismus in Ostdeutschland zum Ende der gleichen Sendung. Bei negativen Wirtschaftsmeldungen erinnerten sich seine Probanden häufiger an die Meldung über Rechtsradikalismus als bei positiven Wirtschaftsmeldungen.

4.2 Forschungsziele

Faßt man die Ergebnisse zu den Sequenzeffekten zusammen, zeigt sich, daß die Rezeption von Itemlisten - wie Werbeblöcke oder Nachrichtensendungen - auf vielfältige Weise durch die Reihenfolge der Präsentation beeinflußt wird. Dies betrifft neben der Position eines Items auch den Kontext, in dem es präsentiert wird. Das bedeutet unter Wirkungsgesichtspunkten, daß die Information in einem Spot nicht eine feste Entität darstellt, sondern durch die Art ihrer Darstellung und durch den Kontext beeinflußt ist.

Bezogen auf die Verarbeitung von Fernsehwerbung kann man aus diesen Ergebnissen folgern, daß die Präsentation von Werbespots mit gleichem Inhalt bzw. gleichem Produkt dazu führt, daß die Verarbeitung der einzelnen Spots schlechter ausfällt, als wenn ein Spot exklusiv in dem jeweiligen Block vertreten wäre. Ähliches gilt für die Attraktivität von Spots: Viele attraktive Werbespots im Umfeld bedeuten eine schlechtere Verarbeitung eines bestimmten Spots, als wenn im Umfeld nur weniger attraktive Spots geschaltet wären. Anders ausgedrückt und auf die erwähnte Situation während einer Sportsendung übertragen: Der Spot eines Automobilherstellers, der in diesem Werbeblock vorkommt, müßte besser verarbeitet werden als der gleiche Spot dieses Automobilherstellers, wenn in dem Werbeblock noch zwei weitere Automobilhersteller ihre Spots schalten. Wir formulieren daher folgende Hypothesen:

---

[132] Vgl. STAAB, J.F. (1992) S. 544-556.

Hypothese 1:   Die Verarbeitungsleistung für einen gegebenen Spot ist höher, wenn dieser Spot in einem Block geschaltet wird, in dem er exklusiv vertreten ist (Monopolstellung). Die Verarbeitungsleistung sinkt, wenn im gleichen Block noch weitere Spots der gleichen Produktgruppe vertreten sind (Konkurrenzsituation).

Die Hypothese kann man auf die verschiedenen Phänomene der Verarbeitung von Werbung anwenden. Sie gilt in analoger Weise für die Beurteilung bzw. Bewertung des Werbespots an sich, für die freie Spot-Erinnerung, für die gestützte Spot-Erinnerung und für die Detailerinnerung. Solche Kontexteffekte sind aber nicht notwendigerweise auf die gleichzeitige Präsentation von Konkurrenzprodukten in einem Block begrenzt. Sie können auch auftreten, wenn in einem Block ein gegebener Spot von attraktiven bzw. weniger attraktiven Umfeldspots umgeben ist. Wir haben dies im Kapitel über emotionalisierende Werbespots bereits dargestellt. In der vorliegenden Studie wollen wir auch wissen, wie diese beiden Typen von Kontexteffekten - die Präsentation mehrerer Produkte gleichen Typs bzw. die Präsentation eines Spots in einem interessanten bzw. weniger interessanten Umfeld - zusammenwirken. Welcher dieser beiden Effekte ist der mächtigere? Um diese Frage zu beantworten, haben wir Hypothese 2 formuliert:

Hypothese 2:   Werbespots, die von attraktiven Umfeldspots umgeben sind, werden schlechter verarbeitet als Werbespots, die von weniger attraktiven Spots umgeben sind.

Auch diese Hypothese betrifft alle Formen der Verarbeitung von Werbespots, die wir in diesem Buch untersuchen. Zusätzlich zu diesen beiden zentralen Hypothesen kann man unterstellen, daß die Wirkung von Kontexteffekten auch durch Merkmale der Rezipienten beeinflußt wird. In bezug auf die Wirkung der gleichzeitigen Schaltung von Konkurrenzprodukten ist zu vermuten, daß sich die negative Wirkung der Konkurrenz vor allem bei den Zielgruppen der jeweiligen Produkte zeigt. Bei der Präsentation mehrerer Automobilspots wären entsprechend Männer stärker betroffen als Frauen. Betreffen die Konkurrenzspots jedoch Produkte, die sich eher an Frauen wenden wie beispielsweise

Damenparfums, so müßte der entsprechende Effekt in der Zielgruppe der Frauen höher sein. Hypothese 3 lautet daher:

Hypothese 3:   Die Beeinträchtigung der Verarbeitungsleistung, die aufgrund von Kontexteffekten eintritt, betrifft in stärkerem Maße die jeweilige Zielgruppe in der Werbung.

4.3 Untersuchung

4.3.1 Experimentaldesign

Um die drei Hypothesen überprüfen zu können, haben wir ein zweifaktorielles experimentelles Design entwickelt. Die eine unabhängige Variable betrifft die Konkurrenz von Werbespots des gleichen Produkttyps. Die zweite unabhängige Variable betrifft die Attraktivität des Umfeldes. Der generellen Methode der Studien in diesem Buch folgend, wurde ein Werbeblock zusammengestellt, in dem die Spots enthalten waren, die experimentell manipuliert wurden. Dieser Werbeblock wurde dann in ein Programm eingebunden. In diesem Fall wurde keine Nachrichtensendung verwendet, sondern eine Komödie, nämlich eine für die Zwecke der Untersuchung gekürzte Folge der Comedy-Serie „ALF".
Abbildung 2 zeigt die experimentellen Variationen und die genaue Anordnung der Werbespots in den verschiedenen Versionen. Die zusammengestellte Sendung bestand aus einem etwa siebenminütigen Teil von ALF, einem Unterbrecher-Werbeblock entsprechend der experimentellen Manipulation und einem etwa achtminütigen zweiten Teil von ALF. Die ALF-Sendung war gegenüber der Originalvorlage so gekürzt, daß ein vollständiger Handlungs-strang erhalten blieb. Die Untersuchung wurde in Einführungskursen am Institut für Kommunikationswissenschaft der Universität München durch-geführt. Als Untersuchungsziel wurde das Thema Humor in Fernsehserien vorgegeben, um von dem tatsächlichen Ziel abzulenken. Die Befragten hätten sich sonst zu sehr auf den Werbeblock konzentriert, was kaum der „normalen" Fernseh-/ bzw. Werberezeptionssituation entspricht. Insgesamt 179 Studenten nahmen an der Untersuchung teil.

Abbildung 2: **Experimentaldesign: Inhaltlich ähnliche Werbespots**

	A	B	C	D	E	F	G	H	I	J
			Experimental-spot 1	Experimental-spot 2	unattraktives vs attraktives Spotumfeld	konkurrierendes vs neutrales Produktumfeld	unattraktives vs attraktives Spotumfeld	konkurrierendes vs neutrales Produktumfeld	unattraktives vs attraktives Spotumfeld	
1	fielmann	Bonaqua	*Laura*	*IBM-Aptiva*	Odol	Microsoft	Duplo	Apple	Delta Airlines	Persil
2	fielmann	Bonaqua	*Laura*	*IBM-Aptiva*	Odol	Escape	Duplo	Experiences	Delta Airlines	Persil
3	fielmann	Bonaqua	*Laura*	*IBM-Aptiva*	Gerri	Microsoft	TV-Spielfilm	Apple	Kraft Ketchup	Persil
4	fielmann	Bonaqua	*Laura*	*IBM-Aptiva*	Gerri	Escape	TV-Spielfilm	Experiences	Kraft Ketchup	Persil

Anmerkung: Auf Position A und B im Werbeblock wurden in allen vier Gruppen die Spots „fielmann" und „Bonaqua" geschaltet. Als *Experimentalspots* dienten Werbespots für das Damenparfum „Laura Biagiotti" und den Computer „IBM-Aptiva" (Spots auf Position C und D). Ein *unattraktives Werbeumfeld* wurde durch die Spots Odol, Duplo und Delta Airlines generiert (Gruppen 1 und 2); ein attraktives Werbeumfeld durch die Spots Gerri-Limonade, TV-Spielfilm und Kraft Ketchup (Gruppen 3 und 4). Ein *konkurrierendes Produktumfeld* wurde durch die Spots auf Position F und H simuliert: Für Laura Biagiotti geschah dies durch die Ergänzung der Spots Escape und Experience (Gruppen 2 und 4); für IBM-Aptiva durch die Spots Microsoft und Apple Macintosh (Gruppen 1 und 3). Laura Biagiotti konnte also entweder in unattraktivem Spotumfeld als einzige Parfumwerbung vorkommen (Gruppe 1) oder zusammen mit konkurrierenden Parfumspots (Gruppe 2). Alternativ waren diese beiden Kombinationen im attraktiven Spotumfeld möglich (Gruppen 3 und 4). Analog ergeben sich Produkt und Spotumfeld für IBM. Der gesamte Werbeblock wurde in eine ALF-Comedy-Serie eingebettet.

4.3.2 Meßinstrument

Mit einem zweigeteilten Fragebogen[133] wurden folgende Wirkungsparameter erhoben: Im ersten Teil des Fragebogens wurden zunächst einige ablenkende Fragen zur Sendung ALF gestellt. Damit sollte den Versuchspersonen das vorgetäuschte Untersuchungsziel deutlich gemacht werden. Danach wurde die *freie Spot-Erinnerung* erfragt, d.h. die Befragten sollten ohne Antwortvorgaben die Spots nennen, die ihrer Meinung nach in dem gezeigten Werbeblock vorkamen. Im zweiten Teil des Fragebogens wurde die gestützte Erinnerung an die Spots über Antwortvorgaben abgefragt. Für die *gestützte Erinnerung* wurden zum Teil Spots vorgelegt, die die gleiche Produktgruppe wie die tatsächlich gezeigten Spots hatten. Damit sollte überprüft werden, ob Ausstrahlungseffekte in Form von Verwechslungen der Marken vorkamen. So waren einige Spots, wie z.B. für „Vobis"-Computer oder für „Jade-Parfum" in der Vorgabe angeführt, jedoch nicht in dem Werbeblock vertreten. Solche Verwechslungen können Indikatoren dafür sein, daß mehrere Spots zur selben Produktgruppe im gleichen Werbeblock die Erinnerung an konkrete Spots verwischen können.

Um Austrahlungseffekte zu Details der Experimentalspots „Laura" und „IBM Aptiva" zu überprüfen, wurde die *freie Detailerinnerung* erhoben. Die Befragten sollten beschreiben, an was sie sich bezüglich dieser Spots noch erinnerern konnten (Slogan, Musik, Personen etc.). Als Kontrollvariablen wurde der Bekanntheitsgrad der Spots und das persönliche Interesse an den Produkten „Laura" und „IBM Aptiva" erfaßt. Anschließend wurde die *Einstellung zur Werbung* mit neun Skalen erhoben. Am Ende des Fragebogens standen Fragen zur allgemeinen Einstellung gegenüber Femsehwerbung. Die Befragten sollten anhand einer 7-teiligen Skala („trifft absolut zu" bis „trifft überhaupt nicht zu") Aussagen bewerten. Zusätzlich wurden Alter und Geschlecht erhoben.

---

[133] Vgl. die allgemeine Methodenbeschreibung in Kapitel 1.

4.4 Ergebnisse

Um die Hypothesen zu prüfen, haben wir zweifache Varianzanalysen gerechnet. Die Art des Umfelds (attraktiv versus wenig attraktiv) und die Konkurrenzsituation (mit oder ohne konkurrierende Spots) bildeten die unabhängigen Variablen, die verschiedenen Wirkungsmaße die abhängigen Variablen.

4.4.1 Konkurrenz im Werbeumfeld

Im ersten Analyseschritt haben wir den Einfluß von Konkurrenz im Umfeld untersucht. Zur Erinnerung: In der einen Version waren das Parfum und der Computer jeweils exklusiv in dem Werbeblock vertreten. In der anderen Version wurden zwei weitere Parfum- bzw. Computerspots zusätzlich geschaltet. Um den Einfluß der Konkurrenz zu untersuchen, haben wir uns auf die verschiedenen Erinnerungsmaße konzentriert.

In *Tabelle 21* (IBM-Aptiva) und *Tabelle 22* (Laura Biagiotti) sind die drei erfragten Erinnerungsparameter für die Versionen mit und ohne Produkt-Konkurrenz dargestellt. Es ergibt sich ein relativ homogenes Bild. Produkt-Konkurrenz behindert die freie Erinnerung an die Marken nicht. Im Gegenteil wird IBM-Aptiva sogar signifikant häufiger frei erinnert, wenn zwei weitere Computermarken in dem Werbeblock geschaltet waren. Beim Parfum-Spot ergibt sich zumindest keine negative Wirkung. Daß der eine Spot von der Konkurrenz profitiert, der andere jedoch nicht, könnte an der Bekanntheit der Marken liegen. IBM-Aptiva war bis dahin relativ unbekannt. Die bekannteren Marken Apple und Microsoft könnten dem Aptiva praktisch als Erinnerungsstütze gedient haben. Wenn diese Überlegung zutrifft, wäre es vor allem für unbekannte Marken wünschenswert, ein Umfeld mit Konkurrenzprodukten zu suchen. Für Marken, die bereits eingeführt sind, ist die Art des Umfeldes nicht bedeutsam.

Tabelle 21 : **Einfluß der Produktkonkurrenz im Werbeumfeld auf die Erinnerung an den Computer-Spot „IBM-Aptiva"**

	ein Computerspot MW (n=90)	drei Computerspots MW (n=89)	p
freie Spot-Erinnerung	0,40	0,56	<,05 [a]
gestützte Spot-Erinnerung	0,78	0,71	n.s.
Detailerinnerung	1,66	1,49	n.s.

[a] : t= -2,18

Tabelle 22 : **Einfluß der Produktkonkurrenz im Werbeumfeld auf die Erinnerung an den Parfum-Spot „Laura Biagiotti"**

	ein Parfumspot MW (n=89)	drei Parfumspots MW (n=90)	p
freie Spot-Erinnerung	0,43	0,44	n.s.
gestützte Spot-Erinnerung	0,72	0,54	<,05 [a]
Detailerinnerung	2,91	1,77	<,001 [b]

[a] : t= 2,45
[b] : t= 4,37

Die freie Erinnerung an die Marke indiziert den aktiven Zugriff auf die Marke im Gedächtnis. Anders sehen die Unterschiede bei der gestützten und der Detailerinnerung aus. Hier gilt für beide Spots, daß Konkurrenz die Erinnerung hemmt. Dies ist bei IBM nur in der Tendenz, bei Laura Biagiotti signifikant sichtbar. Während also Konkurrenzprodukte die globale Marken-Erinnerung eher stützen, behindern sie eindeutig die Erinnerung an die Details der Präsentation. Offenbar können die Rezipienten bei drei Spots, die jeweils andere Details in anderer Darstellung präsentieren, nicht mehr genau trennen, welche Details zu welchem Spot gehören. Gerade bei einer Rezeption mit geringer

Involviertheit ist dies nachvollziehbar. Bei der freien Erinnerung bilden mehrere ähnliche Produkte gleichsam ein Cluster, das die Erinnerung an die einzelnen Produkte fördert. Bei den Details hat diese Clusterbildung aber negative Konsequenzen. Die Zuordnung zwischen Marke und Details geht verloren. Hypothese 1 trifft also für die Detailerinnerung zu, muß jedoch für die globale Marken-Erinnerung zurückgewiesen werden. Um dies noch genauer zu untersuchen, haben wir weitere Indikatoren für die Art und die Qualität der Verarbeitungsleistung untersucht, nämlich die Auffälligkeit, die Bewertung und das Verwechslungspotential. *Tabelle 23* (IBM-Aptiva) und *Tabelle 24* (Laura Biagiotti) zeigen die Ergebnisse für vier dieser Indikatoren. Bei IBM-Aptiva zeigten sich keine Unterschiede, was die Auffälligkeit des Spots betrifft. Ob mit oder ohne weitere Computerspots: IBM-Aptiva fiel weder besonders häufig auf, noch waren die Rezipienten von dem Spot besonders angetan. In der Tendenz war der Spot sogar auffälliger, wenn Microsoft und Apple in dem gleichen Block warben. Für Laura Biagiotti hat die Exklusiv-Stellung im Block dagegen deutliche Vorteile. Der Spot fiel häufiger auf und wurde noch häufiger positiv erinnert, wenn er allein im Block vertreten war (12,4 versus 4,4 Prozent).

Unsere Versuchspersonen wurden gebeten, den Inhalt der beiden Experimentalspots zu beschreiben. Auf der Anzahl der in diesen Beschreibungen genannten Details basierte die Detailerinnerung. Wir haben in einem zusätzlichen Verschlüsselungsschritt für jeden Befragten ermittelt, ob die Beschreibung tatsächlich auf den Experimentalspots basierte oder auf einem anderen Spot. In den Versionen, in denen jeweils nur der eine Computer- oder Parfumspot geschaltet war, kam es in keinem Fall zu Verwechslungen. Mit den beiden Konkurrenzspots vor Augen, verwechselten jedoch einige Befragte die Spots bei der Beschreibung. Jede neunte Person (11,2 Prozent) beschrieb nach der Aufforderung, den Aptiva-Spot zu beschreiben, entweder den Apple- oder den Microsoft-Spot. Für Laura waren es zwar weniger Personen, aber immer noch 5,6 Prozent beschrieben den falschen Spot.

Tabelle 23 :   **Einfluß der Produktkonkurrenz im Werbeumfeld auf Auffälligkeit, Bewertung und Verwechslungspotential des Computerspots „IBM Aptiva"**

	ein Computerspot % (n=90)	drei Computerspots % (n=89)	p
ist besonders aufgefallen	2,2	4,5	n.s.
hat besonders gut gefallen	1,1	1,2	n.s.
hat nicht gefallen	0,0	0,0	n.s.
wurde verwechselt	0,0	11,2	<.005 [a]

Basis der Prozentwerte: alle Versuchspersonen
[a] : $\chi^2 = 10,71$

Woran die Unterschiede zwischen beiden Spots liegen, kann nicht eindeutig geklärt werden. Der IBM-Spot war der unbekanntere und hatte eine von den beiden anderen Computer-Spots abweichende Machart. Laura-Biagiotti war bekannter und hatte eine den beiden anderen Parfum-Spots vergleichbare Machart. Ob es die Bekanntheit oder die Ähnlichkeit der Machart war, kann nicht geklärt werden. Insgesamt jedoch kann Hypothese 1 bestätigt werden, wenn es um die Detailerinnerung geht. Konkurrenz behindert die Informationsaufnahme der Details.

Tabelle 24 :   **Einfluß der Produktkonkurrenz im Werbeumfeld auf**
Auffälligkeit, Bewertung und Verwechslungspotential
des Parfumspots „Laura Biagiotti"

	ein Parfumspot % (n=89)	drei Parfumspots % (n=90)	p
ist besonders aufgefallen	9,0	5,6	n.s.
hat besonders gut gefallen	12,4	4,4	<.05 [a]
hat nicht gefallen	1,1	1,1	n.s.
wurde verwechselt	1,1	5,6	n.s.

Basis der Prozentwerte: alle Versuchspersonen
[a] : χ^2=4,03

4.4.2 Attraktivität des Werbeumfeldes

Im folgenden Analyseschritt haben wir den Einfluß der Attraktivität des
Umfeldes auf die Erinnerung unserer beiden Experimentalspots untersucht. Die
Attraktivität des Werbeumfeldes ergab sich aus den im Werbeblock verwandten
umgebenden Spots, die im Vorfeld entweder als eher langweilig bzw. als eher
attraktiv eingeschätzt worden waren (vgl. *Abbildung 2*). *Tabelle 25* (für IBM-
Aptiva) und *Tabelle 26* (für Laura Biagiotti) zeigen übereinstimmende Ergebnisse. Attraktive Werbespots im Umfeld hemmen die Erinnerung und die
Verarbeitung der beiden Spots. Zwar ist das Ergebnis nur in einem Fall
(gestützte Spot-Erinnerung für IBM-Aptiva) signifikant, die übrigen Unterschiede weisen jedoch bis auf eine Ausnahme in die gleiche Richtung. Insgesamt betrachtet ist der hemmende Einfluß attraktiver Spots für die gestützte
Spot-Erinnerung und die Detailerinnerung größer. Hypothese 2 kann daher als
zutreffend erachtet werden.

Tabelle 25 : **Einfluß der Attraktivität des Werbeumfelds auf die Erinnerung an den Computer-Spot „IBM-Aptiva"**

	unattraktives Umfeld MW (n=92)	attraktives Umfeld MW (n=87)	p
freie Spot-Erinnerung	0,46	0,51	n.s.
gestützte Spot-Erinnerung	0,81	0,67	<.05 [a]
Detailerinnerung	1,68	1,46	n.s.

[a]: t= 2,29

Tabelle 26 : **Einfluß der Attraktivität des Werbeumfelds auf die Erinnerung an den Parfum-Spot „Laura Biagiotti"**

	unattraktives Umfeld MW (n=92)	attraktives Umfeld MW (n=87)	p
freie Spot-Erinnerung	0,50	0,37	n.s.
gestützte Spot-Erinnerung	0,68	0,57	n.s.
Detailerinnerung	2,45	2,22	n.s.

Nicht nur auf die Verarbeitung der beiden experimentellen Spots, auch auf die Erinnerung an die drei Spots, die in jeder Version an gleicher Stelle geschaltet waren, hat ein attraktives Werbeumfeld einen tendenziell hemmenden Einfluß. *Tabelle 27* zeigt diese nicht-signifikanten Befunde.

Tabelle 27 : **Einfluß der Attraktivität des Werbeumfelds auf die**
Erinnerung an die übrigen Spots „Persil, Bonaqua,
fielmann"

	unattraktives Umfeld MW (n=92)	attraktives Umfeld MW (n=87)	p
freie Spot-Erinnerung	1,27	1,21	n.s.
gestützte Spot-Erinnerung	2,56	2,43	n.s.

4.4.3 Zielgruppenspezifische Wirkungen

Die *Tabelle 28* und *Tabelle 29* liefern Ergebnisse zur Hypothese 3, die besagt, daß die Zielgruppen der jeweiligen Werbung stärker auf die Konkurrenzwerbung reagieren. Die Befunde sind nicht eindeutig. Zunächst zu den Computerspots, für die sich Männer stärker interessieren als Frauen.[134] Die Unterschiede zwischen den Versionen, in denen nur ein und den Versionen, in denen drei Computerspots gezeigt wurden, sind bei Männern deutlicher als bei Frauen. In bezug auf die freie Spot-Erinnerung profitieren Männer stärker als Frauen von der gleichzeitigen Präsentation dreier Spots, ihre Detailerinnerung ist aber auch stärker durch die Konkurrenzsituation gehemmt. Insofern kann man hier eine Bestätigung für Hypothese 3 sehen.

Allerdings sehen die Unterschiede beim Parfum-Spot anders aus. Frauen interessieren sich deutlich stärker für Parfum als Männer.[135] Die Ergebnisse zeigen aber, daß wiederum die Männer stärker polarisierte Behaltensleistungen haben. Vor allem die Detailerinnerung der Männer wird deutlich geringer (von 2,40 auf 0,82 Punkte), wenn sie mit drei Parfumspots konfrontiert wurden. Dies spricht gegen Hypothese 3. Als Modifikation der Hypothese muß man nach

---

[134] Männer geben in unserer Untersuchung zu 40 Prozent an, sich sehr für Computer zu interessieren, Frauen nur zu 32 Prozent.

[135] Insgesam 41 Prozent der Frauen, aber nur acht Prozent der Männer geben an, sich sehr für Parfum zu interessieren.

unseren Befunden davon ausgehen, daß Männer generell stärker als Frauen auf die Konkurrenz von Werbespots reagieren. Bei ihnen ist tendenziell die fördernde Wirkung auf die freie Spot-Erinnerung und die hemmende Wirkung auf die Detailerinnerung größer als bei Frauen. Ob dies an der geringeren Involviertheit von Männern bei der Rezeption von Werbung liegt oder andere Ursachen hat, kann durch die vorliegenden Daten nicht geklärt werden.

Tabelle 28 : **Einfluß der Produktkonkurrenz im Werbeumfeld auf die Erinnerung an den Computer-Spot „IBM Aptiva" bei Frauen und Männern**

	ein Computerspot		drei Computerpots	
	Frauen MW (n=49)	**Männer** MW (n=39)	**Frauen** MW (n=53)	**Männer** MW (n=35)
freie Spoterinnerung [a]	0,37	0,46	0,45	0,74
gestützte Spoterinnerung	0,76	0,79	0,62	0,83
Detailerinnerung	1,59	1,69	1,57	1,40

[a] : Interaktionseffekt: $F=4,52$; $p<.05$

Tabelle 29 : **Einfluß der Produktkonkurrenz im Werbeumfeld auf die Erinnerung an den Parfum-Spot „Laura Biagiotti" bei Frauen und Männern**

	ein Parfumspot		drei Parfumpots	
	Frauen MW (n=53)	**Männer** MW (n=35)	**Frauen** MW (n=49)	**Männer** MW (n=39)
freie Spoterinnerung	0,49	0,34	0,49	0,38
gestützte Spoterinnerung [a]	0,81	0,57	0,67	0,38
Detailerinnerung [b]	3,25	2,40	2,53	0,82

[a] : Interaktionseffekt: $F=5,60$; $p<.05$
[b] : Interaktionseffekt: $F=18,28$; $p<.001$

4.5 Zusammenfassung

Die vorliegende Studie fand mehrere Ausstrahlungseffekte zwischen Werbespots. Als erster Hauptbefund bleibt festzuhalten, daß attraktive Umfeldspots
die Erinnerung an die übrigen Spots hemmen. Dies kann man unter einer
Nullsummen-Perspektive sehen. Die Zuschauer haben für die Verarbeitung nur
eine begrenzte (und wahrscheinlich insgesamt geringe) Verarbeitungskapazität
übrig. Diese wird entsprechend der Attraktivität der Spots unterschiedlich
verteilt. Positiv anmutende, aufmerksamkeitserregende Spots erhalten mehr
Verarbeitungskapazität, die übrigen Spots entsprechend weniger. Für Werbetreibende, die entweder weniger attraktive Spots schalten oder deren Produkte
keine attraktive Gestaltung des Spots zulassen, gilt also, daß Werbeblöcke mit
anderen, deutlich attraktiveren Spots ungünstig sind. Umgekehrt fallen attraktive Spots in einem weniger ansprechenden Umfeld deutlicher auf und werden
entsprechend besser verarbeitet.

Die zweite Art von Ausstrahlungseffekten ergibt sich bei Werbespots mit
gleichen Produkten. Aufgrund der Mediaplanung der einzelnen Werbetreibenden tritt immer häufiger die Situation auf, daß gleiche Produkte bzw.
Produktgruppen in gleichen Werbeblöcken geschaltet werden. Unsere Befunde
zeigen, daß die Massierung gleicher Produkte zwei gegenläufige Effekte hat.
Die freie Erinnerung an die einzelnen Produktmarken wird eher gefördert, vor
allem dann, wenn die Produkte noch nicht sehr bekannt sind. Die in den
Werbespots präsentierten Details gehen jedoch eher verloren, müssen sich - wie
in unserem Beispiel - mehrere Computer oder Parfums die Aufmerksamkeit der
Rezipienten teilen. Hier scheint es so zu sein, daß der bekanntere Spot davon
stärker betroffen ist. Die Konkurrenzsituation hat also für die unbekannteren
Spots mit außergewöhnlicher Machart Vorteile. Sie werden häufiger frei
erinnert und die Detailerinnerung ist nur leicht schlechter. Für eingeführtere
Spots mit leicht verwechselbarer Machart hat die Konkurrenz dagegen Nachteile. Die freie Erinnerung wird zwar nicht schlechter, die Details des Spots
können sich die Rezipienten aber schlechter merken, als wenn der Spot für sich
alleine steht. Hieraus kann man Strategien ableiten, wann die Konkurrenzsituation wünschens- bzw. vermeidenswert ist.

Daß dies durchaus differenziert betrachtet werden muß, zeigt die Anzahl der Verwechslungen. Für die Marken, die bei der Beschreibung mit anderen verwechselt werden, ist dies sicher negativ. Für diejenigen Marken, die stattdessen beschrieben werden, ist dies aber eher willkommen. Es muß also jeweils die Frage gestellt werden, wer von der gleichzeitigen Präsentation mehrerer Marken profitiert und wer dabei verliert.

5   Wirkungen von Tandemspots[136]

5.1   Einleitung

Werbetreibende sehen sich bei der Gestaltung und Plazierung von Fernsehwerbespots im wesentlichen mit drei Herausforderungen konfrontiert:

1. Die Menge an werblicher Information nimmt im Gesamten zu
2. Spots können untereinander im Werbeblock konkurrieren
3. Die Zuschauer sind in das Werbeprogramm wenig involviert

Die Folgen sind dementsprechend eine Überbeanspruchung der menschlichen
Aufnahme- und Verarbeitungskapazität, Wirkungskonkurrenzen quantitativer
und qualitativer Art (Ausstrahlungseffekte) sowie das Absinken der Kontakt-
qualität. Diesen „Problemen" wird zum einen durch Wahl der Kreativstrategie
begegnet - also der kreativen Umsetzung einer Botschaft in einen Werbestil.
Zum anderen wird versucht, die Anzahl der Kontakte mit der Botschaft zu
optimieren. Zuweilen werden dazu neue und/oder ungewöhnliche Werbeformen geschaffen, die die Werbebotschaft im Gedächtnis des Konsumenten
gegenüber anderen hervorheben und nachhaltig festsetzen soll. Eine dieser
Werbeformen ist die sogenannte „Reminderwerbung" oder der „Tandemspot".
Reminder- oder Tandemwerbungen sind Spotkombinationen, bei denen
innerhalb eines Werbeblocks zunächst ein Basisspot geschaltet wird. Es folgen
ein bis vier zwischenliegende Spots für andere Produkte und dann der sogenannte Reminder- oder Auffrischspot. Dabei lassen sich drei Arten unterscheiden: Erstens die (seltene) Wiederholung des gesamten Basisspots,
zweitens eine verkürzte Form des Basisspots sowie drittens eine dramatur-
gische Fortführung des Basisspots. Zuweilen kommen auch mehr als eine
Wiederholung innerhalb eines Werbeblocks vor und neuerdings weitere

---

[136]   Die Darstellung der folgenden Ergebnisse basiert auf der Magisterarbeit von Andreas
Fahr: „Fernsehwerbung: Der Einfluß von Kurzwiederholungen auf die Erinnerung
und Beurteilung von Werbespots", vorgelegt an der Johannes Gutenberg-Universität
Mainz 1995.

„Derivate" des ursprünglichen Tandems wie beispielsweise die Bewerbung mehrerer Produkte eines Herstellers.

Die Konzeption von Reminderwerbung ist weder eindeutig der Kreativstrategie, noch der reinen Kontakt- bzw. Reichweitenoptimierung zuzuordnen. Kreative Tandemspots integrieren vielmehr mehrere Aspekte. Ein bekanntes Beispiel ist ein Werbespot für Audi: Ein Geschäftsreisender fährt in einem Wagen am Flughafen vor, begleitet von (s)einer Frau. Sie soll das Auto dort übernehmen und weiterfahren. Er gibt ihr die Wagenschlüssel und erläutert die notwendigsten Handgriffe. Bereits auf dem Weg in das Flughafengebäude erreicht ihn ihre Frage, wo der Tank sei. Er bleibt stehen, stutzt, überlegt. Hier endet der erste Teil. Nach jeweils mehreren Zwischenspots sieht man ihn im zweiten und im dritten Teil des Spots immer noch, wie er überlegt, wo der Tank ist.

Zunächst wird hier kreativ der Begriff „Menge" durch die auseinandergezogenen Spots in „Dauer" umgesetzt: Wenn der Mann derart lange überlegen muß, wo denn nun der Tank des eigenen Wagens sei, so scheint er nicht allzu oft tanken zu müssen (ein sparsames Auto, ein vergeßlicher Mann, ein neuer Wagen oder ein großer Tank). Dieses Element macht den Spot zum einen besonders auffällig. Zum anderen wird versucht, durch die Wiederholung die Kontakte zu optimieren: Durch die dreimalige Sendung des in jedem Teilspot vorhandenen Markensymbols werden bei den Personen, die den gesamten Werbeblock sehen, Mehrfachkontakte erreicht. Durch neue Zuschalter in den Werbeblock erhöht sich außerdem die Nettoreichweite der Einzelinformation.

Das Beispiel zeigt die unterschiedlichen Funktionen, die der Reminderwerbung zugeschrieben werden:

- Steigerung des kognitiven Verarbeitungsniveaus der Spot-Informationen (z.B. der Erinnerungsleistung),
- Erhöhung der Kontaktchance/ Realisierung von Mehrfachkontakten,
- besondere Aufmerksamkeit/ Herausheben der Spotkombination gegenüber anderen Spots durch Wiederholung und Spotkreation.

Wie läßt sich nun dieses zunächst theoretische Wirkungspotential der Reminderwerbung unter kommunikationswissenschaftlichen Aspekten abschätzen? Bislang kann man kaum empirische Studien zur Wirkung dieser Werbeform - besonders in der europäischen Literatur - finden. An persönlichen Einschätzungen zur Wirkung von Tandemspots mangelt es allerdings nicht.[137] Sender, Agenturen oder Vermarkter machen die Tandemwirkung im wesentlichen fest an der *generellen Häufigkeit* von Reminderkombinationen, die mögliche *Überschneidung von Teilspots* mit konkurrierenden Tandemteilen, die Art der *Programmeinbettung* sowie die *kreative Machart* der Kombinationen.

Die empirische Überprüfung all dieser Faktoren in ihrer Gesamtheit ist weder finanziell noch methodisch in vertretbarem Rahmen möglich. Den Sendern stehen daher auch vergleichsweise wenig Daten über die Wirkung von Remindern zur Verfügung.[138] Das Gesamtvolumen der Reminderwerbung liegt im Fernsehen derzeit bei etwa fünf Prozent pro Sender und darunter.[139] Kann man aber daraus schließen, daß Tandemspots in der Werbepraxis aufgrund ihres Wirkungspotentials unterbewertet werden? In Relation dazu müssen natürlich die zusätzlichen Ausgaben für einen Reminder berücksichtigt werden. Kostet beispielsweise ein 30 Sekunden-Spot DM 24.000,- so ist für den Reminder (7 Sekunden) mit zusätzlich DM 5.600,- zu rechnen. Das bedeutet Mehrkosten von etwas über 20 Prozent. Würde der 30-Sekunden-Spot um die ent-

---

[137] Vgl z.B. die verschiedenen Statements zum Thema Reminderwerbung: „Hält doppelt wirklich besser?", in *Media Spectrum 10* (1995), S. 32ff. und 11 (1995), S. 51ff.

[138] Wie eine explorative, schriftliche Umfrage der Autoren bei ausgewählten Rundfunkanstalten im Winter 1994 ergab.

[139] Vgl. FAHR, A. (1995).

sprechende Reminderlänge verkürzt, ist natürlich wiederum anders zu kalkulieren.

Zur Beschreibung der Reminderwirkung tritt für den Kommunikationswissenschaftler zunächst das Niveau der Gedächtnisleistungen als Folge der Wiederholung in den Vordergrund. Die Wiederholung einer Information kann für unterschiedliche Gedächtnis- und Bewertungseffekte verantwortlich sein. Eine isolierte Analyse der Kommunikationswirkung von Reminderwerbung allein muß aber unvollständig bleiben, wenn sie den Einfluß auf das Umfeld, in dem die Spotkombination gezeigt wird, nicht berücksichtigt. Hörfunk- und Fernsehspots stehen nämlich - wie im Einführungskapitel erläutert - im redaktionellen Umfeld selten allein, sondern werden in Werbeblöcken von zahlreichen Einzelwerbungen präsentiert. Die Spots „konkurrieren" untereinander um die höchste Aktivierung, Aufmerksamkeit, Überzeugungskraft und Lernwirkung. Da sich jeder Werbeblock aber von anderen in seiner Struktur unterscheidet, ist es schwer möglich, die Wirkung eines Spots generell abzuschätzen. Daher wird im folgenden exemplarisch die Wirkung auf den von Basisspot und Reminder umschlossenen Spot (Zwischenspot) aufgegriffen. Denkbar ist außerdem, daß die Effekte der Reminderwerbung durch Merkmale des umschlossenen Spots beeinflußt werden. Besonders die Attraktivität des Zwischenspots kann durch Ausstrahlungseffekte die Reminderwirkung beeinflussen.

5.2 Verarbeitung und Bewertung von Reminderwerbung

Stellt man die Forschungsfragen in einen theoretischen Kontext, kann man zum einen versuchen, die Wirkung des Reminders, der ja zunächst eine Wiederholung von Informationen ist, anhand der menschlichen Informationsverarbeitung zu beschreiben. Hier bietet sich besonders der „Levels-of-Processsing"-Ansatz an, ein Paradigma der kognitiven Informationsverarbeitung. Er postuliert, daß das *Elaborationsniveau* einer Information durch Wiederholung der Information erhöht werden kann. Das Elaborationsniveau gibt an, mit welcher Differenziertheit eine Information kodiert wird[140], was anhand von Erinnerungsmessungen bestimmt werden kann.[141] Da die Verarbeitung der Werbung bei vielen Rezipienten nur bruchstückhaft, orientiert an starken Einzelreizen, mit zunächst geringem kognitiven Aufwand erfolgt[142], könnte der Reminder hier ansetzen.

Voraussetzung für Gedächtniswirkungen sind zunächst Aktivierung und ein Mindestmaß an Aufmerksamkeit gegenüber dem werblichen Stimulus. Aufmerksamkeit kann als „Bereitstellung von kognitiver Verarbeitungskapazität für einen Reiz" aufgefaßt werden.[143] Sie ist eine *Folge* von Aktivierung, bei der mit Sensibilisierung der Sinnesorgane gegenüber einem bestimmten Reiz gleichzeitig eine herabgesetzte Verarbeitungsbereitschaft gegenüber anderen Reizen verbunden ist.[144] GREENWALD und LEAVITT[145] haben ein vierstufiges Schema der Informationsverarbeitung erstellt, das einen konzeptuellen Bezugsrahmen für die Effizienz von werblicher Kommunikation unter Berücksichtigung des Involvements ermöglicht. Es unterscheidet hierarchisch nach dem Elaborationsgrad einer Werbebotschaft: Von „diffuser Aufmerksamkeit" über „fokussierte Aufmerksamkeit" und „Verständnis" bis hin zur „Verarbeitung". Nach OBERMILLER[146] ist die Ebene der „fokussierten Aufmerksamkeit" eine notwendige Voraussetzung dafür, daß wiederholte Reizdarbietungen mindestens zu affektiven Reaktionen führen. Eine latente Aufmerksamkeit gegenüber dem *Basisspot* ist zunächst also eine conditio sine qua non für die Wirkungsmöglichkeit des Reminders. Mit anderen Worten: Wenn die Reize des Basisspots die Aufmerksamkeitsschwelle nicht übersprungen haben, ist der Reminder zwecklos. Er stellt dann lediglich einen eigenen Kurzspot dar, der allenfalls die Bruttoreichweite erhöhen kann. Aufmerksamkeit gegenüber dem *Reminder* selbst ist wiederum eine notwendige Bedingung für dessen Wirkung.

[140] Vgl. CRAIK, F.I. und R.S. LOCKHARDT (1972) S. 681.

[141] Vgl. MAYER, H. und E. WEIDLING (1986) S. 317.

[142] Vgl. BROSIUS, H.B. und J. HABERMEIER (1993) S. 88.

[143] Vgl. BETTMAN, J.R. (1979) S. 77.

[144] Vgl. BIRBAUMER, N. (1975) S. 63.

[145] Vgl. GREENWALD, A.G. und C. LEAVITT (1984) S. 586.

[146] Vgl. OBERMILLER, C. (1985) S. 26.

Es ist naheliegend anzunehmen, daß der Reminder das Elaborationsniveau dieser *bereits vorliegenden* Informationen verändern kann. Die *Ähnlichkeit* der Reize des Reminders mit den latent vorhandenen Informationen des Basisspots können eine verstärkte kognitive Bearbeitung, bessere Einprägung und damit höhere Speicherwahrscheinlichkeit nach sich ziehen. Aufgrund dieser Ähnlichkeit kann man auch von einer geringeren Aufmerksamkeits- oder Aktivierungsschwelle für den Reminder als für den Basisspot ausgehen.[147] Demgegenüber steht die Erkenntnis, daß zur Mitte eines Werbeblocks die Aufmerksamkeit geringer ist als am Anfang und am Ende. Diese beiden Aufmerksamkeits-*chancen* stehen in einem antiproportionalen Verhältnis zueinander. Es könnte aber der entscheidende Vorteil der Reminderwerbung sein, daß die vorliegende Information (Basisspot) *viel weniger elaboriert* vorhanden sein muß, um eine Wirkung zu erzielen, als bei einem isolierten Werbespot. Womöglich genügt schon ein flüchtiger Eindruck, der bei einem isolierten Spot sehr schnell überlagert würde.

Man kann sämtliche bei der Kommunikation entstehenden Gedanken und Gefühle danach einteilen, ob sie bezogen auf das Produkt oder den Spot positiv, negativ oder neutral sind.[148] Positive sollen dabei die Beeinflussung unterstützen, negative sie behindern. Nach dem „Zwei-Faktoren-Modell"[149] entsteht durch Wiederholung zunächst ein positives Gefühl, das auf das Wiedererkennen und die Befriedigung über den positiven Lerneffekt zurückzuführen ist. Mit Zunahme der Wiederholungen kommen dann aber mehr negative Gedanken aufgrund von Langeweile und Sättigung auf. Diese negativen Reaktionen stellen vorwiegend „innere Gegenargumente" dar, die aus der Auseinandersetzung mit der Botschaft entstehen.[150]

---

[147] Da ähnliche Reize als zusammengehörig wahrgenommen werden und eher fokussiert werden. Vgl. dazu z.B. MOSER, K. (1990) S. 70f.

[148] Vgl. PETTY, R.E., OSTROM, T.M. und T.C. BROCK (1981).

[149] Vgl. zuerst bei BERLYNE, D.E. (1970) S. 279-286.

[150] Vgl. CACIOPPO, J.T. und R.E. PETTY (1989) S. 10f.

Neben Langeweile und Übersättigung kann auch *Reaktanz* die Beeinflussungswirkung von Werbung entscheidend beeinträchtigen. „Wenn eine Person eine Bedrohung oder Einschränkung ihrer Verhaltensfreiheit wahrnimmt, entsteht eine Motivation, die sie veranlaßt, sich der erwarteten Einengung zu widersetzen oder nach erfolgter Einengung ihre Freiheit wieder zurückzugewinnen".[151] Dabei muß diese Einengung wahrgenommen und als wichtig erachtet werden. Ein spürbarer Beeinflussungsdruck mit Reaktanzwirkungen kann auch auf die häufige Wiederholung eines Werbespots innerhalb eines Films zurückgehen.[152] Die Wirkungen der Reaktanz können sich als eine Art „Bumerang-Effekt" oder „Trotzreaktion" erweisen, bei dem die Rezipienten in einer Weise reagieren, die den Absichten des Kommunikators entgegenläuft. Sofortige Auswirkungen von Reaktanz bei der Reminderwerbung zu vermuten, liegt beispielsweise nahe, da hier der Beeinflussungsversuch besonders deutlich wahrgenommen wird.[153]

5.3 Ausstrahlungseffekte zwischen Reminder und Zwischenspot

„Vergessen" wird in erster Linie als mangelnde „Zugriffsmöglichkeiten" auf vorhandene Informationen interpretiert, die besonders durch Überlagerungseffekte verursacht werden.[154] Diese Überlagerungen nennt man Interferenzen. Die Erinnerung einer einmal gelernten Information kann dadurch gehemmt werden, daß sie von vorher oder nachher gespeicherten Informationen überlagert wird. Gedächtnishemmungen, die auf *vorher* gespeichertes Material zurückgehen, nennt man proaktive, solche, die durch *nachher* gelerntes Material entstehen, retroaktive Hemmungen.[155] Umgekehrt spricht man bei Intensivierung von Erinnerungsleistungen von „Bahnungen".

---

[151] BREHM, J.W. (1989) S. 72.
[152] Vgl. KROEBER-RIEL, W. (1992) S. 215.
[153] Vgl. FAHR, A., KOCH, S., KNEIFFEL, I. und J. STEUERNAGEL (1994) S. 18.
[154] Vgl. LINDSAY, P.H. und D.A. NORMAN (1981) S. 239.
[155] Vgl. KROEBER-RIEL, W. (1992) S. 362.

In der Interferenztheorie lassen sich Anleihen finden, welche Auswirkungen die kognitive Bearbeitung der Reminderwerbung auf die Verarbeitung des werblichen Umfelds hat. Mit Zunahme der Aktivierung und Aufmerksamkeit, der gedanklichen Verknüpfungen von Basisspot und Reminder, läßt sich die Annahme vertreten, daß die kognitiven Aktivitäten bezüglich des umschlossenen Spots abnehmen. Es finden sich Andeutungen dafür, daß das Aktivierungspotential umliegender Werbespots unter Umständen zurücktritt, wenn ein bestimmter Reiz die Aufmerksamkeit auf sich zieht.[156] Die Informationen des umschlossenen Spots werden überlagert (retroaktive Hemmung).

Andere Ergebnisse zeigen aber auch, daß sich die Aktivierungswirkung eines Werbespots, beispielsweise sein Emotionalisierungsgrad, positiv auf die Wirkung nachfolgender Spots auswirken kann.[157] Umgebungsreize, z.B. andere Werbungen, können also auch einen Einfluß auf die Aktivierungswirkung des Reminders und des Basisspots haben.[158] Aktivieren sie besonders stark, so mag die Wirkung von Basisspot und Reminder eingeschränkt werden. Aktivieren sie eher schwach, kann sich das positiv auf die Effekte des Reminders, des Basisspots oder der Kombination beider auswirken.

5.4 Forschungsziele

Die vorliegende Studie untersucht vor dem Hintergrund der angesprochenen Überlegungen vier Fragen:

- *Frage 1*: Wie unterscheiden sich Erinnerung an und Bewertung von Spots mit und ohne Reminder? Läßt sich dabei die Erinnerung unter- oder überproportional zu den zusätzlichen Kosten eines Reminders steigern?
- *Frage 2*: Welchen Einfluß hat dabei die Attraktivität von Reminderkombinationen? Steigen Erinnerung und Bewertung stärker, wenn die Reminderkombination an sich auffällig oder ungewöhnlich ist?

---

[156] Vgl. KROEBER-RIEL, W. (1992) S. 96.
[157] Vgl. hierzu die Ergebnisse aus Kapitel 3.
[158] Vgl. TANNENBAUM, P.H. (1978) S. 185f.

- *Frage 3*: Haben Reminderkombinationen Ausstrahlungseffekte auf die Erinnerung und Bewertung der dazwischen liegenden Spots?
- *Frage 4*: Hat die Art der zwischenliegenden Spots Auswirkungen auf die Reminderwirkung?

5.5 Untersuchung

5.5.1 Experimentaldesign

Die Wirkung der Reminderwerbung wurde unter kontrollierten Bedingungen untersucht.[159] Hierzu wurden ausgewählte Werbespots einmal allein und einmal mit einem Reminder präsentiert. Die Präsentation von Remindern (vorhanden versus nicht vorhanden) stellte damit die erste von drei unabhängigen Variablen dar. Da wir davon ausgehen, daß die Remindereffekte für unterschiedliche Produkte bzw. Gestaltungen der Werbespots auch unterschiedlich ausfallen können, sollte das Design für einen eher attraktiven sowie einen weniger attraktiven Basisspot ausgestaltet werden. Die Attraktivität des Basisspots (hoch versus niedrig) stellt die zweite unabhängige Variable dar. Dritte unabhängige Variable ist entsprechend unserer Fragestellung die Attraktivität der Zwischenspots (hoch versus niedrig). Insgesamt handelt es sich somit um ein dreifaktorielles (2x2x2) experimentelles Design. Durch die Kombination der Bedingungen ergaben sich acht Versuchsgruppen. Als intervenierende Variable sollten die Einstellung zur Fernsehwerbung, die Produkt- und Spotbekanntheit sowie die Produktverwendung kontrolliert werden.

Aus praktischen Erwägungen nahmen Studierende an der Untersuchung teil. Die Ergebnisse sind zwar unter diesen Umständen nicht ohne weiteres auf andere Konsumentengruppen übertragbar. Dennoch wird vorausgesetzt, daß sich die unterschiedliche Wirkung des Reminders - wenn auch auf anderem absolutem Niveau - ebenso in anderen Bevölkerungsschichten zeigt. Mit einem

---

[159] Vgl. ZIMMERMANN, E. (1972) S. 39ff.

Pretest wurden die Attraktivität und die Bekanntheit zufällig ausgewählter Spots untersucht. Ziel war zum einem, für die zweite und dritte unabhängige Variable Spots mit hoher und niedriger Attraktivität zu identifizieren, und zum anderen möglichst solche Spots auszuwählen, die zum Zeitpunkt der Untersuchung wenig bekannt waren. Als Meßinstrument diente eine Erweiterung des Involvement-Inventars von ZAICHKOWSKY.[160] Da sich dieses Inventar allerdings prinzipiell auf Produktinvolvement bezieht, wurden zusätzliche Dimensionen hinzugefügt, die die Besonderheiten bei der Beurteilung von Werbespots möglich machen sollen. Das Semantische Differential bestand aus insgesamt 19 Gegensatzpaaren. Für jede Werbung wurde zum einen der Spot allgemein (Spotinvolvement, elf Gegensatzpaare) und zum anderen das im Spot dargestellte Produkt (Produktinvolvement, acht Gegensatzpaare) beurteilt. Außerdem wurde nach der Spot- und Produktbekanntheit gefragt.

Als attraktiver Reminderspot (hohes Spotinvolvement) ging aus dem Pretest *Manhattan Cosmetics* (eine Schminkserie für junge Frauen) hervor. Als weniger attraktiver Reminderspot (niedriges Spotinvolvement) diente *telerent* (Vermietung von Fernsehern). Als Zwischenspots wurden ein Werbespot, der zum Verschenken von *Blumen* anregen soll (attraktiv, im folgenden „Blumen"-Spot genannt) sowie ein Spot über Zahnkaugummi (*Blend-a-Gum,* weniger attraktiv) ausgewählt.[161]

Die gewählten Werbespots wurden in einen Werbeblock eingebaut, wie er typischerweise im Fernsehen zu sehen ist. Der erstellte Werbeblock umfaßte sechs Spots (vgl. *Abbildung 3*). An erster Stelle wurde für alle acht Versuchsgruppen der Waschmittelspot „Vizir Ultra" geschaltet. Auf ihn folgte der Basispot der Reminderkombination (Manhattan Cosmetics oder telerent) und

---

[160]   Vgl. ZAICHKOWSKY, J.L. (1985) S. 350.

[161]   Korrekterweise ist an dieser Stelle festzuhalten, daß die Bewertung der Spots durch die Personen im Pretest keine generelle Bewertung der Spots als „gut" oder „schlecht" bedeuten kann. Die Strategien der Werbetreibenden bei der Spotgestaltung können ganz andere Ziele verfolgen, die sich mit dem Konstrukt „Spotinvolvement" nicht einfangen lassen. Für diese Untersuchung war es aber lediglich wichtig, daß die Spots für Personen aus dem studentischen Umfeld, die als „Zielgruppe" definiert wurde, als zwei unterschiedliche Bedingungen angesehen werden konnten.

direkt darauf der Zwischenspot (Blumen oder Blend-a-Gum). In der Tandem-bedingung wurde nun hinter den Zwischenspot der zum Basispot gehörende Reminder gesetzt, während unter der Solo-Bedingung der Reminder fehlte. Hinter diese Kombinationen wurden dann in allen Gruppen ein *Citibank-*, ein *Lenor Ultra-* und schließlich ein *Ritter Sport-Schokolade-Spot* gesetzt. Diese Spots wiesen keine außerordentlichen Besonderheiten auf und entstammten ein und demselben Werbeblock einer SAT.1-Werbesendung. Insoweit waren also alle acht Experimentalversionen der Werbeblöcke gleich. Sie unterschieden sich lediglich durch die unterschiedlichen Zwischenspots und die Reminder-werbungen jeweils mit und ohne Wiederholung.

Wie oben bereits ausgeführt, spielt auch das situative Involvement bei der Aufnahme von Werbebotschaften eine wichtige Rolle, das nur mittelbar mit der Botschaft zusammenhängt. Da die Rezipienten in der Regel wenig in das Werbeprogramm involviert sind, stellt das Vorführen der Werbesendungen im Labor unter kontrollierten Bedingungen eine vergleichsweise künstliche Situation dar. Dies kann sich erheblich auf die Gültigkeit der Versuchs-ergebnisse auswirken, weil Wahrnehmung, Verarbeitung und Erinnerung von Werbereizen auf einer forcierten Rezeption des Reizmaterials basieren (forced exposure). Die Versuchspersonen können schwerer als in der realen Rezep-tionssituation den Reiz ignorieren oder sich von ihm abwenden. Hohes Involvement ist dabei oft auf die experimentelle Situation zurückzuführen („induziertes Situationsinvolvement"). Ebenso kann die Reaktanz erhöht sein.

Um dem entgegenzutreten, wurde versucht, die Experimentalbedingungen den Bedingungen in der Realität möglichst ähnlich zu machen (genauere Erläuterung siehe Einführungskapitel). Der Werbeblock wurde deshalb in einen Sendungskontext eingebaut. Zunächst sahen die Versuchspersonen einen Nachrichtentrailer (Dauer 20 Sekunden), der auf die kommende Nachrichten-sendung verwies. Dann folgte der oben beschriebene Werbeblock (Dauer 3 Minuten). Im Anschluß sahen die Zuschauer eine gekürzte Nachrichtensendung von SAT.1 (Dauer 10 Minuten). Das komplette Design zeigt *Abbildung 3.*

Abbildung 3:　　**Experimentaldesign: Tandemspots**

	Nachrichten-trailer	A	B Basisspot	C Zwischenspot	Reminder	D	E	F	Nachrichten-sendung
1		Vizir Ultra	*Manhattan Cosmetics*	*Blumen*	*ja*	Citibank	Lenor Ultra	Ritter Sport	
2		Vizir Ultra	*Manhattan Cosmetics*	*Blumen*	*nein (solo)*	Citibank	Lenor Ultra	Ritter Sport	
3		Vizir Ultra	*Manhattan Cosmetics*	*Blend-a-Gum*	*ja*	Citibank	Lenor Ultra	Ritter Sport	
4		Vizir Ultra	*Manhattan Cosmetics*	*Blend-a-Gum*	*nein (solo)*	Citibank	Lenor Ultra	Ritter Sport	
5		Vizir Ultra	*tolerant*	*Blumen*	*ja*	Citibank	Lenor Ultra	Ritter Sport	
6		Vizir Ultra	*tolerant*	*Blumen*	*nein (solo)*	Citibank	Lenor Ultra	Ritter Sport	
7		Vizir Ultra	*tolerant*	*Blend-a-Gum*	*ja*	Citibank	Lenor Ultra	Ritter Sport	
8		Vizir Ultra	*tolerant*	*Blend-a-Gum*	*nein (solo)*	Citibank	Lenor Ultra	Ritter Sport	

119

5.5.2 Meßinstrument

Die Wirkung der Reminderwerbung und der Zwischenspots wurde in dieser Untersuchung anhand von Erinnerungsleistungen und Bewertungen erfaßt. Zur Erfassung und Kontrolle der Wirkungseffekte wurden vier Versionen eines Fragebogens erstellt, der die Operationalisierung der Variablen enthielt. Jede Version bestand aus vier Teilen, die von den Versuchsteilnehmern einzeln nacheinander ausgefüllt werden sollten. Die Zuordnung geschah später durch ein persönliches „Phantasiewort", das die Teilnehmer auf jedem ihrer Bögen notieren sollten. Die vier Teile waren notwendig, da sonst nach Kenntnis der Detailfragen gegen Ende des Fragebogens möglicherweise die bereits beantworteten Fragen der ungestützten und gestützten Erinnerung im nachhinein modifiziert worden wären. Das erforderliche Elaborationsniveau zur Beantwortung der Fragen determinierte die Abfolge der Fragen.[162]

Die *freie Erinnerung* wurde als die Erinnerungsleistung definiert, die der Rezipient ohne Hilfe frei wiedergeben kann. Sie gibt die aktive Markenbekanntheit an und ist Indikator für Gedächtnisaktivitäten bezüglich der Basisinformation einer Sendung (Markenname, Spotbezeichnung). Mit der *Aufmerksamkeit* wurde der Spot erfaßt, der dem Rezipienten besonders im Gedächtnis geblieben ist. Er kann als wesentlicher Indikator für die besondere kognitive Verarbeitung oder affektive Wirkung eines Spots angesehen werden.[163] Ob dies gelang, wurde durch Angabe einer Begründung kontrolliert. Die *gestützte Erinnerung* wurde als die Erinnerungsleistung definiert, bei der es dem Rezipienten gelingt, unter einer Vielzahl vorgelegter Spot-/ Markenbezeichnungen *die richtigen* zu erkennen. Sie ist also ein „Wiedererkennungsmaß" und wird auch als „passive Markenbekanntheit" bezeichnet. Es wurde eine Liste mit 27 Bezeichnungen von Werbespots zufälliger Abfolge vorgelegt. Jeder vorhandene Spot wurde durch zwei verwechselbare (in bezug auf das Produkt oder die Machart) ergänzt. Gegenüber sechs möglichen „richtigen" standen also zwölf verwechselbare und neun fremde Spots. Die *Bewertung* wurde hinsicht-

---

[162] Also von der freien Erinnerung an den Spot am Beginn bis zur gestützten Detailerinnerung am Ende des Fragebogens.

[163] Vgl. zur Unterscheidung von „Aktivierung" und „Aufmerksamkeit" Fußnote 55 auf Seite 35.

120

lich der *Anmutungsqualität* des Spots operationalisiert, also wie gut eine Werbung den Teilnehmern gefallen hat. Auf eine differenzierte Erhebung anhand eines Semantischen Differentials wurde in der Hauptuntersuchung aus praktischen Gründen verzichtet, da die Wirkungen auf die Erinnerungsleistungen im Vordergrund standen. Die Bewertung der Spots erfolgte daher anhand der Vergabe einer Schulnote von 1 bis 6 durch die Rezipienten für jeden Spot. Die Schulnote gewährleistet eine hohe intersubjektive Übereinstimmung bezüglich der Skala unter den Teilnehmern, die eine Vergleichbarkeit ermöglicht. Die *ungestützte Detailerinnerung* wurde als Erinnerungsleistung definiert, bei der der Rezipient in der Lage ist, *einzelne Teile* eines Werbespots frei reproduzieren zu können. Sie ist ein sensibler Indikator für eine eingehende kognitive Auseinandersetzung mit einem Werbespot und gibt neben der *Zahl* der erinnerten Informationen auch Auskunft darüber, welche *Art* der Informationen behalten wurden (z.B. Markennamen oder Produktinformationen gegenüber bildlichen oder akustischen Gestaltungsmerkmalen). Es kann hier beispielsweise abgelesen werden, ob Details dann besser erinnert werden, wenn sie vom Reminder wiederholt werden. Die *gestützte Detailerinnerung* wurde als Erinnerungsleistung definiert, bei der der Rezipient in der Lage ist, falsche und richtige vorgegebene Details voneinander zu unterscheiden. Von 12 vorgegebenen Details wurden 6 als richtig und 6 als falsch festgelegt. Die gestützte Detailerinnerung ist ein weniger sensibles Maß für differenzierte Erinnerungsleistungen als die freie Detailerinnerung, erlaubt aber eine Aussage über die Verarbeitungstiefe bezüglich der präsentierten Informationen. Außerdem kann sie als Indikator für die Irritationswirkung eines Werbespots gesehen werden, wenn die Anzahl der falschen Details relativ hoch ist. Die Teilnehmer konnten jeweils ankreuzen, welche der Details sie für richtig hielten und waren in der Anzahl nicht limitiert. An die Detailerinnerung schlossen sich die Kontrollfragen zur Spot- und Produktbekanntheit, zum Produktinteresse und zur Produktnutzung an. Den Abschluß bildeten statistische Fragen zu Geschlecht, Alter und Beruf.

Insgesamt nahmen 176 Studentinnen und Studenten verschiedener Fachbereiche der Universität Mainz, die zufällig ausgesucht wurden, an der Untersuchung teil. 92 davon waren männlich, 84 weiblich. Die Teilnehmer waren zwischen 19 und 38 Jahre alt, das Durchschnittsalter lag bei 23 Jahren. Die Zusammenstellung der Gruppen erfolgte nach dem Zufallsprinzip.

5.6 Ergebnisse

Die Darstellung der Ergebnisse erfolgt entsprechend der vier Forschungsfragen in vier Teilen. Der erste Teil befaßt sich mit Auswirkungen des Reminders auf die Erinnerung an den Basisspot. Anschließend werden die Remindereffekte für die Spots *Manhattan* und *telerent* gegenübergestellt. Der dritte Teil befaßt sich mit den Remindereffekten innerhalb des Werbeblockumfeldes. Dabei geht es zunächst um die Wirkung der Reminderwerbung auf die Zwischenspots und abschließend um die Modifikation der Reminderwirkung durch die umschlossenen Spots.

5.6.1 Haupteffekte

5.6.1.1 Aufmerksamkeit und Erinnerung

Wie *Tabelle 30* zeigt, fällt Reminderwerbung innerhalb eines Werbeblocks zunächst besonders auf. Wurden entweder *telerent* oder *Manhattan Cosmetics* als Tandemspots realisiert, nannten nahezu die Hälfte diesen Spot als besonders auffällig. Wurden die beiden Spots ohne den späteren Reminder geschaltet, waren sie nur für 15 Prozent der Befragten besonders auffällig. Dieser Effekt wird sich natürlich nur bei *einer* Reminderwerbung innerhalb eines Werbeblocks in diesem deutlichen Ausmaß zeigen. Eine Überstrapazierung dieses Stilmittels wird seine Auffälligkeit sicherlich vermindern. Die absoluten Niveauunterschiede sind auch aufgrund der experimentellen Situation vorsichtig zu betrachten.

Tabelle 30: **Erinnerung und Bewertung der Reminderwerbung**

	reminded (n=85)	solo (n=92)	p
Spot-Erinnerung (%)			
Aufmerksamkeit	45,2	15,2	<.001[a]
freie Erinnerung	62,4	37,0	<.001[b]
gestützte Erinnerung	90,6	75,0	<.01[c]
Detailerinnerung (MW)			
freie Detailerinnerung	2,7	2,0	<.001[d]
gestützte Detailerinnerung	3,0	2,5	<.05 [e]
Bewertung (MW Schulnoten)	3,5 (n=76)	3,2 (n=67)	n.s.

Die Werte der Detailerinnerung können zwischen 0 „keine Details erinnert" und 6 „alle definierten Details erinnert" liegen.

[a] : $\chi^2 = 24,89$
[b] : $\chi^2 = 11,40$
[c] : $\chi^2 = 7,43$
[d] : t= 3,87
[e] : t= 2,43

Aus dieser erhöhten Aufmerksamkeitslenkung sollte sich eine gesteigerte kognitive Verarbeitungsleistung ergeben, die sich in erhöhten Erinnerungswerten messen läßt. Der Vergleich der beiden Bedingungen mit und ohne Reminder zeigt, daß der Reminder sowohl die freie als auch die gestützte Erinnerung an den Produktnamen fördert: Die Differenzen liegen bei der freien Erinnerung um etwa 30 Prozentpunkte, hinsichtlich der gestützten Erinnerung beträgt die Differenz immer noch 15 Prozentpunkte. Setzt man dieses Ergebnis in Beziehung zu den oben erläuterten zusätzlichen Kosten des Reminders (ca. 20 Prozent), so liegt die Steigerungswirkung zumindest bei der freien Erinnerung weit über den Mehrkosten. Natürlich sind diese Prozentsätze nicht direkt miteinander vergleichbar. Das wären sie nur dann, wenn die zusätzliche Erinnerungsleistung eine entsprechende in Geld meßbare Umsatzsteigerung zur Folge hätte. Die Zuordnung von Erinnerungsleistung durch Werbung und

Umsatzsteigerung ist jedoch in der Mehrzahl der Fälle unmöglich, da neben der Werbung andere Parameter wie Preis, Vertrieb, Verkaufsförderung etc. den Umsatz bestimmen.[164]

Welchen Effekt hat der Reminder schließlich auf die Erinnerung an Details des Basisspots? Sowohl bei der ungestützten und gestützten Detailerinnerung verbessert sich die Leistung der Befragten, wenn der Werbespot mit Reminder ausgestrahlt wurde. Der Reminder kann also neben der Erinnerung an Marke und Produkt auch die differenziertere Verarbeitung der Produktinformationen fördern. Interessant ist in diesem Zusammenhang, *welche* Details der Spots besser behalten werden. Sind es gerade jene, die vom Reminder *wiederholt* werden oder profitieren auch *nur einmal* im Basisspot präsentierte Informationen von der Aktivierungswirkung des Reminders? Um diese Frage zu beantworten, wurden die erfaßten Antworten zur freien Detailerinnerung und zur gestützten Detailerinnerung in Informationen aufgeteilt, die nur im Basisspot oder im Basisspot *und* im Reminder vorkamen. Für *Manhattan Cosmetics* war es methodisch nicht einwandfrei möglich, die definierten, erkennbaren Detailinformationen derart aufzuteilen, da alle sinnvoll erfaßbaren Informationen sowohl im Basisspot als auch im Reminder vorkamen. Allenfalls war die Schnittfolge in der Wiederholung kürzer. Für *telerent* ließen sich demgegenüber sehr gut Informationen für die beiden Kriterien finden. Es handelt sich um je drei der sechs erfaßten (freie Detailerinnerung) bzw. als richtig klassifizierten (gestützte Detailerinnerung) Informationen. *Tabelle 31* zeigt die Ergebnisse der Analyse.

Die nur im Basisspot gezeigten Informationen werden nicht besser behalten, wenn der Spot durch einen Reminder ergänzt wird. Die entsprechenden Mittelwerte in den beiden linken Spalten von *Tabelle 31* sind nahezu identisch. Bezogen auf die freie Detailerinnerung werden die doppelt präsentierten Informationen signifikant besser erinnert. Die Personen, die den Tandemspot gesehen haben, erinnern sich an diese Informationen häufiger (Steigerung von 0,9 auf 1,5 Details) als diejenigen, die die Informationen nur einmal im

---

[164]   Vgl. KROEBER-RIEL, W. (1991) S. 31.

Basisspot sahen. Dieser Befund gilt nur für die freie Detailerinnerung, er läßt sich für die gestützte Detailerinnerung nicht zeigen. Man kann also festhalten, daß der Reminder nur die Erinnerung an Informationen signifikant verstärkt, die in beiden Teilspots vorkommen, also wiederholt werden. Dieses Ergebnis läßt sich mit dem „Levels-of-Processing"-Ansatz von CRAIK und LOCKHARD[165] vereinbaren: Das Elaborationsniveau der Kodierung der Basisinformationen wird durch den Reminder erhöht. Er kann von den latent vorhandenen Informationen profitieren und den Aufbau von „Gedächtnisspuren" im Langzeitspeicher positiv beeinflussen.

Tabelle 31 :   **Erinnerung an einfach und doppelt präsentierte**
Informationen „telerent"

	Information kommt nur im Basisspot vor[1]		Information kommt in Basisspot (und) Reminder vor[2]	
	reminded MW (n=40)	solo MW (n=41)	reminded MW (n=40)	solo[3] MW (n=41)
freie Detailerinnerung	1,3	1,4	1,5 [a]	0,9 [b]
gestützte Detailerinnerung	0,5	0,5	2,0	2,0

[1]: Für diese Gruppe wurden 3 Details ausgewählt, die *nur im Basispot* präsentiert wurden.
[2]: Für diese Gruppe wurden 3 Details ausgewählt, die *im Basispot und Reminder* präsentiert wurden.
[3]: Es handelt sich hier um die Information, die im Reminder wiederholt *würde!*
Die Mittelwerte bewegen sich zwischen 0 und 3 (keines bis alle drei möglichen Details erinnert).
Mittelwerte ohne gemeinsamen Kennbuchstaben unterscheiden sich signifikant auf dem 1-Prozent-Niveau nach dem t-Test für unabhängige Stichproben (t= 2,95; p <.01).

5.6.1.2 Bewertung der Reminderwerbung

Aus dem unteren Teil von *Tabelle 30* kann man erkennen, daß sich die Bewertung der Reminderkombination nur leicht und nicht signifikant verschlechtert. Der eventuell deutlich wahrgenommene Beeinflussungsversuch schlägt sich zunächst nicht in einer ablehnenden Haltung (Reaktanz) gegenüber dem Spot

---

[165]   Vgl. CRAIK, F.I. und R.S. LOCKHARDT (1972).

nieder. Dieses Ergebnis bestätigt zunächst nicht die Ergebnisse der Kommunikationsforschung zu Wiederholungseffekten, die anfänglich eine eher positivere Bewertung des Beurteilungsobjekts durch Wiederholung postuliert hatte.[166] Im vorliegenden Fall handelte es sich allerdings nur um eine einmalige experimentelle Präsentation. Ob nach mehrfacher Wiederholung mit überproportional zunehmenden negativen Assoziationen gegenüber dem Produkt aufgrund des deutlicher wahrgenommenen Manipulationsversuchs zu rechnen ist, konnte daher mit dieser Untersuchung nicht beantwortet werden. Es liegt allerdings nahe, daß ein solcher Effekt besonders für die Spots zu erwarten ist, die ohnehin aufgrund ihrer künstlerischen Gestaltung schlecht von der Zielgruppe bewertet werden. Dieser wear-out-Effekt[167] tritt vermutlich früher als bei Solo-Spots ein.

Es kann ohnehin nicht mit Sicherheit darüber geurteilt werden, wie bedeutsam negative Kognitionen gegenüber einem Werbespot schließlich für das Verhalten sein werden. Entscheidend wäre dabei die Klärung der Frage, ob in der Kaufsituation die kognitive Komponente der gelernten Informationen (z.B. Produktbekanntheit) oder die affektive Komponente der Produktbewertung verhaltenswirksam wird. In der Werbeindustrie wird gerade bei wenig involvierten Rezipienten auf die affektive Komponente und damit die attraktive Gestaltung der Werbung gesetzt, was zu einer größeren Akzeptanz des Werbemittels und damit schließlich der Marke führen soll. Diese Argumentation würde gegen den massiven Einsatz von Remindern sprechen. Im übertragenen Sinne wäre aber auch eine Art „Sleeper-Effekt"[168] in der Werbekommunikation denkbar: Die zunehmend negative Bewertung des Kommunikators, des Spots oder des Produkts durch Wiederholung geht im Zeitverlauf

---

[166] Vgl. CACIOPPO, J.T. und R.E. PETTY (1979) S. 103; ZANJONC, R.B. (1968) S. 1-27.

[167] Obwohl die häufige Wiederholung eines Werbespots zu einer Verbesserung der Lernleistung führt, hat sie auch negative Effekte, die unter dem Begriff "wear out" zusammengefaßt wurden. Die Akzeptanz eines Produktes und die Kaufbereitschaft gehen bei zu häufiger Wiederholung zurück (Vgl. OSTHEIMER, R.H. (1970); MAYER, H. und G. SCHUHMANN (1981) oder SIMON, H. (1983). Nach SCHENK, M., DONNERSTAG, J. und J. HÖFLICH (1990) erscheint es deshalb sinnvoll, Wiederholungen eines Werbespots mit leichten Veränderungen zu versehen, so daß der Sättigungseffekt später oder gar nicht auftritt.

[168] Vgl. zu diesem Themenkomplex SCHENK, M. (1987) S. 71ff.

schneller verloren als die gleichzeitig gelernten Informationen. In einer Entscheidungs- (Kauf-) situation würden die Kognitionen „ungestört" von negativen affektiven Komponenten verhaltenswirksam.

Aus den vorangegangenen Überlegungen stellt sich die Frage, ob eine unterschiedliche Bewertung der Spots überhaupt mit einer Veränderung des Lernerfolgs einhergeht. Um den Zusammenhang der Bewertung mit der Gedächtnisleistung darzustellen, wurden die Teilnehmer in zwei Gruppen aufgeteilt. Eine Gruppe hatte die Reminderspots mit der Schulnote 2 oder besser bewertet, die andere mit 3 oder schlechter. In bezug auf die Spot-Erinnerung zeigen sich in der ersten Gruppe erheblich höhere Werte. Eine positive Bewertung einer Werbung geht demnach mit einer höheren Spot-Erinnerung einher, wobei aber die Richtung der Kausalität damit noch nicht belegt ist. Es ist auch durchaus denkbar, daß die positive Bewertung eine Folge der leichteren Abrufbarkeit der Information ist. Plausibler erscheint aber das Argument, daß Spots, die positiv bewertet werden, auch besser erinnert werden. Das Lernen von Details scheint von der Spotbewertung unabhängig zu sein. Andeutungsweise zeigt sich aber der Effekt, daß die freie Detailerinnerung bei positiver, die gestützte Detailerinnerung bei negativer Spotbewertung besser ist. Dies deutet darauf hin, daß die Bewertung nicht immer nur positive Effekte auf die Erinnerung haben kann.

5.6.1.3 Einfluß der Spotbewertung auf die Effektivität der Reminderwerbung

Wenn eine positive Bewertung von Spots mit besserer Erinnerung an den Spot, nicht aber mit besserer Detailerinnerung einhergeht, so stellt sich die Frage, ob der Remindereffekt bei unterschiedlicher Spotbewertung erhalten bleibt. *Tabelle 32* kann darüber Auskunft geben:

Tabelle 32: **Remindereffekt bei unterschiedlicher Spotbewertung**

Spotbewertung	positiv (n=76)		negativ (n=67)	
	reminded (n=26)	solo (n=27)	reminded (n=50)	solo (n=40)
Spot-Erinnerung (%)				
Aufmerksamkeit	57,7	33,3	40,0 [a]	10,0 [b]
freie Erinnerung	84,6 [a]	59,3 [b]	62,0 [a]	32,5 [b]
Detailerinnerung (MW)				
freie Detailerinnerung	3,0 [a]	2,2 [b]	2,7	2,2
gestützte Detailerinnerung	3,1	2,6	3,2	2,9

Die Werte der Detailerinnerung können zwischen 0 „keine Details erinnert" und 6 „alle definierten Details erinnert" liegen.
Mittelwerte mit unterschiedlichen Kennbuchstaben unterscheiden sich signifikant auf dem 5 Prozent-Niveau nach dem χ^2-Test.

Die Reminderwirkung bleibt offensichtlich auch unter Kontrolle der *Spotbewertung* bestehen. Sowohl bei positiver als auch bei negativer Bewertung wird ein Reminder-Spot besser erinnert (freie Spot-Erinnerung) und als auffälliger wahrgenommen als der vergleichbare Solo-Spot. Sowohl Aufmerksamkeit als auch freie Spot-Erinnerung sind am besten, wenn die Versuchspersonen die Spots positiv bewerten und ihnen gleichzeitig der Reminder präsentiert wird. Das Niveau der Spot-Erinnerung ohne Reminder bei positiver Spotwertung wird unter negativer Spotbeurteilung erst mit Reminder erreicht. In anderen Worten: Der Grenzertrag des Reminders bei negativer Spotbewertung ist in etwa gleich dem Basisertrag eines Solo-Spots bei positiver Bewertung: Der Steigerungsbetrag für die freie Spot-Erinnerung ist bei positiver Spotbewertung etwas geringer als bei negativer (25 zu 30 Prozent), bleibt aber unter negativer Wertung auf niedrigerem Niveau. Folglich ist davon auszugehen, daß die *Steigerungsleistung* des Reminders von der Spotbewertung weitgehend unabhängig ist.

5.6.1.4 Remindereffekte bei unterschiedlicher Attraktivität der Spots

Würde die Wirkung des Reminders nur bei einem Experimentalspot untersucht, wäre die Gefahr groß, voreilig auf eine universelle Steigerungswirkung zu schließen. Daher wurden die Remindereffekte entsprechend unserer Untersuchungsfrage für beide im Experiment verwendeten Experimentalspots (der attraktive und der weniger attraktive) getrennt ausgewertet. Sind die Gedächtnisleistungen beim attraktiven Spot ausgeprägter, da ihnen grundsätzlich mehr Aufmerksamkeit zugewendet wird bzw. die Abwehrhaltung geringer ist?

Tabelle 33: **Remindereffekte bei unterschiedlicher Attraktivität der Spots**

	Manhattan		Telerent	
	reminded (n=45)	solo (n=46)	reminded (n=39)	solo (n=46)
Spoterinnerung (%)				
Aufmerksamkeit	60,0 [a]	17,4 [b]	27,5	13,0
freie Erinnerung	73,3 [a]	43,5 [b]	50,0	30,4
gestützte Erinnerung	95,6 [a]	82,6 [b]	85,0	67,4
Detailerinnerung (Mittelwerte)				
freie Detailerinnerung	2,6 [a]	1,6 [b]	2,8	2,3
gestützte Detailerinnerung	3,4 [a]	2,5 [b]	2,6	2,5
Bewertung (Schulnote)	3,0 (n=41)	2,6 (n=37)	4,1 (n=35)	3,9 (n=30)

Die Werte der Detailerinnerung können zwischen 0 „keine Details erinnert" und 6 „alle definierten Details erinnert" liegen.
Prozent- und Mittelwerte mit unterschiedlichen Kennbuchstaben unterscheiden sich signifikant auf dem 5-Prozent-Niveau (χ^2-Test, t-Test).

Die Analyse der Daten (*Tabelle 33*) zeigt, daß der Ausbau der Erinnerungsleistung durch den Reminder zwar auch für den weniger attraktiven Spot deutlich, jedoch nur noch für den attraktiven Spot statistisch bedeutsam ist.

Eine ansprechende Spotgestaltung ist demnach eine notwendige Bedingung für die Reminderwirkung. Das dadurch geschaffene Potential des Basisspots ist entscheidend für die Wirkungsmöglichkeiten des Reminders. Die Steigerungsraten sind bei hoher Attraktivität für die Spot-Erinnerung erheblich höher. Bei einem gut gemachten Werbespot wirkt sich der Reminder folglich durchweg positiv aus. Neben der erheblichen Aufmerksamkeitssteigerung erreicht auch die Spot-Erinnerung absolut höhere Werte sowie größere Steigerungsraten. Auch Spotdetails erreichen ein höheres Elaborationsniveau. Der Reminder auf Basis hoher Spotakzeptanz ist folglich eine hinreichende Erklärung für erhöhte Gedächtnisleistungen.

5.6.2 Ausstrahlungseffekte

5.6.2.1 Effekte der Reminderwerbung auf die Zwischenspots

Als Zwischenspots unterschiedlicher Attraktivität wurden aufgrund des Pretests der „Blumen-Spot" (attraktiv) sowie „Blend-a-Gum" (weniger attraktiv) ausgewählt. Es sollte geprüft werden, ob die Basisspot-Reminder-Kombination aufgrund ihrer starken Aufmerksamkeitslenkung hemmt. Es wurde eine retroaktive Hemmung angenommen, da die ausgelöste besondere Aufmerksamkeit durch den Reminder die gedanklichen Verknüpfungen und somit die kognitive Verarbeitung der gerade zuvor gespeicherten Informationen des Zwischenspots überlagern oder zerstören kann. Auch Bruchstücke von Informationen, so die Annahme, hätten keine Chance mehr, auf ein höheres Elaborationsniveau zu gelangen. *Tabelle 34* zeigt für beide Spots zusammen, daß die Annahme nicht bestätigt wurde.

Es zeigen sich keine signifikanten Unterschiede zwischen Reminder- und Solo-Bedingung. Auch in der Tendenz waren die umschlossenen Spots weder weniger auffällig, noch wurden sie schlechter erinnert oder bewertet. Die spontane Spot-Erinnerung war sogar tendenziell höher, wenn der Spot innerhalb einer Reminderkomination geschaltet wurde. Diese tendenziell bessere Spot-Erinnerung läßt sich möglicherweise auf einen Aktivierungsschub durch die Basisspot-Reminder-Kombination zurückführen, mit der Folge, daß die

Hauptinformation der Zwischenspots eher besser erinnert wird.[169] Es finden sich jedoch Anzeichen dafür, daß *Details* eher überlagert werden. Eine Aktivierungstechnik wie der Reminder kann also zu einer besseren Verarbeitung der Hauptinformation einer umschlossenen Botschaft führen („retroaktiver Aktivierungsschub"), die Verarbeitung der Detailinformation des Zwischenspots aber einschränken (retroaktive Hemmung). Allerdings müßte dieser Effekt noch umfangreicher untersucht werden, bevor darüber eine klare Aussage zu treffen ist.

Tabelle 34: **Erinnerung an die Spots innerhalb der Reminderkombination**

Zwischenspots *Blumen und Blend-a-Gum*	umschlossen (n=85)	solo (n=92)
Spot-Erinnerung (%)		
Aufmerksamkeit	7,1	7,6
freie Erinnerung	47,1	38,0
gestützte Erinnerung	84,7	80,4
Detailerinnerung (MW)		
freie Detailerinnerung	2,4	2,6
gestützte Detailerinnerung	3,2	3,3
Bewertung (MW Schulnote)	3,7 (n=71)	3,6 (n=74)

n.s.

5.6.2.2 Ausstrahlungseffekte der Zwischenspots auf die Reminderwerbung

Hinsichtlich der Ausstrahlungseffekte der Zwischenspots auf die Reminderkombination wurde angenommen, daß ein attraktiver umschlossener Spot die

---

[169] Vgl. die Ergebnisse aus Kapitel 3.

Reminderwirkung stärker einzuschränken vermag als ein weniger attraktiver Spot. In *Tabelle 35* findet sich zwar keine statistisch signifikante Bestätigung dieser Hypothese, da die aufgeführten Unterschiede zu klein sind. Dennoch ist eine durchgängige Tendenz zu erkennen, daß die Erinnerungsleistung an die Reminderwerbung schlechter wird, wenn der umschlossene Spot selbst attraktiv ist. Der Blumen-Spot scheint die Erinnerung an die Reminder-Kombination stärker zu hemmen als die Blend-a-Gum-Werbung. Ein attraktiver Spot kann also die Reminderwirkung möglicherweise stärker einschränken, indem er mehr Aufmerksamkeit auf sich zieht und somit auch mehr Verarbeitungsleistung beansprucht.

Tabelle 35:   **Hemmung der Reminderwirkung durch Attraktivität der Zwischenspots?**

Erinnerung an	**Manhattan & telerent** *(mit Reminder)*	
mit ... *als Zwischenspot*	**Blumen** (attraktiv) (n=45)	**Blend-a-Gum** (uninteressant) (n=40)
Spot-Erinnerung (%)		
Aufmerksamkeit	40,0	50,0
freie Erinnerung	57,8	67,5
gestützte Erinnerung	88,9	92,5
Detailerinnerung (MW)		
freie Detailerinnerung	2,7	2,7
gestützte Detailerinnerung	2,9	3,2
Bewertung (MW Schulnote)	3,7 (n=67)	3,3 (n=76)

n.s.

Differenziert man diesen Befund für die beiden verschiedenen Reminder-Spots, dann zeigt sich, daß die Erinnerung an die *Manhattan*-Reminderkombination mit Blumen als Zwischenspot im Trend schlechter ist als mit Blend-a-Gum als Zwischenspot. Die Befunde für *telerent* sind dagegen uneinheitlich. Man könnte daraus folgern, daß sich Spots mit ähnlicher Anmutungsqualität wie Manhattan und Blumen eher behindern, während sich Spots mit unterschiedlicher Akzeptanz weniger stark beeinflussen. Dies kann allerdings nur spekuliert werden, genauere Aussagen erfordern eine gezieltere Überprüfung dieses Aspekts.

5.7 Zusammenfassung

Die Attraktivität eines Werbespots ist bedeutend für seine Wirkungsmöglichkeiten. Vermutlich ist sie eine notwendige Bedingung für Gedächtnis- und Bewertungseffekte. Dabei werden attraktive Spots (1) in der Regel besser bewertet, (2) sie erreichen eine höhere Aufmerksamkeit, (3) werden besser erinnert und (4) die Details der werblichen Botschaft werden intensiver verarbeitet.

Der Reminder scheint im Fernsehen eine Gestaltungstechnik zu sein, die recht hohe Verbesserungen der Erinnerungsleistungen bezüglich eines Spots erzielt, ohne daß zunächst mit negativen affektiven oder kognitiven Konsequenzen gerechnet werden muß. Dabei ist eine gewisse Aufmerksamkeit gegenüber Basisspot und Reminder eine Grundvoraussetzung für die postulierten erhöhten Gedächtniswirkungen. Tendenziell ist aufgrund des deutlich wahrnehmbaren Beeinflussungsversuchs dann früher mit auftretenden negativen Gefühlen gegenüber dem Spot zu rechnen, wenn er zudem noch weniger attraktiv gestaltet ist. Besonders bei allgemein geringen Kontaktwahrscheinlichkeiten bestimmter Zielgruppen mit Werbeträgern scheinen Tandemspots eine nahezu ideale Form zu sein, kurzfristig Positionierungserfolge gerade neuer Produkte durch Vermittlung der Hauptinformationen (z.B. der Marke) zu erreichen. Die von der üblichen Solo-Werbung oft nur bruchstückhaft verbleibenden Kerninformationen eines Spots können oftmals nur durch massierte Schaltung auf ein bestimmtes Niveau gebracht werden. Durch die Reminderwerbung gelingt dies unter Umständen früher und auf höherem Verarbeitungsniveau mit dem

Nebeneffekt allgemein höherer Kontaktchance: Die Wahrscheinlichkeit, daß die Basisspot-Reminder-*Kombination* gesehen wird, ist plausiblerweise erheblich höher, als daß zwei zeitlich weiter auseinanderliegende Solo-Spots von der gleichen Person gesehen werden. Ob diese Gestaltungstechnik allerdings gleichwertige Gedächtnisleistungen wie zwei Solo-Spots erbringt und ob diese löschungsresistenter sind, war mit den erhobenen Daten nicht zu klären.

Basisinformationen eines Spots mit Reminder erzielen auch dann noch eine Wirkung, wenn sie weniger intensiv verarbeitet wurden. Der nur kurze Zeit später folgende Reminder fördert die bis dahin nur bruchstückhafte Verarbeitung der Vorinformation. Dabei profitiert der Reminder von der latent noch vorhandenen Information und fördert den Aufbau von „Gedächtnisspuren" im Langzeitgedächtnis. Die Ähnlichkeit der Reize von Basisspot und Reminder führen zu einer stärkeren kognitiven Verarbeitung, die Einprägung und Speicherwahrscheinlichkeit erhöht. Es sei bemerkt, daß in dieser Untersuchung nur die Wirkung der einmaligen Wiederholung einer werblichen Information getestet werden konnte. Inwieweit die Reminderwerbung in der Folge beispielsweise überdurchschnittlich negative Affekte oder fallende Gedächtnisleistungen (im Sinne einer kurvilinearen Beziehung, wie sie der „wear-out-Effekt"[170] beschreibt) produziert, konnte hier nicht beschrieben werden. Auf die Frage, *welche* Details der Reminderkombination besser behalten werden, ist zu antworten, daß besonders die vom Reminder *wiederholten* Informationen profitieren. Entsprechend sind dort „sicherheitshalber" die relevanten Informationen zu plazieren.

Die Wirkung der Reminderwerbung auf die Bewertung des Spots muß differenzierter betrachtet werden: Zunächst wurde vermutet, daß der wahrgenommene Beeinflussungsversuch zu einer ablehnenden Haltung gegenüber der Werbung (schlechterer Bewertung) oder zu Wahrnehmungsabwehr (geringerer Erinnerungsleistung) führt. Dies ließ sich nicht belegen. Mit einer allzu sorglosen Wertung dieses Ergebnisses sollte man jedoch vorsichtig sein, da sich *negative* Bewertungseffekte möglicherweise erst nach mehrmaliger Wiederho-

---

[170] Vgl. AXELROD, J.N. (1980) S. 13-20.

lung einstellen, was mit dem vorliegenden Untersuchungsdesign nicht überprüft werden konnte.[171] Da die Reminderwerbung eine „massive Wirkung" zu haben scheint, ist mit diesen affektiven Reaktionen *früher* zu rechnen. Wenn ein Spot gleichwohl *positiv bewertet* wird, kann man über längere Zeit hinweg mit höheren Gedächtnisleistungen rechnen, gleichzeitig mit einem weniger stark ausgeprägten Reaktanzeffekt.

Es zeichnete sich ab, daß eine positive Spotbeurteilung zwar mit einer besseren freien Erinnerung an die Marke, nicht aber unbedingt mit höherer Detailerinnerung einhergeht. Da die Wirkung des Reminders auf die Detailerinnerung und auf die freie Spot-Erinnerung jeweils unterschiedlich ist, muß sich der Werbetreibende intensiver darüber Gedanken machen, welche Zielgruppe er erreichen will. Die positiv Eingestellten sind vermutlich durch andere Muster von Attraktivität und Wiederholung beeinflußbar als negativ Eingestellte.

Bei attraktiven Spots sind die Reminderwirkungen eindeutig und gleichgerichtet steigernd für die Erinnerungsleistungen. Dabei gibt diese Attraktivität des Basisspots das Ausgangsniveau für die *Wirkungsmöglichkeiten* des Reminders vor. Bei weniger attraktiven Spots sind die Steigerungsleistungen des Reminders zwar sichtbar, bewegen sich jedoch auf weit niedrigerem Niveau und sind außerdem weniger eindeutig. Der Reminder scheint jedoch auch hier die Erinnerungsleistung so weit zu fördern, daß sie über das Niveau des unattraktiven Spots unter der Solo-Bedingung reicht.

Ursprünglich sind wir davon ausgegangen, daß ein Werbekunde „fürchten" muß, sein Spot werde innerhalb einer Basisspot-Reminder-Kombination gezeigt. Die Ergebnisse hierzu zeigen aber, daß die Reminderwerbung die Erinnerungsleistung an den umschlossenen Spot nicht hemmt. Die *Hauptinformationen* des Zwischenspots, nämlich der Name der Marke - operationalisiert durch die gestützte und ungestützte Spot-Erinnerung - werden im Trend sogar *besser* erinnert. Das allgemeine Aktivierungspotential der Reminderkombination scheint einen fördernden Effekt auf diese Qualität der Gedächtnislei-

---

[171] Vgl. RETHANS, A.J. et al. (1986) S. 51.

stung zu haben, den man als „retroaktiven Aktivierungsschub" bezeichnen könnte. In anderen Worten: Die bessere Spot-Erinnerung läßt sich auf eine Aktivierungserhöhung durch die Basisspot-Reminder-Kombination zurückführen. Diese Implikationen könnten den Schluß nahelegen, daß ein Spot mit hoher Anmutungsqualität, der meist mit geringerer Informationsdichte einhergeht und besonders den Produktnamen plazieren soll, innerhalb einer Reminderkombination nur profitieren kann. Dabei profitieren weniger attraktive Zwischenspots von der Einbindung in einem Tandemspot noch stärker als attraktive Spots.

Attraktive eingeschlossene Spots und Reminderwerbungen behindern sich bei der freien Spot-Erinnerung folglich wenig, können sich sogar positiv stimulieren. „Angenehme Werbeblocksequenzen" heben also das allgemeine Erinnerungsniveau und die Bewertung der Spots. In bezug auf die Detailerinnerung können sie aber durchaus gegenläufige Effekte haben, da hoch aktivierende, sequentiell präsentierte Spots gegenseitig ihre Detailverarbeitung hemmen. Der Werbetreibende muß sich folglich entscheiden, ob er eher Wert auf eine positive Stimulierung der Affekte bezüglich seiner Werbung und eine bessere Spot-Erinnerung oder auf differenziertere Detailverarbeitung legt. Im ersten Fall kann ein vorgeschalteter interessanter Spot dies eher erreichen. Diese Form ist dann zu empfehlen, wenn sich die Produktpositionierung bei Low-Involvement-Produkten tendenziell über positive Affekte vollziehen soll. Ist hingegen die Vermittlung von Details wichtig, die bei überlegten Kaufentscheidungen stärker zum Zuge kommt, würde man kein stark stimulierendes Umfeld empfehlen. Ein Werbetreibender, der folglich nur einen Produktnamen plazieren will und dem detaillierte Informationen zunächst unwichtig sind (das gilt z.B. für neue Produkte), könnte das Reminderumfeld durchaus suchen. Wer demgegenüber eine eher informative Werbung plazieren möchte, sollte eine nahe Reminderwerbung meiden.

6 Wirkungen von Programmsponsoring[172]

6.1 Einleitung

Programmsponsoring ist eine bedeutende Form der Fernseh"werbung" geworden. Der Gesetzgeber definiert Programmsponsoring im Rundfunkstaatsvertrag vom 31. 8. 1991 als „Beitrag einer natürlichen oder juristischen Person oder einer Personenvereinigung, die an den Rundfunktätigkeiten oder der Produktion audiovisueller Werke nicht beteiligt ist, zur direkten oder indirekten Finanzierung einer Sendung, um den Namen, die Marke, das Erscheinungsbild der Person, ihre Tätigkeit oder ihre Leistungen zu fördern."[173] Das reine Programmsponsoring besteht dabei „aus einem Sponsorhinweis, der vor und nach einer Sendung plaziert werden kann"[174] und folgende Wirkungen haben soll:

> „*Programmsponsoring ist die Verbindung des Namens oder der Marke eines Werbetreibenden mit einer Sendung oder ihrer Promotion, um sein Image und/oder seinen Bekanntheitsgrad zu fördern.*
> *(...) TV-Sponsoring ermöglicht Vorteile, die von den Fernsehsendern angeboten werden, die im Besitz dieser Vorzüge sind und diese mit Hilfe ihrer Marketing- oder Werbeabteilungen vermarkten.*"[175]

Programmsponsoring kann als eine „Spielart des Sponsoring im allgemeinen" verstanden werden, das eine Zwitterstellung zwischen klassischer TV-Werbung und klassischem Sponsoring[176] eingenommen hat. Diese Spielart des Sponsoring wird hier als eigenständige Sonderwerbeform mit klar abgrenzbaren Einsatzmöglichkeiten betrachtet. Viele Vermarkter sehen im Progammsponsoring lediglich den Vorteil einer Eckplazierung für das gesponserte Produkt.

---

[172] Die Darstellung der folgenden Ergebnisse basiert auf der Magisterarbeit von Mirjam E. Bühl: „Der Einfluß von Programmsponsoring auf die Rezeption von Werbebotschaften", vorgelegt an der Johannes Gutenberg-Universität Mainz 1996.

[173] ZDF-SCHRIFTENREIHE: Medienrecht, S. 13.

[174] ISPR GmbH (1995) S. 50.

[175] ISPR GmbH (1995) S. 53.

[176] KARLE, R. (1995) S. 16.

Weil diese zumeist exklusiv präsentiert werden, sind die negativen Auswirkungen einer Einbettung in einem Werbeblock nicht zu befürchten.[177]

In Deutschland hatte Sponsoring als neues Kommunikationsinstrument seinen Ursprung in den 70er Jahren im Bereich Sport[178], sein historischer Ursprung ist aber im Kulturbereich anzusiedeln. Bis heute fallen auf den Sport 64 Prozent am Gesamt-Sponsoring der Unternehmen in Deutschland.[179] Bis dato stammen auch die meisten Abhandlungen - seit 1986 schätzt man etwa 250 empirische und theoretische Studien[180] - sowie Kommunikationspläne aus dem Bereich des Sportsponsoring. Vor diesem Hintergrund ist das Programmsponsoring, mit noch nicht einmal einem Dutzend öffentlich nur teilweise zugänglichen und wenig aussagekräftigen Studien, kaum untersucht.[181] Vor 30 Jahren war Sponsoring in Deutschland noch als „Schleichwerbung" gebrandmarkt. Heute dagegen wird es von der Öffentlichkeit und den Massenmedien als legitimes Werbe- oder PR-Instrument weitgehend akzeptiert.[182] Sponsoringentscheidungen wurden allerdings häufig nicht mit klaren Konzeptionen getroffen, sondern waren abhängig von Vorlieben oder Bekanntschaften der Geschäftsführer oder der steuerlichen Absetzbarkeit der Aktivitäten.[183] Bis heute gibt es Anzeichen dafür, daß manche Engagements auch großer Firmen noch ohne Erfolgskontrollen „aus dem Bauch heraus behandelt" werden.[184]

Obgleich es Sponsoring im Bereich der Sportübertragung des Fernsehens schon seit den 70er Jahren gab, hat sich erst mit der Zunahme von Werbung bei gleichzeitig unterproportionalem Anstieg des Werbedrucks das Ausmaß von Sponsoring enorm erhöht und haben sich neue Formen wie etwa das Pro-

[177] Vgl. ISENBART, J. (1996) S. 36-38.

[178] Vgl. BRUHN, M. (1987) S. 23.

[179] Vgl. MÖLLER, J.D. (1994) S. 58.

[180] Vgl. ZASTROW, H. (1993) S. 50.

[181] Vgl. PULCH. B. (1995) S. 126.

[182] Vgl. HARTMANN, R. (1995) S. 21.

[183] Vgl. SCHUH, A. (1988) S. 15.

[184] o.V. (1993) Kultursponsoring soll nun Erfolgsnachweise bringen. Unternehmen verpassen den Sponsoring-Aktivitäten professionelle Konzepte, in: *Horizont* vom 19.3., S. 2.

grammsponsoring entwickelt. Trotz eines dramatischen Anstiegs der Schaltungen und Einschaltkosten der Werbetreibenden um mehr als das doppelte pro Werbekampagne, erhöhte sich der Werbedruck nur unterproportional.[185] Grund dafür ist die Vervielfachung der Kanäle, auf denen Werbung geschaltet werden kann. Als Folge dieser Entwicklungen stiegen die Budgetzahlen kontinuierlich an. Während das Gesamtengagement im Sponsoring 1985 in Deutschland nur ca. 400 Millionen Mark betrug, wurden 1992 schon über 1,5 Milliarden Mark erreicht.[186] 1993 lag das Investment in Sponsoring schon bei 2,3 Milliarden.[187] Im Jahre 1994 steigerte sich das Budget auf 2,5 Milliarden und auch für 1995 haben sich die Zahlen vermutlich weiter erhöht.[188]

Im Vergleich zu den Gesamtwerbeaufwendungen stieg das Sponsoring überproportional an. Weltweit lag der Anteil des Sponsoring 1994 bei ca. 8,3 Milliarden Mark.[189] Insgesamt sind in Deutschland etwa 1.900 Unternehmen aller Branchen im Sponsoring tätig, allerdings treten nur 1.000 davon als wirkliche Sponsoren auf, wenn man als Kriterium ein überregionales Engagement und eine finanziell bedeutsame Sponsoring-Leistung zugrunde legt.[190] Die Aktivitäten im Sportsponsoring sind schon seit 1985 stetig angestiegen und haben sich von damals ca. 150 Millionen Mark in zehn Jahren auf schätzungsweise 1,5 Milliarden für 1995 verzehnfacht.[191]

Auch bei den Sendern ist eine ähnlich starke Zunahme zu verzeichnen: So erzielte das ZDF im Jahr 1993 zehn Millionen Mark Mehreinnahmen durch Sponsoring,[192] 1994 lagen sie schon bei zwölf Millionen.[193] Für 1995 schätzt das ZDF seine Einnahmen durch Sponsoring auf 15 Millionen Mark, dabei sind

[185] Vgl. ISENBART, J. (1995ª) S. 42.
[186] Vgl. HERMANNS; A. (1993) S. 629.
[187] Vgl. ZASTROW, H. (1993) S. 50.
[188] Vgl. o.V. (1994): Neuer Trend geht "ganz dicht an die Zielgruppe", in: *Werben & Verkaufen 14*, S.114.
[189] Vgl. ebd.
[190] Vgl. MÖLLER, J. D. (1994) S. 56.
[191] Vgl. KARLE, R. (1995) S. 16.
[192] Vgl. WICHMANN, D. (1994).
[193] Vgl. MEINERS, M. (1994) S.168.

die Erwartungen der Öffentlich-rechtlichen nicht mehr so positiv wie in den Anfängen, da ihnen gerade im Sportbereich der Rang von den Privaten abgelaufen wird.[194] Die ARD verzeichnete einen Zuwachs seit Beginn der Programmsponsoringkultur auf zehn Millionen Mark bis 1993.[195] 1994 lagen die Einnahmen schon zwischen 15 und 18 Millionen Mark mit steigender Tendenz. Den größten Zuwachs an Sponsoringeinnahmen verzeichnen aber die privaten Sender. RTL hat seine Einnahmen von zwölf Millionen 1994 auf schätzungsweise 20 Millionen Mark in 1995 gesteigert. Das deutsche Sportfernsehen DSF verdoppelte seine Umsätze von fünf Millionen 1993 auf zehn Millionen Mark 1994 und erwartete auch für 1995 weitere Zuwächse.[196]

6.2 Rechtliche Grundlagen

Die unterschiedliche rechtliche Behandlung von privaten und öffentlich-rechtlichen Anstalten im Bereich des Sponsoring wurde durch den Rundfunkstaatsvertrag in der Fassung vom 31. August 1991, der zum 1. Januar 1992 in Kraft trat, aufgehoben. Außerdem wurde Programmsponsoring dort erstmalig explizit zugelassen und als Beitrag zur Finanzierung einer Sendung akzeptiert. Die Regelungen dieses Staatsvertrages gelten bis auf zwei Lockerungen durch die Novellierung des Staatsvertrages 1994 noch heute. In §7 wird in sechs Absätzen die Handhabung des Sponsoring in allen Sendern gleichermaßen geregelt:

- Sponsoring wird als Finanzierungsbeitrag zu einer Sendung akzeptiert, an der der Sponsor ansonsten nicht beteiligt ist. Durch sein Engagement will er seinen Namen, seine Tätigkeit etc. fördern.[197] Sponsoring wird als werbliche Maßnahme anerkannt, die auf beiden Seiten wirtschaftliche Interessen

---

[194] Vgl. WOLTER, R. (1995) S. 28.
[195] Vgl. MEINERS, M. (1994) S. 168.
[196] Vgl. WOLTER, R. (1995) S. 27f.
[197] Vgl. ZDF-Schriftenreihe S. 13.

140

verfolgt. Als neue Finanzierungsform neben den Werbeeinnahmen unterliegt sie nicht den Werberegelungen.[198]

- Auf den Sponsor muß, wenn er sich finanziell an einer Sendung beteiligt hat, in „vertretbarer Kürze" am Anfang und am Ende dieser Sendung hingewiesen werden.[199] Als vertretbare Kürze haben sich die Sender auf je 5 Sekunden Trailerlänge geeinigt.[200]

- Die Unabhängigkeit des Senders muß gewahrt bleiben. Der Sponsor darf keinerlei Einfluß auf den Inhalt oder den Programmplatz der von ihm gesponserten Sendung nehmen.[201] Dadurch werden alle Spekulationen über tiefere Zusammenhänge zwischen Sendung und Sponsor klar verneint: Ein Einfluß jeglicher Art ist nicht zulässig.[202]

- Die gesponserten Sendungen dürfen nicht zum Kauf von Produkten oder Dienstleistungen des Sponsors oder eines anderen „anregen". Die gesponserten Sendungen durften bis zur Änderung dieser Regelung im Jahre 1994 nicht durch Werbung des Sponsors der Sendung unterbrochen werden.[203]

- Eindeutig verboten ist das Sponsern von „Nachrichtensendungen und Sendungen zum politischen Zeitgeschehen (...)".[204]Außerdem ist das Sponsern von Werbung, wie z.B. Spotwerbung, Dauerwerbesendungen oder Hörfunkeinkaufssendungen unzulässig.

Nach den im Rundfunkstaatsvertrag von 1992 vorgenommenen Änderungen setzte eine Welle des Sponsoring ein. Gab es vorher hauptsächlich Sportsponsoring in Form von Ereignissponsoring oder vereinzeltem Programmsponsoring bei den Privaten - vor allem den Sportsendern -, so kam es erst jetzt zu reinem Programmsponsoring. Viele große Markenartikler wurden zu Sponsoren ganz unterschiedlicher Sendungen. Doch die Attraktivität dieses

---

[198] Vgl. ZDF-Schriftenreihe S. 13; §6 Absatz 1.
[199] Vgl. ZDF-Schriftenreihe S. 13; §7 Absatz 2.
[200] Vgl. DÖRFLER, G. (1993) S. 134.
[201] Vgl. ZDF-Schriftenreihe §7 Absatz 3.
[202] Vgl. DÖRFLER, G. (1993) S. 134.
[203] Vgl. ZDF-Schriftenreihe: §7 Absatz 4.
[204] ZDF-Schriftenreihe: §7 Absatz 6.

neuentdeckten Werbeinstruments litt unter den starken Restriktionen, es wurde sogar kritisiert, daß „Sponsoring in der restriktiven Auffassung wie bisher (...) an der Wirklichkeit des Werbemarktes vorbei" geht.[205]

Die aktuellste Änderung im Sponsoringrecht entstand mit der Novellierung des Staatsvertrages, der zum 1. August 1994 in Kraft trat. Darin wurden die Restriktionen des Sponsoring gelockert. Allerdings hatte die Werbepraxis diese Änderungen, obwohl rechtlich unzulässig, schon lange vor Novellierung des Staatsvertrages, mit Duldung der Landesmedienanstalten, vorweggenommen.[206]

Die Änderungen beziehen sich nur auf einzelne Absätze:

- Die Verwendung von bewegten Bildern zur Gestaltung des Sponsor-hinweises wurde erlaubt, außerdem auch die Nennung eines Produktnamens inklusive eines kurzen erläuternden Zusatzes anstelle des Sponsors.[207]
- Des weiteren durften nun auch Sponsoren in den Werbeunterbrecher-blöcken der von ihnen gesponserten Sendungen werben. Ein zusätzlicher Hinweis auf den Sponsor innerhalb von Sendungen vor oder nach Werbe-schaltungen (sogenannte „break-bumpers") ist jedoch noch immer nicht zulässig.[208]

6.3 Potentielle Ziele des Sponsoring

Grundsätzlich gehen alle Sponsoren zunächst von der Erhöhung ihres *Bekannt-heitsgrades* durch Programmsponsoring aus. Einleuchtende Gründe dafür sind die Exklusivität des Sponsors in einer „fast zappingfreien Zone".[209] Allerdings werden bei größeren Medienereignissen (Olympiaden, Weltmeisterschaften, etc.) häufig mehrere Sponsoren gleichzeitig „ins Bild" gerückt. Zusätzlich

[205] Kurt Ludwig, Sat.1 Leiter Sales & Services, in: SCHLOSSER, S. (1994) S. 13.
[206] Vgl. SCHLOSSER, S. (1994) S. 13.
[207] Vgl. ARD Dienstanweisung (1995) S. 40.
[208] Vgl. ISPR (1995) S. 44.
[209] FELDMEIER, S. (1994) S. 76.

erwartet der Sponsor einen *Imagetransfer* des gesponserten Programmes auf die eigene Firma oder das Produkt.[210] Neben den gängigen Annahmen über Imagetransfer und Erhöhung der Bekanntheit setzen einige Investoren voraus, Sponsoring sei *glaubwürdiger* als klassische Werbespots[211] oder Programmsponsoring könne ohne klassische Werbung erst gar nicht funktionieren.[212] Andere glauben, daß es einen positiven Imagetransfer nur dann geben kann, wenn eine „hohe Affinität" zwischen gesponserter Sendung und dem Sponsor besteht,[213] eine Theorie, zu der es auch in der Werbewirkungsforschung einige Ansätze gibt.

Ein fast immer im Zusammenhang mit Sponsoring genanntes Ziel ist die Verbesserung, Etablierung oder Veränderung eines Images. Das Image eines Produktes ist bei der qualitativ nur noch sehr geringen Unterscheidung vieler Produkte nötig, da es in diesem Fall für den Käufer ein entscheidendes Kaufkriterium wird.[214] Image wird sozialpsychologisch als Einstellung definiert. Einstellungen sind „überdauernde positive oder negative Bewertungen eines Einstellungsobjektes (...)."[215] Das Einstellungsobjekt ist im vorliegenden Fall das per Programmsponsoring beworbene Unternehmen bzw. dessen Produkt, gegenüber dem der Rezipient eine Einstellung bilden oder verändern soll. Über die Struktur von Einstellungen gibt es zahlreiche Modelle, die Einstellungen als sehr komplexes, mehrdimensionales Konstrukt oder als eindimensionales Konzept definieren.[216] Unabhängig von der tatsächlichen Gestalt der Einstellungen ist die Tatsache, daß sie nicht direkt gemessen werden können. Viel-

---

[210] Exemplarisch o.V. (1993): Langfristige Konzepte tragen durch die Krise. Strategisches, kreatives und innovatives Sponsoring hat weiter Wachstumschancen, in: *Werben & Verkaufen 39*, S. 94

[211] Vgl. MEINERS, M. (1994) S. 168.

[212] o.V. (1994) Sponsoren werben klassisch. Opel mit amüsanten Motiven /NEC nahe an Produktwerbung, in: *Horizont 29*, S.6.

[213] Vgl. o.V. (1994): Neuer Trend geht "ganz dicht an die Zielgruppe", in: *Werben & Verkaufen 14*, S. 114.

[214] HUBERT, K. (1987) S. 18.

[215] STROEBE, W., HEWSTONE, M., CODOL, J.-P., und G.M. STEPHENSON (1992) S. 469.

[216] Vgl. STROEBE, W., HEWSTONE, M., CODOL, J.-P., und G.M. STEPHENSON (1992) S. 147.

mehr kann nur versucht werden, Indikatoren für die jeweiligen Einstellungen zu erfassen.

6.4 Forschungsziele

Grundsätzlich kann man an Sponsoring verschiedene Thesen herantragen, die sich aber zusammen nicht ohne weiteres in einer experimentellen Anlage prüfen lassen. Dennoch bilden sie das Rahmenkonzept für die kommunikationswissenschaftliche Abschätzung der Wirkung von Sponsoring:

- Leistet Programmsponsoring mehr als Werbung?
- Wie sieht die kombinierte Wirkung von Sponsortrailer und Werbespot aus?

Zuerst stellt sich die Frage, ob Sponsoring trotz der kürzeren Präsentationszeit eine ebenso große Erinnerungsleistung an die beworbene Marke erzielt wie herkömmliche Werbespots oder ob die Wirkung möglicherweise sogar größer ist. Dies wäre aufgrund der Eckplatzposition ohne konkurrierende weitere Spots zu erwarten. Wir formulieren daher folgende Hypothese:

Hypothese 1:   Die Erinnerungsleistung an das beworbene Produkt ist bei Schaltung eines Sponsoringtrailers genauso hoch wie bei Schaltung eines normalen Werbespots.

Gerade in der typischen Rezeptionssituation von Werbung - geringe Aufmerksamkeit und Involviertheit - kann man erwarten, daß ein „Kommunikationsmix"[217] aus gleichzeitiger Schaltung von Trailer und Spot im Laufe einer Sendung besonders hohe Werbewirkungen erreicht. Entsprechend erwarten wir:

---

[217]   Vgl. o.V. (1995) Es lebe der Sport. Sponsoring ohne Werbung ist sinnlos, S. 15.

Hypothese 2:   Werden die Werbeformen Sponsoring und normaler Werbe-
                   spot in Kombination eingesetzt, so ist die Erinnerungsleistung
                   im Vergleich zur Einzelpräsentation am höchsten.

Neben der isolierten Betrachtung der Wirkung der einzelnen Werbeformen
legen Ergebnisse der Wirkungsforschung Effekte der Positionierung und des
Umfeldes nahe.[218] Man kann annehmen, daß auch das Werbeumfeld, in dem
der Sponsor wirbt, einen Einfluß auf die Erinnerungsleistung hat. Es fällt auf,
daß in den Werbeunterbrechungen von Sendungen mit relativ eindeutigen
Zielgruppen eine Häufung von Werbespots recht ähnlicher Produkte zu beobachten ist. Die Hersteller von Bier beispielsweise sind gehäuft in den Werbeunterbrechungen von Sportsendungen zu finden. Grund dafür ist die gleiche
angepeilte Zielgruppe. Diese Beobachtung legt die Vermutung nahe, daß eine
Häufung ähnlicher Produkte zu Unschärfen in der Erinnerungsleistung der
Rezipienten führen, der postulierte Effekt des Sponsoring also durch ein sehr
homogenes Umfeld gemindert oder nivelliert werden könnte.[219]

Als homogenes Werbeumfeld wird ein Werbeblock bezeichnet, in dem mehrere
inhaltlich oder bezüglich der Darstellung sehr ähnliche Spots geschaltet sind.
Als ein heterogenes Werbeumfeld dagegen ist ein Werbeblock definiert, in dem
für die unterschiedlichsten Produkte in unterschiedlichsten Darstellungsformen
geworben wird. Es läßt sich folgende Hypothese vertreten:

Hypothese 3:   Befindet sich der Sponsor-Trailer in einem homogenen
                   Werbeumfeld, so ist die Erinnerungsleistung geringer als in
                   einem heterogenen Werbeumfeld.

Neben der besseren Erinnerungsleistung erwarten einige Sponsoren einen
Imagetransfer[220] der Sendung auf ihr Produkt, weshalb sie sich bei der
Plazierung ihrer Trailer solche Sendungen aussuchen, die ihrer Meinung nach

---

[218] Vgl. MAYER, H. (1990) S. 36ff.
[219] Vgl. Kapitel 4 „Wirkungen inhaltlich ähnlicher Werbespots" in diesem Band.
[220] Vgl. WALFORD, N. C. (1992) S. 29.

ihrem Image zuträglich seien. Es stellt sich zum einen die Frage, ob das Ausmaß der Erinnerungsleistung von der Korrespondenz zwischen Sendung und Sponsor bzw. Produkt abhängt. Zum anderen ist zu fragen, ob sich ein Imagetransfer vermuten läßt, oder ob diese „Affinität" von Sendung und Sponsor völlig irrelevant ist. Daraus ergibt sich folgende These:

These 1:   Paßt das Produkt des Sponsors oder die Art der Darstellung zum Inhalt oder der Darstellung des gesponserten Filmes, so ist das Erinnerungsniveau an die beworbene Marke höher als im umgekehrten Fall. Die Einschätzung des Produktes wird in der Richtung des Filmes beeinflußt (Imagetransfer).[221]

Die Operationalisierung des „Images" ist allerdings insofern schwierig, als es sich um eine *Einstellung*[222] handelt. Einstellungen sind relativ stabile, überdauernde Persönlichkeitsmerkmale, deren Änderung Zeit braucht. Sicher ist es möglich, ein Image zu wandeln. Dabei spielen jedoch neben der emotionalen Nähe von Sponsor und dem Gesponserten auch die häufige Reizdarbietung eine Rolle, was in dieser Studie, die keinen Längsschnitt, sondern lediglich einen Querschnitt untersucht, vernachlässigt werden mußte. Da die mehrmalige Reizdarbietung als Grundvoraussetzung für eine Wirkung betrachtet wird,[223] ist der Aspekt des Imagetransfers in dieser Studie nur als Nebeneffekt zu betrachten, dem keine zentrale Bedeutung zukommen kann. Mit dem vorliegenden Datenmaterial ist er nicht einwandfrei zu messen und wird im folgenden auch nicht weiter beschrieben.

Wichtig für die Erinnerung kann auch die Beschaffenheit von Trailer und Spot sein. Sollte der Sponsoringtrailer beispielsweise mit einem inhaltlich genau gleichen Werbespot, quasi als Wiederholung der Informationen, kombiniert

---

[221] Hier wird in der Folge von „Thesen" gesprochen, da sie in dem vorliegenden experimentellen Design nicht eindeutig geprüft werden können, so daß die Untersuchung nur erste Hinweise liefern kann.

[222] Vgl. MEFFERT, H. (1986) S. 24.

[223] Vgl. SCHWEIGER, G. und G. SCHRATTENECKER (1986) S. 70.

werden oder sollte besser ein anders gestalteter Werbespot gewählt werden, um die Erinnerung zu erhöhen?

These 2:   Die höchste Erinnerungsleistung wird erreicht, wenn Spot und Sponsoringtrailer dieselben gestalterischen Elemente enthalten.

6.5   Untersuchung

6.5.1   Experimentaldesign

Aus den genannten Hypothesen ergeben sich drei unabhängige Untersuchungsvariablen mit je zwei bzw. drei Ausprägungen:

Werbeform	• Werbespot • Sponsoring-Trailer • Werbespot plus Sponsoring-Trailer
Inhalt	• Korrespondenz von Produkt und Film • Keine Korrespondenz von Produkt und Film
Umfeld	• heterogenes Werbeumfeld • homogenes Werbeumfeld

Die Versuchsgruppen wurden derart zusammengestellt, daß die Gruppen für die einzelnen Bedingungen immer für eine andere Fragestellung relevante Konstellationen der Variablen enthalten.[224] Dies beeinflußt das Ergebnis nicht

---

[224]   Die experimentellen Variablen wurden eingeführt, um das experimentelle Design der Untersuchungsvariablen auf ein 2x2x2-faktorielles Design reduzieren zu können. Es werden dadurch nur noch acht verschiedene Versionen, anstelle der sonst notwendigen zwölf, zur Untersuchung der postulierten Hypothesen benötigt. Beispiels-

nachteilig, ermöglicht es aber, die einzelnen Versionen zusammenzufassen und somit als Kontrollversion für die einzelnen Testversionen zu gebrauchen.[225] *Abbildung 4* zeigt die acht Versionen im Überblick.

Als gegensätzliche Spots wurde eine Werbung für das Hundefutter *Frolic* und der dazugehörige Trailer, der Werbung für das Parfum *Tocade* mit einem selbstproduzierten Trailer (aus dem Material des Werbespots) gegenübergestellt. Im Fall des Frolic-Experimentalspots wurden als ähnliche Spots drei weitere Hundefutter-Spots ausgewählt. Die Ähnlichkeit der Spots war sowohl auf der Produktebene als auch auf der inhaltlichen Ebene gegeben. Die Spots waren namentlich: *Pedigree Pal, Chappi* und *Cesar*-Hundefutter. Im Fall des Tocade-Experimentalspots wurden als ähnliche Umfeldspots drei weitere Parfumwerbungen für Damenparfum ausgewählt. Auch hier ähneln sich Produkte und die Aufmachung der Werbespots, in deren Mittelpunkt schöne Frauen stehen, die sich begeistert von dem jeweiligen Duft zeigen. Die Spots waren namentlich: *Laura* von Laura Biagiotti, *Feature* von Jade und *Tosca* von 4711.

Der Werbeblock enthielt in jeder Version acht Werbespots, wovon einer der Experimentalspot (Frolic oder Tocade) war und drei weitere aus Umfeldspots (weitere Parfum- oder Hundefutterwerbung) bestanden. Die Experimentalversionen wurden um weitere Spots ergänzt, die für alle Versionen gleich waren. Es handelte sich um den Spülmaschinenreiniger *Somat Supra, Deutsche Bank*, die Schokolade *Merci* und *Eduscho Morgenduft*-Kaffee. Diese wurden in allen Versionen an die erste, dritte, fünfte und achte Stelle im Werbeblock gestellt.

---

weise werden Versionen, in denen Frolic als Trailer geschaltet ist, für Tocade zu neutralen Versionen, in denen "nur" der Tocade Spot geschaltet ist. Die Versionen können so doppelt verwendet werden. Eine zusätzliche Kontrollgruppe ist nicht notwendig.

[225] Mit der beschriebenen Untersuchungsanlage können nur die Hypothesen 1-3 eindeutig kausal überprüft werden. Die Variablen der Thesen werden wegen der Komplexität des experimentellen Designs nur einfach variiert. Die Aussagekraft wird dadurch geschwächt, da die Ergebnisse nicht eindeutig auf die experimentelle Bedingung zurückgeführt werden können.

Abbildung 4: **Experimentaldesign: Sponsoring**

Trailer	Film Teil 1	A	B	C	D	E	F	G	H	Film Teil 2
1 *Frolic*		Somat Supra	Laura-Parfum	Dt. Bank	*Tocade*	Merci	Feature	Tosca	Eduscho	
2 *Tocade*		Somat Supra	Laura-Parfum	Dt. Bank	*Tocade*	Merci	Feature	Tosca	Eduscho	
3 *Frolic*		Somat Supra	Laura-Parfum	Dt. Bank	*Frolic*	Merci	Feature	Tosca	Eduscho	
4 *Tocade*		Somat Supra	Laura-Parfum	Dt. Bank	*Frolic*	Merci	Feature	Tosca	Eduscho	
5 *Frolic*		Somat Supra	Pal	Dt. Bank	*Frolic*	Merci	Chappi	Cesar	Eduscho	
6 *Tocade*		Somat Supra	Pal	Dt. Bank	*Frolic*	Merci	Chappi	Cesar	Eduscho	
7 *Frolic*		Somat Supra	Pal	Dt. Bank	*Tocade*	Merci	Chappi	Cesar	Eduscho	
8 *Tocade*		Somat Supra	Pal	Dt. Bank	*Tocade*	Merci	Chappi	Cesar	Eduscho	

Anmerkung: Die Experimentalspots befinden sich auf der Position D, die dem Experimentalspot ähnlichen Spots auf den Positionen B, F und G.

Als Experimentalfilm wurde eine Sendung aus der Reihe Expeditionen ins Tierreich mit dem Thema der Aufzucht von Jungfüchsen, Eulen und Spechten gewählt. Grund dafür war der inhaltliche Zusammenhang zwischen Hundefutter und Tierfilm und eine augenscheinlich unpassende Beziehung zwischen dem gewählten Parfum und dem Tierfilm. Im Rahmen eines Pretests wurde die Eignung des Stimulusmaterials geprüft. Im wesentlichen ging es darum, zu belegen, ob der eine Experimentalspot zum ausgewählten Film paßt, der andere nicht. Die Beurteilung der Korrespondenz von Spot und Trailer durch die Antworten auf die Indikatorfrage war eindeutig: Alle Versuchs-teilnehmer des Pretests (n=17) wählten Frolic als den passenderen Sponsor aus. Aus dem oben erläuterten 2x2x2-faktoriellen Design und der Überprüfung der Experimentalspots ergaben sich systematisch acht Versuchsgruppen. Frolic und Tocade wurden als passende bzw. unpassende Werbetrailer einmal mit dem entsprechenden Testspot und einmal mit dem konträren Spot kombiniert. Dadurch ließ sich die Wirkung des Werbespots allein, die Wirkung des Trailers allein und die Wirkung des Werbemix (Kombination Spot + Trailer) testen. In einem zweiten Schritt wurde jede der Versionen in die für Tocade bzw. die für Frolic ähnlichen Umfeldspots integriert. Diese befinden sich an den Positionen 2, 6 und 7. Eingerahmt werden alle Versionen von neutralen Werbespots. Um die Künstlichkeit der Laboruntersuchung zu reduzieren, wurde der Experimen-talfilm so geschnitten, daß er nicht artifiziell erschien. Er dauerte insgesamt neuneinhalb Minuten, der Werbeblock ca. vier Minuten. Dadurch wurde die Aufmerksamkeit primär auf den Film gelenkt.

6.5.2 Meßinstrument

Um die Werbewirkung zu messen, wurde die *freie Erinnerung* an die im Werbeblock geschalteten Marken (freie Spot-Erinnerung), die Erinnerung an den Trailer sowie die freie und gestützte Detailerinnerung verwendet: Neben der freien Spot-Erinnerung wurde erfragt, welche Werbung den Versuchs-teilnehmern am ehesten aufgefallen war. Im Sinne der Hypothesen wurde hier eine besondere Aufmerksamkeitslenkung durch die Position des Sponsoring-trailers erwartet. Eine weitere Erinnerungsfrage bezog sich direkt auf den

Trailer. Der Versuchsperson wurde insofern eine Hilfestellung gegeben, als sie darauf hingewiesen wurde, daß es einen Trailer gab, den sie benennen sollte. Es ist anzunehmen, daß durch die Hilfestellung der direkten Nachfrage im Vergleich zur freien Spot-Erinnerung kognitive Prozesse ausgelöst werden, die die Erinnerung stützen oder zumindest leiten. Im folgenden wird diese Variable als *Trailer-Erinnerung* bezeichnet. In der *freien Detailerinnerung* sollte frei beschrieben werden, was in dem Trailer zu sehen war. Um latente Gedächtnisinhalte abzufragen, wurde in einer weiteren Frage nach der Erinnerung an Inhalte der Werbespots gefragt. Hierzu wurde die *Wiedererkennung* verwendet. Den Versuchsteilnehmern wurden sowohl richtige als auch falsche Details präsentiert, aus denen sie die tatsächlich im Werbespot vorgekommenen Elemente erkennen mußten [226]

6.6   Ergebnisse

An der Untersuchung nahmen 157 Versuchsteilnehmer teil, von denen 88 männlich und 69 weiblich waren. Es handelte sich in 94 Prozent der Fälle um Studenten. Das durchschnittliche Alter betrug 24 Jahre, die Streubreite lag zwischen 17 und 33 Jahren.

6.6.1   Ungestützte Erinnerung an Trailer, Spot und Kombination

Wie *Tabelle 36* zeigt, wird die Marke Frolic im Vergleich zu einem klassischen Werbespot etwas besser erinnert, wenn die Befragten einen Frolic-Trailer sahen. Bei Tocade war es umgekehrt. Die Befragten erinnerten das Parfum häufiger, wenn sie den Spot sahen. Die Unterschiede sind allerdings statistisch nicht bedeutsam. Hypothese 1 muß also zurückgewiesen werden. Trailer für ein Produkt bewirken keine signifikant höheren Erinnerungsleistungen als Werbespots, d.h. Trailer und Spots haben ähnliche Wirkungen auf die freie Erinnerung. Die Kürze des Trailers und seine exponierte Stellung heben sich in

---

[226]   Vgl. MAYER, H., DÄUMER, U. und H. RÜHLE (1982) S.73.

ihren fördernden und behindernden Wirkungen gegenseitig auf. Die tendenziell bessere Erinnerung an den Frolic-Trailer kann als Hinweis darauf gedeutet werden, daß die Wirkung von Sponsoring-*Trailern* offensichtlich durch ein passendes Programmumfeld, ein Tierfilm, katalysiert werden kann. Dies wird weiter unten noch näher erläutert.

Die Kombination von Trailer und Spot wird in beiden Fällen deutlich besser erinnert als die Einzelschaltung. Hypothese 2 kann somit als bestätigt gelten.

Tabelle 36:   **Freie Erinnerung an Frolic/Tocade**

	nur Trailer % (n=78)	nur Spot % (n=78)	Trailer und Spot % (n=79)	p
Frolic	67,6 [b]	46,3 [a]	84,2 [b]	<.01
Tocade	24,4 [a]	29,7 [a]	63,4 [b]	<.001

Mittelwerte ohne gemeinsamen Kennbuchstaben unterscheiden sich signifikant auf 5%-Niveau nach dem Duncan-Test für Mittelwertunterschiede.

Die Erinnerung an Frolic ist insgesamt signifikant[227] besser als an Tocade. Dies bestätigt zunächst die erste These, da Frolic besser zum Tierfilm paßt. Naheliegende Ursache könnte aber auch die größere Bekanntheit von Frolic sein. Tocade war zum Zeitpunkt der Untersuchung noch nicht besonders lange auf dem Markt, Frolic dagegen ein schon gut eingeführtes Produkt. Dafür spricht auch die Erinnerung an alle anderen Spots, deren Erinnerungswert im Durchschnitt bei 57 Prozent liegt. Die Werte für Frolic liegen darüber, für Tocade deutlich darunter. Man könnte vermuten, daß bei bekannten Marken die Erinnerung eher durch einen Sponsor-Trailer gefördert werden kann, bei wenig bekannten Marken eher durch einen (ausführlichen) Werbespot. Letztlich kann

---

[227] $\chi^2=12,62$, p<.01

dies allerdings nicht entschieden werden, weil Tocade und Frolic sich nicht nur in ihrer Bekanntheit, sondern auch in anderen Merkmalen unterscheiden.

Im Hinblick auf die reine Spot-Erinnerung spielt es bei Tocade für die Wirkung von Trailer und Spot keine Rolle, ob sie in einem homogenen oder heterogenen Spotumfeld gezeigt werden. Es ergibt sich kein Unterschied in der Erinnerungsleistung *(Tabelle 37)*. Hypothese 3 muß für die freie Spot-Erinnerung verworfen werden. In beiden Produktumfeldern bleibt die bessere Wirkung der Spotkombination gegenüber der Einzelschaltung von Spot oder Trailer erhalten. Obwohl nicht signifikant, zeichnet sich eine Wirkung des Umfeldes besonders mit der Kombination von Spot *und* Trailer ab: Die Erinnerung ist im homogenen Werbeumfeld nicht wie angenommen schlechter, sondern besser.[228]

Tabelle 37:   **Freie Erinnerung an Tocade**
              Interaktionseffekte von Werbeform und Spotumfeld

	Trailer % (n=41)	Spot % (n=37)	Trailer & Spot % (n=41)	p
Hundefutter-Umfeld	23,8 [a]	30,0 [ab]	57,1 [b]	<.01
Parfum-Umfeld	25,0 [a]	29,4 [a]	70,0 [b]	<.01

Interaktionseffekt: n.s.
Mittelwerte ohne gemeinsamen Kennbuchstaben unterscheiden sich signifikant auf dem 5%-Niveau nach dem Duncan-Test für Mittelwertunterschiede.

Bei Frolic kann man eine deutliche Auswirkung des Produktumfeldes auf die freie Spot-Erinnerung erkennen *(Tabelle 38)*. Die Erinnerung an den Spot ist im homogenen Umfeld signifikant höher (66 Prozent gegenüber 25 Prozent im Parfum-Spot-Umfeld). Hypothese 3 wurde demnach auch für Frolic nicht

---

[228]   Vgl. auch die ähnlichen Befunde aus Kapitel 4.

bestätigt: Die freie Erinnerung wird im homogenen Produkt-Umfeld nicht gehemmt, sondern - ganz im Gegenteil - sogar gefördert.

Tabelle 38: **Freie Erinnerung an Frolic:**
Interaktionseffekte von Werbeform und Spotumfeld

	Trailer % (n=37)	Spot % (n=41)	Trailer & Spot % (n=38)	p
Hundefutter-Umfeld	65,0	66,7	84,2	n.s.
Parfum-Umfeld	70,6 [b]	25,0 [a]	84,2 [b]	<.01

Interaktionseffekt: $F=3,37$; $p<.05$.
Mittelwerte ohne gemeinsamen Kennbuchstaben unterscheiden sich signifikant auf dem 5%-Niveau nach dem Duncan-Test für Mittelwertunterschiede.

Aufgrund der zweiten von uns formulierten These müßte man erwarten, daß die unterschiedliche Gestaltung von Trailer und Spot im Falle von Frolic zu einer schlechteren Erinnerung, die homogene Gestaltung von Trailer und Spot im Falle von Tocade dagegen bessere Erinnerungsleistungen bewirken. Obwohl das Untersuchungsdesign keine schlüssige Überprüfung zuläßt, läßt sich diese Erwartung zunächst nicht bestätigen. Im Gegenteil: Frolic wird sowohl im homogenen als auch im heterogenen Produktumfeld in der Kombination von Spot und Trailer *besser* erinnert als bei Einzelschaltungen. Tocade wird erwartungsgemäß in der Trailer-Spot-Kombination in beiden Umfeldern besser erinnert. Dabei hat die Kombination von Spot und Trailer bei Frolic sogar einen stärkeren Effekt als bei Tocade, was möglicherweise auf die unterschiedliche Bekanntheit oder die inhaltliche Gestaltung zurückgeführt werden kann. Die Ergebnisse zeigen aber deutlich die Richtung innerhalb der beiden Test-werbungen: Beide werden in den Kombinationen deutlich besser erinnert.

Aus den Befunden der freien Erinnerung lassen sich zwei Schlußfolgerungen ableiten:

1. Die Kombination aus Trailer und Spot wirkt offensichtlich am stärksten. Die Erinnerungsleistung ist am höchsten, egal ob das Produkt besonders bekannt, Trailer und Spot gleich bzw. verschieden oder das Umfeld homogen respektive heterogen ist.[229]

2. Ein homogenes Werbe-Produkt-Umfeld hemmt die Spot-Erinnerung nicht. Zusätzliche Spots zu ähnlichen Produkten scheinen eine Art „erinnerungsleitende Funktion" zu haben, die die Erinnerungsleistung eher verbessern als verschlechtern.[230]

6.6.2 Trailer-Erinnerung

Anders sehen die Erinnerungsleistungen aus, wenn direkt nach dem Trailer gefragt wird. Dies ist darauf zurückzuführen, daß die Rezipienten sich in der freien Erinnerung zwar an das Produkt erinnern können, aber nicht in jedem Fall zuordnen können, ob es sich um einen Sponsorhinweis oder einen normalen Werbespot gehandelt hat. Fragt man nach dem Trailer (also dem Sponsor der Sendung), zeigt sich nur für Tocade eine signifikant bessere Wirkung der Kombination von Trailer *und* Spot im Vergleich zur Einzelschaltung des Trailers.

Frolic hingegen wird dann als Sponsor besser erinnert, wenn im eingeschnittenen Werbeblock *kein* zusätzlicher Frolic-Spot geschaltet wird. Die einzig plausible Erklärung für diesen Unterschied muß im Zusammenspiel von Trailer und Spot zu suchen sein. Zur Erinnerung: Der Tocade-Trailer war lediglich eine Kurzfassung des Tocade-Werbespots, der Frolic-Trailer inhaltlich vom Frolic-Werbespot verschieden. Trailer und Spot könnten bei Frolic deshalb schlechter erinnert worden sein, weil bei der direkten Nachfrage nach dem

---

[229] Vgl. hierzu auch die ähnlichen Ergebnisse zur Wirkung von Tandemspots in Kapitel 5.

[230] Vgl. hierzu auch die ähnlichen Ergebnisse zu den Ausstrahlungseffekten ähnlicher Spots in Kapitel 4.

Sponsor die zusätzlichen andersgearteten Informationen aus dem Spot durch die Rezipienten nicht deutlich zugeordnet werden können. Sie wissen nicht mehr, ob Frolic nun Sponsor war oder einen Spot geschaltet hatte. Bei Tocade dagegen wirkt der zusätzlich geschaltete Spot wie ein Reminder[231]: Die mehrmalige Präsentation derselben Informationen verbessert die Erinnerung.

6.6.3 Auffälligkeit von Sponsorhinweis und Werbespot

Wie *Tabelle 39* deutlich zeigt, fällt die Kombination aus Spot und Trailer besonders auf. Sowohl Frolic als auch Tocade werden in dieser Version um ein Vielfaches häufiger genannt. Weder der Trailer noch der Spot allein bewirken demgegenüber eine nennenswerte Auffälligkeit eines der beiden Experimentalspots. Die Befragten nennen dann meistens einen anderen der Spots als besonders auffällig. Ein Einfluß des Programmumfeldes auf die Auffälligkeit von Sponsor oder Spot konnte nicht festgestellt werden. Das Umfeld hat offensichtlich auf die besondere Auffälligkeit eines Spots, im Gegensatz zur freien Erinnerung, keinen Einfluß.[232]

Tabelle 39: **Auffälligkeit von Sponsorhinweis und Werbespot**

	Trailer % (n=78)	Spot % (n=78)	Trailer und Spot % (n=78)	p
Frolic	2,7 [a]	4,9 [a]	23,7 [b]	<.01
Tocade	4,9 [a]	0,0 [a]	17,1 [b]	<.05

Mittelwerte ohne gemeinsamen Kennbuchstaben unterscheiden sich signifikant auf dem 5%-Niveau nach dem Duncan-Test für Mittelwertunterschiede.

---

[231] Vgl. FAHR, A. (1995) S. 114 und Kapitel 5 in diesem Buch.
[232] Haupteffekt Umfeld n.s.

Betrachtet man aber die Gründe für die Auffälligkeit von Tocade, so sagen 44 Prozent der Personen, weil „der Spot zweimal geschaltet war". Tocade fällt also erstens hauptsächlich in solchen Versionen auf, wo es doppelt, nämlich einmal als Trailer und einmal als Werbespot geschaltet ist und wird von den Versuchsteilnehmern zweitens auch als Doppelschaltung wahrgenommen. Die gestalterischen Merkmale sind in diesem Fall also nicht verantwortlich für die besondere Auffälligkeit.

Analysiert man die Begründungen der Versuchsteilnehmer, warum Ihnen Frolic besonders aufgefallen ist (was hauptsächlich in den Versionen der Kombination von Spot und Trailer der Fall war), so ergibt sich ein anderes Muster als bei Tocade: Kein Versuchsteilnehmer nennt die doppelte Präsentation des Spots als Grund. Vielmehr werden hier inhaltliche oder gestalterische Gründe angegeben. Die Versuchsteilnehmer glauben, Ihnen sei die Frolic-Werbung aufgefallen, weil sie „lustig", „originell" oder „goldig" war, manche fanden sie auch „übertrieben". Einigen ist Frolic in Erinnerung geblieben, weil es „der erste Spot war" (sie meinen also den Sponsortrailer), den sie gesehen haben.[233]

Obwohl Frolic ebenso wie Tocade besonders in den Versionen auffiel, in denen sie zweimal vertreten waren, scheint den Rezipienten dieser Sachverhalt nur bei Tocade ein Grund für die Auffälligkeit zu sein. Bei Frolic nennt keiner der Versuchsteilnehmer als Grund für das Auffallen das zweimalige Vorhandensein des Frolic-Spots. Dieser Sachverhalt legt den Schluß nahe, daß die Doppelschaltung den Versuchsteilnehmern kaum bewußt wird, ihnen das Produkt aber trotzdem besonders auffällt. Grund dafür ist die unterschiedliche Gestaltung von Spot und Trailer. Es werden nicht wie bei Tocade dieselben visuellen und akustischen Informationen noch einmal präsentiert, sondern andere Bilder mit derselben Aussage. Zusammenfassend läßt sich zu den zwei Folgerungen von Seite 155 eine weitere ableiten:

3. Die Kombination von Trailer und Spot ist für die Versuchspersonen besonders auffällig. Enthalten Trailer und Spot dieselben Elemente, wird der

---

[233] Vgl. MAYER, H., DÄUMER, U. und H. RÜHLE (1982) S. 73.

Spot quasi als Reminder eingesetzt, so wird den Rezipienten die zweimalige Schaltung bewußt. Scheinbar bleibt das zweimalige Vorhandensein eines Werbespots dann unbewußt, wenn sich Trailer und Spot in den gestalterischen Merkmalen unterscheiden. Die Wirkung allerdings wird dadurch nicht beeinträchtigt. Womöglich kann auf diese Weise der Werbedruck durch Schaltung unterschiedlich gestalteter Spots (Trailer) für das gleiche Produkt erhöht werden, ohne Reaktanz zu erzeugen. Der Rezipient merkt weniger schnell, daß er durch vermehrte Werbung beeinflußt werden soll und baut im Sinne der Reaktanztheorie keine Abwehr gegen die Wirkung auf. Zumindest aber führt er das besondere Auffallen des Produktes nicht explizit auf das mehrfache Vorhandensein der Werbung zurück, was bei Tocade - wenn genau derselbe Spot zweimal vorhanden ist - der Fall ist.

6.6.4 Detailerinnerung

Die ungestützte Detailerinnerung ist in der Trailer-Spot-Kombination nur bei Tocade besser, bei Frolic hingegen schlechter *(Tabelle 40)*.

Tabelle 40: **Ungestützte Detailerinnerung an Frolic und Tocade**

	Trailer % (n=78)	Trailer und Spot % (n=78)	p
Frolic	1,3	0,7	<.05
Tocade	1,4	2,8	<.001

Mittelwerte unterscheiden sich signifikant auf dem 5-Prozent-Niveau nach dem t-Test für unabhängige Stichproben.

Bei Frolic handelt es sich - wie oben bereits gesagt - bei Spot und Trailer nicht um dieselben Detailinformationen. Zwar wurde dasselbe Produkt beworben, jedoch nicht mit genau den gleichen Elementen. So ist es nicht verwunderlich, daß die zusätzlichen Informationen, in einem anderen Spot des gleichen Produktes präsentiert, die Detailverarbeitung des Rezipienten stören. Bei Tocade dagegen wurden dieselben Informationen zweimal präsentiert. Dadurch trat bei Tocade auch bei der Detailerinnerung eine Verstärkung durch eine Art „Reminderwirkung" ein, während die zusätzlichen Informationen des Frolic-Spots die Erinnerung hemmten. Zusätzliche andersgeartete Spots mit demselbem Produktnamen hemmen also die freie *Detail*erinnerung.

Gemäß Hypothese 3 wurde eine bessere Detailerinnerung an den Trailer im jeweils heterogenen Werbeumfeld erwartet. Lediglich bei Tocade läßt sich eine schwache Richtung der besseren Detailerinnerung in dem Werbeumfeld erkennen, in dem hauptsächlich Hundefutterspots geschaltet waren (heterogenes Werbeumfeld). In der Interaktion tritt dieser Effekt deutlicher auf (*Tabelle. 41*).

Tabelle 41:   **Freie Detail-Erinnerung an Frolic/Tocade**

	Frolic MW (n=75)	**Tocade** MW (n=82)	**Haupteffekt Umfeld** MW (n=175)
Hundefutter-Umfeld	1,1	2,5	1,8
Parfum-Umfeld	0,9	2,1	1,5

n.s.

Auf der Ebene der Detailerinnerung gelten folglich andere Wirkweisen als auf der globalen Erinnerungsebene (freie Spot-Erinnerung). So werden für Frolic entgegen der zweiten Hypothese nicht mehr Details erinnert, wenn Spot und Trailer in Kombination geschaltet sind. Im Gegenteil zeigt sich sogar eine Tendenz der besseren Erinnerung an Details, wenn nur der Trailer geschaltet ist.[234] Die im zusätzlichen Werbespot geschalteten anderen Informationen können also zu Überlagerungen beim Rezipienten führen, seine Erinnerungsleistung an die Details sinkt.

Tabelle 42: **Erinnerung an Details des Frolic-Trailers**

	Trailer MW (n=37)	Trailer und Spot MW (n=38)	p
Hundefutter-Umfeld	1,15 [a]	0,95	n.s.
Parfum-Umfeld	1,88 [b]	1,21	n.s.

Mittelwerte ohne gemeinsamen Kennbuchstaben unterscheiden sich signifikant auf dem 5%-Niveau nach dem t-Test für unabhängige Stichproben.

Im homogenen Umfeld ist die Detailerinnerung grundsätzlich schlechter als im heterogenen Umfeld. Da Spot und Trailer bei Frolic unterschiedlich sind, wird die Detailerinnerung bei einer Kombination aus beiden eher gehemmt als gefördert. Die Erinnerung an Details des Frolic-Trailers ist im heterogenen Umfeld besser als im homogenen.

Für *Tocade* lassen sich aufgrund der Schaltung derselben Inhalte in Werbespot und Trailer (der Trailer ist hier die Kurzform des Spots) die Ergebnisse aus den beiden Fragen in *eine* vergleichende Auswertung fassen. Es ergibt sich für Tocade in der gestützten Erinnerung ein klares Bild: Die Detailerinnerung bei Tocade ist deutlich besser, wenn statt eines einzeln geschalteten Trailers oder Spots die Kombination der beiden geschaltet ist. Da im Fall Tocade der Spot dieselben Elemente enthielt und wie ein Reminder die Detailinformationen wiederholte, war die Erinnerung hier am besten.

---

[234] n.s.

Aber auch das Werbeumfeld, in dem der Trailer bzw. Spot geschaltet ist, hat einen deutlichen Einfluß auf die Erinnerung: Wie schon bei Frolic gezeigt, hemmt ein homogenes Werbeumfeld die Detailerinnerung. Zu viele Informationen der gleichen Art strömen auf den Rezipienten ein, er kann sie nicht mehr zuordnen. In einem heterogenen Werbeumfeld dagegen stehen die Informationen des Testspots oder Trailers individuell und werden deshalb besser erinnert, wie *Tabelle 43* zeigt. Daher muß in bezug auf Hypothese 1 gefolgert werden, daß die ausführliche Darstellung in einem Spot die Erinnerung an *Details* positiver beeinflußt als die Schaltung eines Trailers. Hypothese 1 muß daher auch für die Detailerinnerung zurückgewiesen werden.

Tabelle 43: **Gestützte Detailerinnerung an Tocade in unterschiedlichen Umfeldern**

	Trailer MW (n=41)	Spot MW (n=37)	Trailer und Spot MW (n=41)	p
Hundefutter-Umfeld	0,8 [a]	3,0 [b]	4,0 [c]	<.05*
Parfum-Umfeld	1,2 [a]	2,1 [b]	2,4 [b]	n.s.

Mittelwerte ohne gemeinsamen Kennbuchstaben unterscheiden sich signifikant auf dem 5%-Niveau nach dem Duncan-Test für Mittelwertunterschiede.
* F: 34,59

Erklären läßt sich dieser Befund verhältnismäßig gut mit der längeren Präsentationszeit des Spots im Vergleich zum Trailer: Oft waren die Detailinformationen in dem nur fünf Sekunden dauernden Trailer nur Bruchteile von Sekunden zu sehen, während sie in dem mehr als doppelt so langen Werbespot[235] durchgehend präsentiert wurden.

---

[235] Die beiden Trailer dauerten je fünf Sekunden, die dazugehörigen Werbespots waren je zwölf Sekunden lang

Aus den recht eindeutigen Ergebnissen auf der Ebene der gestützten Detailerinnerung ergeben sich ergänzend zu den oben bereits erläuterten zwei weitere
Schlußfolgerungen:

4. Bei der Präsentation zusätzlicher ähnlicher, aber nicht gleicher Informationen, wird die Detailerinnerung gehemmt. Bei der wiederholten Präsentation
derselben Informationen wird sie dagegen gefördert. Das gilt sowohl für
zusätzliche ähnliche Informationen aus dem Werbeumfeld, d.h. das homogene Werbeumfeld (bei Frolic viele andere Hundefutterspots, bei Tocade
andere Parfumspots) als auch für zusätzliche Informationen aus andersgearteten Werbespots derselben Marke (bei Frolic): Beide hemmen die
Erinnerung an die Details des kritischen Spots.

5. Für die freie Spot-Erinnerung reicht die kurze Präsentation eines Trailers.
Für die Detailerinnerung jedoch eignet sich die Schaltung eines Spots besser.
Die Wahl der jeweiligen Werbeform sollte sich also nach den speziellen
Zielvorstellungen des Werbenden richten: Sollen die Details einer Werbung
erinnert werden, so eignet sich ein längerer Werbespot besser, soll haupt-
sächlich die Marke erinnert werden, so ist ein Trailer besser geeignet.

6.7   Zusammenfassung

1. Ein Sponsor-Trailer leistet für die freie Spot-Erinnerung gleiches wie ein
klassischer Werbespot. Unter bestimmten Bedingungen fällt der Trailer
stärker auf als der Werbespot.

2. Die Kombination aus Trailer und Spot hat bei der freien Erinnerung und für
die Auffälligkeit eine entscheidende Wirkung. Die Schaltung eines Werbespots in einer von derselben Marke gesponserten Sendung wirkt deutlich
besser als die Einzelpräsentation von Spot oder Trailer. Für die Detailerinnerung muß ein differenzierteres Bild entworfen werden. Wenn Trailer
und Spot unterschiedliche gestalterische Elemente und damit unterschiedliche Detailinformationen enthalten, behindern sich beide Sets von Details.

Werden dagegen die Details des Trailers im Spot wieder aufgegriffen, verbessert sich die Detailerinnerung.[236]

3. Ein homogenes Werbeumfeld hemmt die freie Spot-Erinnerung nicht. Die zusätzlichen Informationen über ähnliche Produkte scheinen eine Art „erinnerungsleitende Funktion" zu haben, wodurch sich die Rezipienten besser an das Produkt erinnern. Ein homogenes Werbeumfeld mit Konkurrenzprodukten hemmt jedoch die Detailerinnerung. Hier wiederholt sich die aus Kapitel 4 bekannte gegensätzliche Wirkung von Konkurrenzspots. Die Markenerinnerung wird gefördert, Details der einzelnen Spots gehen dagegen eher verloren.

4. Die Kombination aus Trailer und Spot fällt besonders auf. Enthalten Trailer und Spot dieselben Elemente - werden sie quasi als Reminder eingesetzt - so wird dem Rezipienten die zweimalige Schaltung „derselben" Werbung bewußt. Scheinbar bleibt das zweimalige Vorhandensein eines Werbespots dann unbewußt, wenn sich Trailer und Spot in den gestalterischen Merkmalen unterscheiden. Die Wirkung allerdings wird dadurch keinesfalls beeinträchtigt. Möglicherweise kann der Werbedruck durch Schaltung unterschiedlich gestalteter Spots (Trailer) für das gleiche Produkt erhöht werden, ohne Reaktanz zu erzeugen. Der Rezipient merkt weniger schnell, daß er durch vermehrte Werbung beeinflußt werden soll und baut im Sinne der Reaktanztheorie keine Abwehr gegen diese Wirkung auf. Zumindest aber führt er die besondere Auffälligkeit des Produktes nicht explizit auf das mehrfache Vorhandensein der Werbung zurück, was aber der Fall ist, wenn genau derselbe Spot zweimal vorhanden ist.

5. Bei der Präsentation zusätzlicher Informationen, die den Trailerinformationen ähneln, aber nicht gleichen, wird die Detailerinnerung gehemmt. Bei der wiederholten Präsentation derselben Informationen dagegen wird sie gefördert. Das gilt sowohl für zusätzliche ähnliche Informationen aus dem Werbeumfeld (bei Frolic viele andere Hundefutterspots, bei Tocade andere

---

[236] Beachte Überlagerungseffekt laut These 2.

Parfumspots) als auch andersgeartete Werbespots derselben Marke, wie bei Frolic-Spot und Sponsoring-Trailer). Die zusätzlichen Informationen scheinen die Rezipienten zu verwirren bzw. ihnen die Zuordnung zu den jeweiligen Marken zu erschweren. Dies wird auch durch Ergebnisse der Erinnerung an den Trailer bestätigt: Die Versuchsteilnehmer erinnern sich zwar an die Marke, können aber nicht mehr zuordnen, ob diese innerhalb des Werbeblocks oder als Sponsor-Trailer geschaltet war.

Zur Steigerung der freien Erinnerung reicht die kurze Präsentation eines Trailers. Für die Detailerinnerung jedoch eignet sich die Schaltung eines Spots besser. Die Wahl der jeweiligen Werbeform sollte sich also nach den speziellen Zielvorstellungen des Werbenden richten: Sollen die Details einer Werbung erinnert werden, so eignet sich ein längerer Werbespot besser, soll hauptsächlich die Marke erinnert werden, so ist ein Trailer besser geeignet.

7 Wirkungen von Zwischenblenden[237]

7.1 Bedeutung und Funktion von Zwischenblenden

Die vorliegende Studie zeigt, wie schnell sich Werbeformen und damit verbundene Diskussionspunkte verändern können. Zum Zeitpunkt der Durchführung dieser Studie (Januar 1992) wurde die Art der Zwischenblenden heftig diskutiert. Aus Gründen der Zeitersparnis verzichteten damals viele Sender auf die Schaltung von Zwischenblenden, d.h. auf Einblendungen zwischen einzelnen Spots. Die bekanntesten Zwischenblenden waren die kurzen Episoden der Mainzelmännchen im ZDF. Gegen die Zeitersparnis stand damals die mögliche negative Wirkung der Aneinanderschaltung auf die Werbeakzeptanz. Mittlerweile haben aber alle Sender auf die zeitraubenden und damit profitvermindernden Zwischenblenden fast vollständig verzichtet. Auch das ZDF schaltet die Mainzelmännchen nicht mehr nach jedem Spot, obwohl die positive Wirkung der Mainzelmännchen immer wieder betont wurde. Wir haben die Studie dennoch in diesem Rahmen weitgehend unverändert eingebaut, weil ihre Ergebnisse über die konkrete Frage der Wirkung von Zwischenblenden hinaus von Interesse sein können.

Werbetreibende haben in der Regel alle Freiheit, wie sie ihren Werbespot im Fernsehen gestalten wollen. Ergebnisse der Medienwirkungsforschung, der experimentellen Psychologie und der werbeinternen Evaluationsforschung werden genutzt, um in bezug auf die intendierte Wirkung eine optimale Gestaltung der visuellen und verbalen Elemente des Spots zu gewährleisten. Werbeblöcke sind jedoch ein Ensemble von Spots, das wiederum in das laufende Programm eingebettet ist. Daraus ergibt sich, daß die Wirksamkeit eines Spots nicht nur von seiner Gestaltung abhängig ist, sondern auch von

---

237 Dieses Kapitel erschien erstmals in der Zeitschrift Publizistik: BROSIUS, H.-B. und J.HABERMEIER (1993). Die Studie wurde unter Mitarbeit von Claudia Deeg, Axel Nicolai, Berit Paflik und Christina Staab durchgeführt. Vor allem die Realisierung des Versuchsmaterials, die Durchführung und die Datenanalyse profitierte von ihrem tatkräftigen Einsatz.

seiner Position und seinem Umfeld.[238] MAYER und SCHUMANN konnten beispielsweise die in der Lernpsychologie etablierten Primacy- und Recency-Effekte für das Behalten von Spots in Werbeblöcken zeigen: Erste und letzte Spots in einem Block werden mit größerer Wahrscheinlichkeit behalten als mittlere Spots.[239] SOLDOW und PRINCIPE untersuchten Effekte des Programmumfelds auf das Behalten von Werbung. Sie konnten dabei sowohl positive als auch negative Auswirkungen des Umfelds feststellen.[240]

Ein wichtiger Bestandteil des Spotumfeldes sind die sogenannten Zwischenblenden, kurze Inserts zwischen den einzelnen Werbespots. Die verschiedenen Anstalten des öffentlich-rechtlichen und privaten Fernsehens haben für diese Zwischenblenden verschiedene Konzepte realisiert, z.B. kurze Zeichentrickfilme, Computergraphiken, unterschiedlich lange Schwarzblenden. Den Zwischenblenden werden unterschiedliche Funktionen für die Rezeption der Werbespots zugeschrieben, wobei in der Literatur sowohl Vor- als auch Nachteile diskutiert werden.

- *Strukturierungsfunktion.* Die ursprüngliche Funktion der Zwischenblenden war, eine Trennung von Programm und Werbung zu gewährleisten. Damit eng verbunden war wahrscheinlich der Versuch, dem Zuschauer zu helfen, den Werbeblock für sich zu strukturieren und dadurch die einzelnen Werbespots voneinander unterscheidbar zu machen. KRAUSS spricht in diesem Zusammenhang auch von der Neutralisierung der emotionalen Spannung, die durch die einzelnen Spots aufgebaut wurde.[241] Durch diese Strukturierungsfunktion soll die Behaltensleistung für die einzelnen Spots ansteigen.
- *Identifikationsfunktion.* Eine Nebenfolge eines über Jahre gleichbleibenden Einsatzes von bestimmten Zwischenblenden ist die Erkennbarkeit des entsprechenden Senders. Dieser positive Effekt von Zwischenblenden wird

---

[238] Eine Übersicht über mögliche Kontexteffekte findet sich zum Beispiel bei SCHENK, M., DONNERSTAG, J. und J. HÖFLICH (1990).

[239] Vgl. MAYER, H. und G. SCHUHMANN (1979/2) S. 143-161.

[240] Vgl. SOLDOW, G.F. und V. PRINCIPE (1981) S. 59-66.

[241] Vgl. KRAUSS, W. (1982) S. 67.

vielfach im Zusammenhang mit dem an sich negativen „Mainzelmänn-cheneffekt" aufgeführt.[242]

- *Attraktivitätsfunktion.* Das Zuschauerinteresse an dem Werbeblock soll durch interessante Zwischenblenden, wie z.b. die Mainzelmännchen, gesteigert werden, so daß der Werbeblock höhere Reichweiten und eine Steigerung der Aufmerksamkeit erzielt.
- *Ablenkungsfunktion.* Gerade attraktive Zwischenblenden, so vermuten z.b. KRAUSS oder STEPHAN & SCHMITT, können von den Werbebotschaften ablenken.[243] Während die bisher vorgestellten Funktionen aus der Sicht der Werbetreibenden und des Senders sämtlich wünschenswert sind, ist eine Ablenkung vermutlich nicht beabsichtigt.

Zwischenblenden sind im Zusammenhang mit dem verschärften Wettbewerb zwischen privaten und öffentlich-rechtlichen Sendern erneut in die Diskussion geraten. Diskutiert wird vor allem der ökonomische Aspekt von Zwischenblenden.[244] Durch den Verzicht auf Zwischenblenden kann in einem Werbeblock festgelegter Länge möglicherweise noch ein zusätzlicher Spot eingebaut werden, der den Ertrag für den Sender natürlich erhöht. Dies ist wirtschaftlich aber nur dann zu vertreten, wenn sich durch den nahtlosen Übergang keine Einbrüche im Behalten oder der Akzeptanz des Werbeblocks ergeben.

7.2 Bisherige Befunde zu Zwischenblenden

Empirisch ist die Wirkung von Zwischenblenden einige Male untersucht worden. Dabei wurden jeweils die gleichen Werbespots zu Blöcken zusammengestellt, die verschiedene Arten von Zwischenblenden hatten. Es sollen hier vier Studien vorgestellt werden, die ersten beiden aus dem Umfeld der Fernsehanstalten, die beiden anderen aus dem universitären Umfeld.

---

[242] Vgl. LOESCH, G. (1981) S. 470-475; KRAUSS, W. (1982); TROMMSDORFF, V. (1982) S. 59-61.

[243] Vgl. KRAUSS, W. (1982); STEPHAN, E. und W.W. SCHMITT (1989).

[244] Vgl. STEGMAIER, P. (1991) S. 12-14.

Relativ regelmäßig hat das ZDF die Wirkung seiner Mainzelmännchen untersuchen lassen. Innerhalb der vergangenen elf Jahre wurden drei Experimente zur Wirkung der Mainzelmännchen durchgeführt. In der aktuellsten Studie von 1990[245] wurden zwei Versionen eines Werbeblocks (einmal mit Mainzelmännchen, einmal mit Schwarzblenden) je 200 Erwachsenen einzeln gezeigt und anschließend von diesen anhand eines standardisierten Fragebogens bewertet. Die Ergebnisse zeigten kaum Unterschiede zwischen beiden Versionen, was das Behalten und die Bewertung des Werbeblocks angeht. Der einzige Unterschied bestand darin, daß die Werbeblöcke mit Mainzelmännchen als unterhaltsamer beurteilt wurden.

Die Gesellschaft für Marketingforschung InfoTeam führte 1991 im Auftrag von PRO SIEBEN ein Experiment zur Wirkung unterschiedlicher Schwarzblendenlängen durch.[246] In der einen Version trennten Schwarzblenden üblicher Länge die Spots, in einer weiteren wurden die Schwarzblenden verkürzt, während in der dritten Version jeder Übergang fehlte, die Spots also unmittelbar ineinander übergingen. Anschließend wurde die Erinnerung der insgesamt 150 Versuchspersonen an die einzelnen Spots sowie die Akzeptanz des jeweiligen Übergangs gemessen. Die Ergebnisse zeigten, daß die Rezipienten des Blocks ohne Übergänge die einzelnen Spots besser erinnerten als die Personen, die den Block mit den kurzen Schwarzblenden gesehen hatten. Die schlechteste Erinnerungsleistung erbrachten die Zuschauer der üblichen Schwarzblenden-Version. Wenngleich die Unterschiede nicht signifikant waren, nahm also die Erinnerungsleistung mit zunehmender Länge des Übergangs tendenziell ab. Dies scheint unter dem Gesichtspunkt der Zeitersparnis für einen Verzicht jeglicher Zwischenblenden zu sprechen. Die Brauchbarkeit der Untersuchung ist jedoch dadurch eingeschränkt, daß der Vergleich mit „klassischen" Zwischenblenden wie Computergraphik oder kurzen Trickfilmen fehlte. Die Funktionen der Identifikation mit dem Sender oder der Steigerung des Zuschauerinteresses waren bei dieser Form des Übergangs natürlich nicht überprüfbar.

---

[245] Vgl. ZDF Werbefernsehen (1991).
[246] Vgl. STEGMAIER, P. (1991).

KRAUSS untersuchte die Wirkung verschiedener Zwischenblenden in zwei Experimenten.[247] Im ersten Experiment war die unabhängige Variable die potentielle Aktivierung der Zwischenblenden (ihr Abwechslungsreichtum), im zweiten Experiment die Konkretheit der Zwischenblenden (und damit ihre Ähnlichkeit mit den Werbespots). In den Experimenten mit 165 überwiegend männlichen Versuchspersonen aus dem studentischen Umfeld wurden folgende fünf Bedingungen variiert: Werbeblock mit 9 Spots ohne Übergänge (keine Zwischenblenden), Werbeblock mit Schwarzblenden (Zwischenblenden ohne Inhalt), Werbeblock mit Computergraphik (Zwischenblenden mit abstraktem Inhalt), Werbeblock mit Mainzelmännchen (Zwischenblenden mit konkretem bildlichen Inhalt) und Werbeblock mit „Affe und Pferd" (Zwischenblenden mit konkretem bildlichen und sprachlichen Inhalt). Als abhängige Variablen wurden die freie Erinnerung an die Spots, die Wiedererkennung sowie die Akzeptanz des Werbeblocks erhoben.

Die Hypothese, daß abwechslungsreiche Zwischenblenden (Mainzelmännchen und Affe/Pferd) das Aktivierungsniveau heben und damit die Erinnerung an die folgenden Spots fördern, konnte ebensowenig bestätigt werden wie die Hypothese, daß sie die Erinnerung an vorangegangene Spots hemmen. Der Autor folgert, daß der Anstieg der Aktivierung zu gering war, um die Erinnerung der benachbarten Werbespots zu beeinflussen. Im zweiten Experiment konnte jedoch ein starker negativer Einfluß der Konkretheit von Zwischenblenden nachgewiesen werden: Die Erinnerung an bildliche wie sprachliche Inhalte der Werbespots war bei den Rezipienten der Computergraphik-Version signifikant höher als bei den Personen, die eine der Versionen mit Trickfilmcharakter gesehen hatten. KRAUSS' Hypothese, daß die Behaltensleistung mit zunehmender Konkretheit der Zwischenblenden abnimmt, konnte also bestätigt werden. KRAUSS führt diese negative Wirkung konkreter Zwischenblenden auf ihre größere Ähnlichkeit mit den Werbespots zurück. Dadurch können die Spots nicht mehr so leicht diskriminiert werden. Die zeitliche Länge der Zwischenblenden ist nach dieser Untersuchung ohne

---

[247] Vgl. KRAUSS, W. (1982).

Einfluß auf die Erinnerung. Zwischen der Schwarzblenden-Version und der Version mit nahtlosem Übergang zeigten sich keine Unterschiede.

Der ablenkenden Wirkung konkreter Zwischenblenden auf die Erinnerung stehen positive Wirkungen auf die Akzeptanz des Werbeblocks insgesamt gegenüber. Die Rezipienten beurteilten den Werbeblock mit Trickfilm-Einlagen insgesamt positiver als den gleichen Block mit Computergraphiken oder Schwarzblenden. Der negative Effekt der Schwarzblenden war hier stärker. Computergraphiken wirken sich in jeder Hinsicht neutral aus. Weder hemmen sie die Erinnerung an die Werbespots noch steigern sie die Attraktivität der Werbeblöcke. Die Untersuchung stieß auf heftige Kritik[248]; vor allem die Untersuchungen des ZDF waren vermutlich auch dadurch motiviert, den negativen Einfluß der Mainzelmännchen auf das Behalten, der in der Studie gezeigt wurde, zu widerlegen.

In einer Replikation der Studie von KRAUSS haben STEPHAN und SCHMITT die Wirkung verschiedener Zwischenblenden in Werbeblöcken auf die Verarbeitung der Spots untersucht.[249] Als Zwischenblenden setzten sie die Mainzelmännchen, milde erotische Szenen, Computergraphiken und Schwarzblenden in einen Werbeblock mit neun jeweils identischen Spots ein. Da die drei anderen Formen der Mainzelmännchen-Version angepaßt wurden, blieb die Länge der Blöcke konstant. Die vier Versionen wurden vier zufällig verteilten Gruppen (nur die Geschlechterverteilung wurde kontrolliert) à 30 Studenten im Einzelversuch gezeigt. Nach 20minütiger Zwischentätigkeit in Gestalt eines Intelligenztests beantworteten die Versuchspersonen Fragen zur Erinnerung an die Werbespots sowie zur Beurteilung der Zwischenblenden und des Werbeblocks. In der Behaltensleistung konnten keine signifikanten Unterschiede zwischen den einzelnen Versionen festgestellt werden. Weder die Erinnerung an verbale noch die Erinnerung an bildliche Inhalte der Spots wurde nach den Ergebnissen dieser Studie durch eine der Insertformen systematisch beeinflußt. Es zeigten sich jedoch deutliche Unterschiede in der affektiven Wirkung der

---

[248] Vgl LOESCH, G. (1981) S. 470-475; TROMMSDORFF, V. (1982) S. 59-61.
[249] Vgl. STEPHAN, E. und W.W. SCHMITT (1989).

Zwischenblenden. Zwar wurden die Werbeblöcke insgesamt weitgehend übereinstimmend bewertet, die Beurteilung der Zwischenblenden selbst war jedoch unterschiedlich. Den Zuschauern gefielen konkrete Zwischenblenden (also Mainzelmännchen und erotische Inserts) besser als abstrakte (wie Computergraphik oder Schwarzblende). Letztere wurden als länger, weniger interessant und weniger unterhaltsam als die konkreten Zwischenblenden empfunden. Dies kann wiederum als Beleg für die aufmerksamkeits- oder interessesteigernde Wirkung von Zwischenblenden wie Mainzelmännchen oder Erotikszenen interpretiert werden. Da sich die positive Wirkung aber nicht auf die Beurteilung des Werbeblocks selbst übertrug, scheint der auflockernde Effekt nicht besonders stark zu sein.

Relativ wenig haben sich die vorliegenden Untersuchungen mit der konzeptuellen Seite der unterschiedlichen Zwischenspots beschäftigt. In unserer Studie soll gezeigt werden, welche Wirkungen aufgrund dieser Konzepte zu erwarten sind. Die ZDF- und PRO SIEBEN-Studien greifen jeweils nur einzelne Realisierungen von Zwischenblenden heraus. Die Studien von KRAUSS und STEPHAN & SCHMITT sind in dieser Hinsicht zwar umfassender angelegt,[250] die Autoren können ihre Ergebnisse jedoch nicht auf die theoretischen Ausführungen beziehen. Sie führen psychologische Konzepte aus den Bereichen Lernen, Gedächtnis und Erregung an. Mit ihren Daten lassen sich diese Konzepte jedoch nicht schlüssig beweisen oder widerlegen.[251] Die Orientierung an allgemeinen psychologischen Theorien, die in der komplexen Rezeptionssituation nicht überprüfbar sind, verstellt den Blick auf die Art der Wirkung von Zwischenblenden. Wir wollen daher die verschiedenen Arten von Zwischenblenden noch einmal ausführen und Hypothesen über die Art ihrer Wirkung entwickeln.

- keine Zwischenblenden
Nach diesem von PRO SIEBEN bereits praktizierten Konzept werden die einzelnen Spots ohne jede Pause direkt aneinandergeschnitten. Ökonomisch

---

[250] Vgl. KRAUSS, W. (1982); STEPHAN, E. und W.W. SCHMITT (1989).
[251] Vgl. REEVES, B.(1989) S. 191-198.

zweifellos am vorteilhaftesten, birgt diese Methode jedoch die Gefahr, daß zumindest einzelne Teile der Spots, vor allem der Anfang und das Ende, nicht dem eigentlichen Produkt zugeordnet werden. Wir erwarten daher nicht, daß die Marken oder der Spot als Ganzes schlechter erinnert werden, wohl aber, daß die Erinnerung an Details schlechter wird. Da Zwischenblenden nur einen geringen Teil der Werbezeit ausmachen, erwarten wir ebenfalls nicht, daß die Beurteilung des Werbeblocks durch direktes Hintereinanderschneiden wesentlich schlechter wird. Der Werbeblock wird vermutlich zunächst nach den einzelnen Spots und deren Qualität beurteilt werden.

• Schwarzblende
Wenn auch Schwarzblenden suggerieren, daß die Trennung einzelner Spots in den Augen der Rezipienten möglich ist, so zeigen die vorliegenden Ergebnisse, daß sich keine grundlegend anderen Effekte zeigen als bei direktem Schnitt. Wir erwarten also ähnliche Effekte.

• Computergraphik
Computergraphiken können als farbige, geometrische Darstellungen in bewegter Form von etwa zwei bis drei Sekunden, meist ohne akustische Untermalung beschrieben werden. Sie leisten eine deutliche Trennung zwischen den einzelnen Spots, ohne dabei so viel Zeit wie cartoonähnliche Zwischenblenden zu beanspruchen. Ferner lenken sie den Zuschauer, glaubt man den bisherigen Forschungsbefunden, offenbar nicht von den Informationen der Werbeinhalte ab. Auf der anderen Seite sind die untereinander sehr ähnlichen Bewegungsgraphiken relativ langweilig und können daher kaum einen Beitrag zur Auflockerung der Werbung oder gar zur Steigerung der Attraktivität von Werbesendungen leisten. Wir erwarten daher, daß der Werbeblock mit Computergraphik negativer beurteilt wird als Werbeblöcke mit cartoonähnlichen Zwischenblenden. Wir erwarten jedoch keine schlechteren Behaltensleistungen, da die Graphiken nicht ablenken.

• „Mainzelmännchen"
Mainzelmännchen sind die frechen, etwas koboldhaften Zeichentrickfiguren des ZDF-Werbefernsehens. Jede einzelne Zwischenblende ist eine kurze, in

sich geschlossene, mehr oder weniger witzige Szene, in der ein oder mehrere Mainzelmännchen als Akteure auftreten. Die akustische Untermalung beschränkt sich dabei, abgesehen von wenigen Vokabeln (z.B. „guten Abend"), auf handlungsspezifische Geräusche und Ausrufe wie „oh" oder „ah". In den bereits 28 Jahren ihrer Existenz sind die Mainzelmännchen zum allgemein bekannten Charakteristikum des Werbefernsehens aus Mainz geworden. Sie bewirken daher sicher mehr als die meisten anderen Typen von Zwischenblenden eine Identifikation mit dem Sender. Außerdem schaffen sie möglicherweise eine aufgelockerte Atmosphäre und hindern damit den Zuschauer am Abschalten des eher unattraktiven Werbeprogramms. Wir erwarten, daß der Werbeblock interessanter beurteilt wird. Auf der anderen Seite sehen einige Forscher die Gefahr, daß die kurzen Mainzelmännchen-Episoden die Aufmerksamkeit der Rezipienten auf sich ziehen und damit von der zentralen Werbebotschaft ablenken. Eine Verringerung der Behaltensleistung ist nach unserer Ansicht aber nicht zu erwarten, weil die Zwischenblenden in sich geschlossene Episoden sind, nach deren Ende keine Aufmerksamkeit der Rezipienten mehr gebunden ist.

- „Onkel Otto"

Onkel Otto, der Protagonist der Zwischenblenden in der hessischen Fernsehwerbung, hat zunächst ähnliche Qualitäten wie die Mainzelmännchen. Auch hier ist die Handlung nur durch nonverbale Elemente geprägt, die allenfalls durch situationsbezogene Laute wie „oho" unterstützt werden. In den einzelnen Zwischenszenen nimmt der Akteur Onkel Otto jedoch meist Bezug auf das Produkt des vorangegangenen Werbespots und versucht, diesen auf humorvolle Weise zu karikieren. Beispielsweise benutzt nach einer Zahnpastawerbung auch Onkel Otto Zahnpasta. Es entsteht dabei so viel Schaum, daß dadurch Zahnpasta eher ins Lächerliche gezogen wird. Das wiederholte Aufgreifen des Produkts in der jeweils folgenden Zwischenblende könnte - so wahrscheinlich die Intention - die Erinnerung der Zuschauer an den Gegenstand der Werbung stützen. Der karikierende Charakter der Zwischenblenden könnte sich hingegen nachteilig auf die Beurteilung der Produkte auswirken. Neben diesen konzeptspezifischen Effekten besitzt „Onkel Otto" mit Auflockerung, Ablenkungsgefahr und Zeitverbrauch vermutlich ähnliche Vorzüge und Nachteile wie andere Trickfilm-Zwischenblenden.

• „Affe und Pferd"

Die einzelnen Zwischenblenden mit Affe und Pferd, dem Cartoon der SWF- und SDR-Fernsehwerbung, sind oft Bestandteile einer Fortsetzungsgeschichte. Sie fügen sich somit über mehrere Episoden zu einer abgeschlossenen Handlung zusammen. Ein weiteres Charakteristikum, das dieses Konzept von den anderen Trickfilm-Konzepten unterscheidet, sind die Dialoge zwischen den Akteuren. Während die Mainzelmännchen und Onkel Otto stumm sind oder allenfalls einzelne akustische Laute produzieren, führen Affe und Pferd Gespräche in schwäbischer Mundart. Die episodenhafte, verbal gestützte Handlung fordert die Aufmerksamkeit des Rezipienten vermutlich mehr als einzelne „Stummfilm"-Zwischenblenden. Die Gefahr der Ablenkung und der damit verbundenen Einschränkung der Erinnerungsleistung scheint hier also noch stärker zu bestehen. Da die Fortsetzungsgeschichten einen Spannungs- bogen enthalten, kann man vermuten, daß auch zur Präsentation der Werbung selbst noch Aufmerksamkeit der Zuschauer gebunden bleibt. So hält der Verlauf der Geschichte über mehrere Zwischenspots den Zuschauer möglicher- weise davon ab, den Fernsehkonsum während des Werbeprogramms zu unterbrechen oder zu beenden; anders als intendiert könnte jedoch die Zwischenblendengeschichte für den Zuschauer zur Figur werden, während die Werbung selbst zum Grund wird.

7.3 Untersuchung

Die Wirkungen unterschiedlicher Zwischenspots lassen sich am besten in einer experimentellen Anlage überprüfen. Damit realistische Ergebnisse zu erwarten sind, muß das Experiment jedoch so angelegt sein, daß eine natürliche Rezeptionssituation so weit wie möglich nachempfunden wird.

7.3.1 Experimentaldesign

Für die vorliegende Untersuchung haben wir die Wirkung von vier verschiedenen Arten von Zwischenblenden untersucht, „Affe und Pferd" (SWF/SDR regional), „Onkel Otto" (HR regional), Computergraphiken (HR 3) und Schwarzblenden.[252] Zur Erstellung eines Werbeblocks mit insgesamt elf Spots wurden zunächst aus dem Vorabendprogramm etliche Werbespots und die verschiedenen Zwischenblenden aufgezeichnet. Aus den verfügbaren Werbespots wurden elf Spots ausgesucht, die von einer „Onkel-Otto"-Zwischenblende karikiert wurden und elf verschiedene Produktgruppen repräsentierten.[253] Die Reihenfolge der Spots wurde per Zufall festgelegt und war in allen vier Versionen gleich. In der ersten Version wurden zwei fünfteilige Fortsetzungsgeschichten aus „Affe und Pferd" als Zwischenblenden eingeschnitten, in der zweiten Version die karikierenden „Onkel-Otto"-Zwischenblenden, in der dritten Gruppe elf zufällig ausgewählte Computergraphiken und in der vierten Gruppe Schwarzblenden von etwa einer Sechstelsekunde Dauer. Die durchschnittliche Länge der „Affe und Pferd"-Zwischenblenden betrug 5,9 Sekunden, die der „Onkel Otto"-Zwischenblenden 3,5 Sekunden, die Computergraphik dauerte durchschnittlich 3,8 Sekunden.

Der so entstandene Werbeblock wurde in ein Rahmenprogramm eingeschnitten, das ebenfalls in allen vier Gruppen gleich war. Das gesamte Programm bestand aus einer Vorankündigung der Nachrichten in Schlagworten, dem Werbeblock und einer gekürzten Tagesschau-Sendung. Durch diese Einbettung sollte die Aufmerksamkeit der Zuschauer von dem Werbeblock abgelenkt werden und der fortlaufende Charakter des Fernsehkonsums besser simuliert werden, so daß die Rezeptionssituation trotz ihres experimentellen Charakters realistisch war. Durch diese Einbettung war es nicht möglich, Zwischenblenden einzubauen und zu prüfen, die nicht in ARD-Programmen vorkommen, z.B. die Mainzelmännchen.

---

[252] Die "Mainzelmännchen" haben wir nicht untersucht, vgl. die Ausführungen weiter unten.

[253] Es handelte sich dabei in der Reihenfolge um Doppelherz, Odol med3, Wick Formel 44 plus, Esso 100, Cesar, Ariel ultra, Punica, Solac Dampfbügler, Somat 2000, Nivea for men und Jacobs Krönung.

7.3.2 Meßinstrument

Zur Erfassung der Wahrnehmung und Beurteilung der einzelnen Werbespots, des Werbeblocks insgesamt und der Zwischenblenden wurde ein Fragebogen entwickelt, der in zwei Teile geteilt war. Im ersten Teil wurde, nach einigen Ablenkungsfragen zu den Nachrichten, offen nach der Erinnerung an die elf beworbenen Produkte gefragt (freie Spot-Erinnerung). Die Befragten sollten nach Möglichkeit die Marken nennen. Wenn sie sich an diese aber nicht mehr erinnern konnten, sollten sie die Produktgruppe angeben. Im Anschluß an diese Erinnerungsfrage wurden die Versuchspersonen gebeten, anhand mehrerer fünfstufiger bipolarer Antwortskalen den Werbeblock insgesamt zu beurteilen, z.B. als „interessant" vs. „uninteressant".

Zu zwei Werbespots wurden detaillierte Fragen gestellt. Es handelte sich dabei um die beiden Spots, die innerhalb des Spannungsbogens der „Affe und Pferd"-Geschichten vor dem jeweiligen Spannungshöhepunkt der Geschichte lagen. Damit sollte der Ablenkungseffekt der Fortsetzungsgeschichten besonders untersucht werden. Für die beiden Spots (Cesar und Somat 2000) wurde mit Hilfe von Antwortvorgaben nach dem Hauptslogan gefragt und nach bildlichen Elementen, die in den Spots vorkamen (gestützte Detailerinnerung). Im weiteren Verlauf des ersten Fragebogenteils wurde - wiederum mit fünfstufigen bipolaren Skalen - nach der Wahrnehmung der Zwischenblenden selbst gefragt. Zusätzlich wurden Fragen zum Fernsehkonsum, zum Umgang mit Fernsehwerbung und zu soziodemographischen Merkmalen gestellt.

Im zweiten Fragebogenteil wurde eine Liste von 33 Produkten vorgelegt. Die Versuchspersonen sollten ankreuzen, welche Produkte in dem Werbeblock vorkamen (gestützte Erinnerung). Wir haben diesen Fragebogenteil abgetrennt, damit die Vorgabe der Produkte nicht zu Nachbesserungen bei der freien, aktiven Spot-Erinnerung führen konnte. Die Versuchspersonen mußten also den ersten Teil abgeben, bevor sie den zweiten Teil bearbeiten konnten. Die Liste der 33 Produkte enthielt die elf tatsächlich gezeigten Produkte, elf Produkte aus den gleichen Produktgruppen mit anderem Markennamen und elf Produkte aus völlig anderen Produktgruppen.

An dem Experiment nahmen 98 Studenten der Publizistikwissenschaft teil (41 Männer und 57 Frauen), die zum größten Teil im ersten und zweiten Semester waren. Die Studenten wurden in insgesamt acht Gruppen untersucht, so daß jeweils zwei Gruppen eine Version des Werbeblocks sahen. Die Zusammenstellung der Gruppen und die Zuordnung der experimentellen Bedingung erfolgte nach dem Zufallsprinzip. Jede Versuchsgruppe erhielt zu Beginn eine kurze Instruktion. Ihnen wurde mitgeteilt, daß sie einen kurzen Ausschnitt aus dem Vorabendprogramm sehen würden und im Anschluß einige Fragen dazu beantworten sollten. Über das Ziel der Untersuchung wurden sie im Unklaren gelassen. Nach der Rezeption des kompletten Ausschnitts wurde der erste Fragebogenteil verteilt.[254] Die Versuchspersonen wurden gebeten, auf den Fragebogen ein Phantasiewort zu schreiben. Nach der Beantwortung des ersten Teils wurde dieser eingesammelt und der zweite Teil verteilt. Die Versuchspersonen wurden gebeten, das gleiche Phantasiewort aufzuschreiben. Im Anschluß an die Untersuchung wurden die beiden Fragebogenteile anhand der Phantasieworte einander zugeordnet, was in jedem Fall eindeutig möglich war. Vor der eigentlichen Auswertung wurden offene Antworten codiert.

7.4   Ergebnisse

Die Darstellung der Ergebnisse erfolgt in drei Schritten. Zunächst wird die Wahrnehmung der drei Zwischenblenden „Affe und Pferd", „Onkel Otto" und Computergraphik miteinander verglichen. Danach wird der Einfluß der Zwischenblenden auf die Beurteilung des Werbeblocks insgesamt analysiert. Im letzten Schritt wird der Einfluß der Zwischenblenden auf verschiedene Aspekte des Behaltens und Erinnerns untersucht.

---

[254]   Aufgrund der zwischengeschalteten Nachrichtensendung und der Ablenkungsfragen zu den Nachrichten am Beginn des Fragebogens lag der Abstand zwischen der Präsentation des Nachrichtenblocks und den Fragen dazu bei etwa 15 Minuten, so daß Effekte des Kurzzeitgedächtnisses weitgehend ausgeschaltet werden können.

7.4.1 Wahrnehmung der Zwischenblenden

Die Fragen nach der Beurteilung der Zwischenspots wurden in der Version mit der Schwarzblende nicht gestellt. Die folgende Analyse bezieht sich also auf die drei übrigen Versionen. Mit einfachen Varianzanalysen haben wir den Unterschied zwischen den drei Zwischenblenden bei insgesamt sechs Skalen untersucht (vgl. *Tabelle 44*). Die Ergebnisse sind sehr konsistent. Die Zwischenblende „Affe und Pferd" wurde von den Versuchspersonen am besten beurteilt. Sie erschien unterhaltsamer, ansprechender, sympathischer und origineller als die beiden anderen Zwischenblenden. „Affe und Pferd" wurden jedoch auch stärker als ablenkend empfunden.

Tabelle 44: **Wahrnehmung der Zwischenblenden**

	Affe und Pferd MW (n=25)	Onkel Otto MW (n=19)	Computergraphik MW (n=30)	F-Wert
langweilig - unterhaltsam	3,4 [b]	2,4 [a]	1,8 [a]	11,41
nicht ansprechend - ansprechend	3,1 [b]	2,3 [a]	1,9 [a]	6,62
unsympathisch - sympathisch	3,7 [b]	3,1 [ab]	2,4 [a]	7,87
uninteressant - interessant	2,3	1,7	2,0	n.s.
nicht originell - originell	3,2 [b]	2,5 [ab]	2,1 [a]	5,62
nicht ablenkend - ablenkend	3,2 [b]	2,4 [a]	2,4 [a]	3,82
*Gesamteindruck**	3,2 [b]	2,4 [a]	2,1 [a]	6,99

Der ersten Eigenschaft wurde der Wert 1, der zweiten der Wert 5 zugeordnet. Mittelwerte in einer Reihe ohne gemeinsamen Kennbuchstaben unterscheiden sich mit p<.05 nach dem Duncan-Test für Mittelwertunterschiede.
* Durchschnitt aus den ersten fünf Skalen.

Die Mittelwerte der einzelnen Gegensatzpaare bewegten sich bei einer Skala von 1 bis 5 sowohl für „Onkel Otto" als auch für die Computergraphik im negativen Bereich, also unter 3. Unterschiede zwischen diesen beiden waren tendenziell vorhanden, wobei die Animation durch „Onkel Otto" etwas besser abschnitt als die durch Computergraphik. Aus den ersten fünf Skalen, die alle eine eindeutige positive und negative Seite besaßen, haben wir einen Gesamtmittelwert errechnet. Dieser bestätigt noch einmal die Ergebnisse der Einzelskalen.

Wie zu erwarten war, werden cartoonähnliche Zwischenblenden positiver beurteilt, vor allem wenn sie visuell und verbal eine Geschichte erzählen. Die Versuchspersonen nehmen die Zwischenspots „Affe und Pferd" zwar als ablenkend wahr. Die weitere Analyse muß zeigen, ob der Ablenkungseffekt bei der Behaltensleistung zum Tragen kam.

7.4.2 Einfluß der Zwischenblenden auf die Beurteilung des Werbeblocks

Ebenfalls mit einfachen Varianzanalysen wurde die Beurteilung des Werbeblocks insgesamt in den vier verschiedenen Versionen untersucht. Während bei der Wahrnehmung der Zwischenblenden selbst sehr eindeutige Unterschiede zwischen den Versionen auftraten, ist der Einfluß der Zwischenblenden auf die Wahrnehmung und Beurteilung des gesamten Werbeblocks eher gering und nicht systematisch. Wir haben den Versuchspersonen neun Aussagen über den Werbeblock vorgelegt, denen sie auf fünfstufigen Skalen zustimmen oder nicht zustimmen konnten. Nur bei zwei der neun Skalen zeigten sich signifikante Unterschiede (*Tabelle 45*). Von Werbeblöcken mit cartoonartigen Zwischenblenden hatten die Versuchspersonen eher den Eindruck, daß sie in aufgelockerter Form dargeboten wurden. Dies traf besonders auf „Affe und Pferd" zu. Die Aussage „Der Werbeblock war langweilig" traf am wenigsten auf die Computergraphik und am stärksten auf die Schwarzblende zu. Die übrigen Ergebnisse belegen, daß zwar die Zwischenblenden als unterschiedlich unterhaltsam eingestuft wurden, dies jedoch nicht auf den Werbeblock insgesamt ausstrahlt. Hier steht wahrscheinlich der Einfluß der Werbespots selbst so stark im Vordergrund, daß die Beurteilung sich an ihnen ausrichtet und der vorhandene Einfluß der Zwischenblenden dabei zurückgedrängt wird.

Bemerkenswert sind einige der Nicht-Ergebnisse. So zeigte sich zum Beispiel überhaupt kein Unterschied bei der Aussage „Die Werbespots innerhalb eines Blocks waren zu dicht hintereinander geschnitten". Die Auflockerung wird also durch weniger lange Zwischenblenden nicht beeinträchtigt, zumindest nicht in den Augen der Versuchspersonen. Wir haben wiederum einen Gesamteindruck aus den neun Skalen errechnet, wobei die Codierung bei negativen Aussagen umgedreht wurde. Im Gesamteindruck unterschieden sich die Versionen mit unterschiedlichen Zwischenblenden nicht, die Urteile liegen alle leicht im negativen Bereich, was die starken Vorurteile gegen Werbung bei unseren Versuchspersonen belegt.

7.4.3 Einfluß der Zwischenblenden auf das Behalten und Erinnern von Werbespots

Insgesamt wurden in der Studie drei Arten von Behaltensleistungen erhoben, das aktive Erinnern der Markennamen (freie Spot-Erinnerung), das gestützte oder passive Erinnern der Marken (gestützte Erinnerung) und die gestützte Erinnerung an Details von zwei der elf Spots (gestützte Detailerinnerung). Für alle drei Messungen der Erinnerungsleistung ergab sich ein ähnliches Muster (*Tabelle 46*). Mit einfachen Varianzanalysen konnten wir feststellen, daß die Anzahl der korrekt genannten Marken zwischen den vier Versionen nicht signifikant unterschiedlich war. Etwa fünf der elf Marken wurden im Durchschnitt aktiv reproduziert. Tendenziell am wenigsten Marken wurden in der Version mit „Onkel-Otto"-Zwischenblenden behalten. Dafür wurden hier signifikant häufiger Produktgruppen allgemein genannt. Die Anzahl der nicht genannten Marken war in allen Gruppen gleich. Faßt man die einzelnen Ergebnisse zur aktiven Markenerinnerung zusammen, zeigte sich zunächst kein Einfluß der Art der Zwischenblenden auf das Behalten. Eine besondere Situation ergab sich für „Onkel Otto". Hier wurde seltener der korrekte Markenname und dafür häufiger die allgemeine Produktgruppe genannt. Dies könnte am Konzept der Zwischenblenden liegen. Dadurch, daß Onkel Otto die Produktgruppe in seiner Karikatur noch einmal aufgreift, geht möglicherweise der konkrete Markenname des Spots häufiger verloren.

Tabelle 45: **Einfluß der Zwischenblenden auf die Wahrnehmung des Werbeblocks insgesamt**

	Affe und Pferd MW (n=25)	Onkel Otto MW (n=19)	Computergraphik MW (n=30)	Schwarzblende MW (n=24)	F-Wert
"Während des Werbeblocks wurde viel Abwechslung geboten"	2,7	2,9	2,9	2,3	n.s.
"Die Werbespots innerhalb des Blocks waren zu dicht hintereinander geschnitten"	2,7	2,6	2,4	2,7	n.s.
"Der Werbeblock wurde in einer aufgelockerten Form dargeboten"	3,1^b	2,6^{ab}	2,4^a	2,1^a	2,85
"Der Werbeblock war unterhaltsam"	2,0	2,4	2,0	2,2	n.s.
"Ich hätte während des Werbeblocks den Fernseher am liebsten abgeschaltet"	3,8	3,0	3,6	3,5	n.s.
"Der Werbeblock war langweilig"	3,6^{ab}	3,9^b	3,0^a	4,0^b	4,00
"Der Werbeblock dauerte zu lange"	3,8	4,2	3,7	4,0	n.s.
"Der Werbeblock war informativ"	1,5	1,5	1,9	1,8	n.s.
"Ich hatte Mühe, die einzelnen Werbespots voneinander zu trennen"	2,0	2,0	1,9	1,6	n.s.
Gesamteindruck*	**2,6**	**2,5**	**2,8**	**2,4**	**n.s.**

"trifft zu" wurde mit 5, "trifft nicht zu" mit 1 codiert. Mittelwerte in einer Reihe ohne gemeinsamen Kennbuchstaben unterscheiden sich mit p<.05 nach dem Duncan-Test für Mittelwertunterschiede.
* Durchschnitt aus neun Skalen, wobei die Werte für negative Aussagen umgedreht wurden.

Tabelle 46: **Einfluß der Zwischenblenden auf die Behaltensleistung des Werbeblocks**

	Affe und Pferd MW (n=25)	Onkel Otto MW (n=19)	Computergraphik MW (n=30)	Schwarzblende MW (n=24)	F-Wert
Freie Erinnerung					
Anzahl korrekt genannter Marken	5,4	4,4	5,5	5,5	n.s.
Anzahl allgemein genannter Produktgruppen	0,7 [a]	1,9 [b]	1,2 [ab]	1,3 [ab]	3,52
Anzahl nicht genannter Marken	4,8	4,7	4,4	4,3	n.s.
Wiedererkennung					
Anzahl richtig erkannter Spots	9,6	8,9	9,3	9,0	n.s.
Anzahl „erkannter" Spots mit ähnlichen Produkten	0,5 [ab]	1,1 [b]	0,4 [a]	0,8 [ab]	2,13
Anzahl falsch erkannter Spots	0,04	0,05	0,0	0,0	n.s.
Detailerinnerung					
Cesar richtig	2,0	1,5	1,8	1,9	n.s.
Cesar falsch	1,0 [ab]	1,5 [b]	0,8 [a]	1,0 [ab]	1,98
Somat richtig	2,4	2,4	2,1	2,3	n.s.
Somat falsch	0,4	0,3	0,6	0,5	n.s.

Mittelwerte in einer Reihe ohne gemeinsamen Kennbuchstaben unterscheiden sich mit p<.05 nach dem Duncan-Test für Mittelwertunterschiede.

Bei der Wiedererkennung der richtigen Markennamen aus einer Liste von 33 Marken zeigt sich der gleiche Befund. Etwas mehr als neun der elf Spots werden korrekt wiedererkannt. Hier unterscheiden sich die vier Versionen nicht signifikant. Ähnliche Produkte werden häufiger in der „Onkel-Otto"-Version „erkannt". Produkte aus völlig anderen Produktgruppen wurden sehr selten angekreuzt. Das andere Meßinstrument führte also zu den gleichen Ergebnissen.

Für die Detailerinnerung wurde die Wiedererkennung des Slogans und das korrekte Ankreuzen von Merkmalen der Spots in richtige und falsche Antworten zusammengefaßt. Richtige Antworten lagen vor, wenn der Slogan korrekt erkannt wurde und wenn die vorgekommenen Merkmale der Spots angekreuzt wurden. Falsche Antworten lagen vor, wenn ein falscher Slogan angekreuzt wurde oder Merkmale angekreuzt wurden, die im Spot nicht vorkamen. Auch hier zeigte sich tendenziell der gleiche Befund. Die Zwischenblenden unterschieden sich nicht in der Anzahl richtiger Antworten. Beim Cesar-Spot führten die „Onkel-Otto"-Cartoons häufiger zum Ankreuzen falscher Antworten als die anderen Zwischenblenden. Beim Somat-Spot wurden kaum falsch Antworten gegeben. Insgesamt zeigt sich auch hier, daß die konkrete Erinnerung an die Marke und an Aspekte des Spots nach „Onkel-Otto"-Zwischenblenden zurückgeht und dafür einer allgemeineren globalen Erinnerung an die Produktgruppe Platz macht.

7.5 Zusammenfassung

1. Die Art der Zwischenblenden hat zunächst einen deutlichen Einfluß auf die Wahrnehmung der Zwischenblenden selbst. Cartoonähnliche Spots schneiden wesentlich besser ab als Computergraphiken. Diese Befunde entsprechen weitgehend denen früherer Untersuchungen.[255] Worin der Unterschied zwischen der sehr positiven Wahrnehmung von „Affe und Pferd" und der eher negativen Wahrnehmung von „Onkel Otto", beides cartoonähnliche

---

[255] Vgl. KRAUSS, W. (1982); STEPHAN, E. und W.W. SCHMITT (1989).

Zwischenblenden, begründet liegt, kann mit den vorliegenden Daten nicht beantwortet werden. Kontrollrechnungen zum bevorzugten Regionalsender ergaben hier keine weiteren Aufschlüsse. Möglicherweise ist der geschichtenähnliche Charakter von „Affe und Pferd", verbunden mit einer Pointe, dafür verantwortlich, daß diese Zwischenblende in der Wahrnehmung der Zuschauer so positiv abschneidet. Möglicherweise sind auch Merkmale unserer Studenten dafür verantwortlich. Bemerkenswert ist auch, daß die Versuchspersonen dem interessanten „Affe und Pferd"-Cartoon eine größere Ablenkungsfähigkeit bescheinigten. Die Ergebnisse zeigen jedoch, daß diese Ablenkung faktisch nicht durchschlägt, etwa im Behalten der Spots, also eine rein subjektive Wahrnehmung der Versuchspersonen zu sein scheint.[256]

2. Die positive Wahrnehmung der Zwischenblenden hat kaum Einfluß auf die Wahrnehmung und Beurteilung des Werbeblocks selbst. Die Interessantheit, der Unterhaltungswert und die Kurzweiligkeit des Werbeblocks werden vermutlich wesentlich stärker durch die gesendeten Spots als durch die Art der Zwischenblenden beeinflußt. Vor allem die wahrgenommene Schnelligkeit des Werbeblocks und die Auflockerung wurden nicht durch die Art der Zwischenblenden beeinflußt.

3. Für die Auswirkungen der Zwischenblenden auf das Behalten der Spots ergaben sich einige systematische Effekte. Zunächst zeigte sich, daß die positivere Wahrnehmung des „Affe und Pferd"-Cartoons sich nicht in besseren oder schlechteren Behaltensleistungen niederschlug. Der subjektiv empfundene ablenkende Charakter dieser Zwischenblende wirkte sich faktisch nicht aus. Die Ergebnisse zeigen auch, daß entgegen unseren Erwartungen der Fortsetzungscharakter der Cartoons keinen negativen Einfluß auf das Behalten der Spots hat. Selbst die Spots vor dem Spannungshöhepunkt der Geschichten wurden in ihren Details genauso gut behalten wie in den anderen Versionen.

---

[256] Einen ähnlichen Befund fand BROSIUS für die Wirkung von Musik. Ein Informationsfilm ohne Musik wurde von den Versuchspersonen als schlechter zum Lernen eingestuft, obwohl sie faktisch mehr lernten, wenn der gleiche Film mit Musik unterlegt war. Vgl. BROSIUS, H.-B. (1990) S. 44-55.

4. Die Art der Zwischenspots hatte bis auf eine Ausnahme keinen Einfluß auf die Behaltensleistungen. Ob animierte Fortsetzungsgeschichte, Computergraphik oder einfach Schwarzblende, die Behaltensleistung war in allen Fällen ähnlich. Dies gilt für die drei verschiedenen von uns angewandten Meßverfahren für Behalten gleichermaßen. Ob sich diese kurzfristig ermittelten Befunde auch auf die langfristige Zuwendung der Zuschauer zu Programmen und Werbeblöcken ausdehnen läßt, kann mit der vorliegenden Untersuchungsanlage natürlich nicht geklärt werden.

5. Ein abweichender Befund liegt für die Zwischenblenden mit Onkel Otto vor. Zum einen schnitt dieser Cartoon in der Bewertung der Versuchspersonen nicht so gut ab wie die andere cartoonähnliche Zwischenblende. Zum anderen gab es hier deutliche Einbrüche in der Behaltensleistung, vor allem was die Erinnerung an die konkrete Marke, das konkrete Produkt betrifft. Zu vermuten ist, daß das Wiederaufgreifen der Produktgruppe in dem kurzen Cartoon nach der Präsentation der Marke die Erinnerung an diese deutlich verdrängt. Dadurch, daß z.B. nach einem Ariel ultra-Spot Onkel Otto mit Waschmittel hantiert, wird die Erinnerung an die konkrete Marke zugunsten einer allgemeinen Erinnerung an einen Spot mit Waschmittel verdrängt. Wir können in diesem Rahmen nicht klären, ob dies etwas mit dem karikierenden Charakter der Zwischenblenden zu tun hat oder nicht. Denkbar wäre, daß durch die im Zusammenhang mit der Erheiterung über die Karikatur ausgelöste Erregung die Verdrängung des Markennamens erleichtert wird. Um diese Möglichkeit zu prüfen, müßte ein Experiment konzipiert werden, in dem einmal die Marken karikiert werden und einmal die Produktgruppe ohne Karikatur wieder aufgegriffen wird. Den Werbetreibenden dürfte mit einer allgemeineren Erinnerung an die Produktgruppen wahrscheinlich wesentlich weniger geholfen sein als mit einer konkreten Erinnerung an die Markennamen.

6. Bei den Ergebnissen eines sozialwissenschaftlichen Experiments muß die Frage der Verallgemeinerbarkeit der Befunde gestellt werden. Wir haben, wie viele andere auch, Studenten befragt, die nicht repräsentativ für die

Bevölkerung sind. Wir gehen jedoch davon aus, daß sich die Unterschiede zwischen den Zwischenblenden, wenn auch auf einem anderen absoluten Niveau, ebenso in anderen Bevölkerungsschichten zeigen dürften. Dies kann man zumindest für die Unterschiede in der Behaltensleistung beanspruchen. Ob das auch für die Beurteilung der Zwischenblenden selbst gilt, ist fraglich. Hier ist durchaus denkbar, daß „Onkel Otto"-Cartoons in anderen Bevölkerungsschichten positiver abschneiden. Im Gegensatz zu anderen Studien haben wir dafür gesorgt, daß der Werbeblock für die Versuchspersonen nicht im Mittelpunkt der Untersuchung stand. Wir haben uns bemüht, den Werbeblock so in die Programmumgebung einzubauen, daß der beiläufige Charakter des Werbekonsums möglichst realitätsnah simuliert wurde.

Die Funktionen von Zwischenblenden müssen vor dem Hintergrund nicht nur dieser Ergebnisse neu überdacht werden. Die doppelte Aufgabe, dem Rezipienten Strukturierungshilfen zu geben und gleichzeitig die Attraktivität des Werbeblocks zu steigern, geht von einer impliziten Annahme aus, die in der modernen Medienwirkungsforschung eigentlich nicht mehr haltbar ist. Die Konzeption von Zwischenblenden unterstellt eine bewußte und aufmerksame Verarbeitung des gesamten Werbeblocks. Durch Strukturierungshilfen wird, ähnlich wie im Unterricht, versucht, den gesamten „Lernstoff" für den Rezipienten optimal aufzubereiten. Dies geht aber eklatant an der Art und Weise, wie Werbebotschaften rezipiert werden, vorbei. Die Verarbeitung läßt sich eher mit dem Begriff des „low involvement", also geringe Beteiligung und geringes Interesse, beschreiben.[257] Auch neuere Ansätze in der Sozialpsychologie unterscheiden zwischen zentralen und peripheren Wegen der Einstellungsänderung. PETTY und CACIOPPO[258] oder CHAIKEN und EAGLY[259] beispielsweise nennen Attribute einer zentralen vs. peripheren Route der Einstellungsänderung. Zentrale Wege zeichnen sich aus durch hohe Involviertheit der Rezipienten, ihr Achten auf die Überzeugungskraft der Argumente und eine systematische Verarbeitung der präsentierten Inhalte. Periphere Wege zeichnen

[257] Vgl. KRUGMAN, H.E. (1965) S. 349-356; KRUGMAN, H.E. (1988), S. 47-50.
[258] Vgl. PETTY, R.E. und J. T. CACIOPPO (1986) S. 124-205.
[259] Vgl. CHAIKEN, S. (1980) S. 752-766; CHAIKEN, S. und A. H. EAGLY (1976) S. 605-614; dies. (1993) S. 241-256.

sich aus durch geringe Involviertheit der Rezipienten, ihr Achten auf die Attraktivität des Kommunikators und eine heuristische Verarbeitung der Inhalte. Vergegenwärtigt man sich diese beiden Wege der Einstellungs-änderung, wird deutlich, daß für Werbung wohl eher die periphere Route zutrifft. Die Verarbeitung von Werbung dürfte bei den meisten Rezipienten bruchstückhaft, orientiert an starken Einzelreizen und mit geringem kognitivem Aufwand erfolgen. Zumindest auf die Werbung dürfte die ansonsten umstrit-tene Charakterisierung des Nebenbei-Mediums zutreffen.[260] Dies ist auch der Grund, warum Theorien der Informationsverarbeitung, z.B. verschiedener Gedächtnisspeicher, nicht ohne weiteres auf die Werbewirkungsforschung übertragen werden können, da sie von bewußt und rational verarbeitenden Versuchspersonen ausgehen.

Gerade die Befunde zu „Onkel Otto" deuten darauf hin, daß die Art der Zwischenblenden in einer solchen Konzeption von Werbewirkung eine entscheidende Bedeutung hat. Die Gedächtnispsychologie hätte, bei bewußter Verarbeitung, eine Steigerung der Behaltensleistung vorausgesagt, wenn Onkel Otto das Produkt noch einmal benutzt. Unter Bedingungen selektiver Verarbei-tung haben aber die Rezipienten zum Teil wahrscheinlich nur den „Onkel Otto"-Cartoon verarbeitet und nicht den eigentlichen Spot, so daß sie die allgemeine Produktgruppe und nicht die Marke erinnern.

---

[260] Vgl. OPASCHOWSKI, H.W. (1992).

8 Wirkungen von Furchtappellen[261]

8.1 Einleitung

Nicht nur unter ökonomischen, auch unter gesellschaftspolitischen Gesichtspunkten erfährt das Segment der Werbung eine immer größere Aufmerksamkeit. So bedienen sich zunehmend sozial tätige Gruppierungen oder Organisationen der Werbung, wenn sie die Gesellschaft auf Problemlagen aufmerksam machen wollen. Mit Hilfe der Werbung sollen die Rezipienten dann meist zu einer Spende für die jeweilige Organisation oder zu einer Änderung ihres Verhaltens animiert werden. Eine Möglichkeit, Personen in diese intendierte Richtung zu beeinflussen, ist der Einsatz von Furchtappellen. In Anlehnung an HOVLAND wird ein Furchtappell dabei verstanden, als ein

> *„Inhalt beeinflussender Kommunikation, der auf ungünstige Konsequenzen, welche sich aus der Nichtbefolgung der vom Kommunikator erteilten Ratschläge ergeben, anspielt oder sie beschreibt.“*[262]

Die Definition enthält zwei wesentliche Aspekte. Einmal die implizite Annahme, daß die durch Furchtappelle erzeugte emotionale Spannung den Rezipienten zur Akzeptierung einer in der Botschaft enthaltenen Verhaltensempfehlung motiviert. Zum zweiten, daß es, ausgedrückt durch den Passus „ (...) anspielt, oder sie beschreibt", keine eindeutige Auffassung darüber gibt, wie ein Furchtappell gestaltet sein muß, um als ein solcher zu gelten.

Im folgenden stehen zwei Fragenkomplexe im Vordergrund der Ausführungen. Zum einen, ob die Wirkung einer Werbekommunikation durch die Intensität von Furchtappellen maßgeblich beeinflußt werden kann, zum anderen, ob unterschiedlich starke Furchtappelle auch zu einer unterschiedlichen Einschätzung der geschilderten Situation führen.

---

[261] Dier Darstellung der folgenden Ergebnisse basiert auf der Magisterarbeit von Sönke Vaihinger: „Der Einfluß der Stärke von Furchtappellen auf die Verarbeitung nichtkommerzieller Werbung", vorgelegt an der Johannes Gutenberg-Universität Mainz 1996.

[262] HOVLAND, C.I. et al. (1964) S.60.

8.1.1 Fernsehwerbung und Sozial-Marketing

Fast 20.000 gemeinnützige Organisationen und Hilfswerke arbeiten in der Bundesrepublik Deutschland und wollen für ihre Ziele die Aufmerksamkeit der Öffentlichkeit erringen. Fast jede dieser Gruppierungen möchte dabei an dem für die neunziger Jahre auf vier bis zehn Milliarden Mark geschätzten Spendenaufkommen teilhaben.[263] Neben der zunehmenden Konkurrenz betrachten etablierte Hilfsorganisationen mit Sorge die Entwicklung, daß insbesondere TV-Talkshows, die vom personifizierten Schicksalsbericht leben, verstärkt Spendengelder für Einzelfälle „abziehen".[264] Für originär altruistische Organisationen sollen die PR-Aktivitäten demgegenüber natürlich möglichst kostensparend sein, damit die Gelder für die eigentlichen Aufgaben im sozialen Bereich eingesetzt werden können.[265] Die beiden öffentlich-rechtlichen Fernsehsender stellen anerkannten gemeinnützigen Organisationen daher kostenlos Sendezeiten zur Verfügung.[266] Im Gegenzug haben die Organisationen dafür keinen Einfluß auf den Zeitpunkt der Ausstrahlung ihrer Werbung. Meist werden die Spots benutzt, um Fehlzeiten in der Programmplanung auszugleichen. In den ersten elf Monaten des Jahres 1995 sendeten die beiden öffentlich-rechtlichen Rundfunkanstalten jeweils rund 280 TV-Spots sozial tätiger Gruppierungen.[267] Bei privaten Fernsehanstalten werden nicht-kommerzielle Spots vor allem dann gezeigt, wenn die Sender auch Mitinitiator einer Aktion sind, wie beispielsweise RTL bei der Aktion „Kinder in Not".

---

[263] Vgl. Mutz, M. (1995) S.132.

[264] Vgl. *Süddeutsche Zeitung* (1995) "Mitleid via Mattscheibe - Hilfsorganisationen verlieren in großem Umfang Spenden an TV-Talkshows" vom 26.Juni.

[265] Spendenverhalten und PR-Aktivitäten führen dabei zu mancher Stilblüte, meint Pierre Gassmann vom IRK: "Nur wer eine 'sexy catastrophe' anzubieten hat, nur wer im Brennpunkt der Fernsehkameras arbeitet, kann auf genügend Spendengelder rechnen.", in: Mutz, M. (1995) S.132.

[266] Für die Auswahl der Organisationen gebe es kein festes Kriterium, so die ZDF-Sendeleitung im Februar 1995. Jedoch hätten nur Organisationen eine Chance berücksichtigt zu werden, die vom 'Deutschen Zentralinstitut für soziale Fragen' anerkannt seien. Im November 1995 waren dies nach Angaben der Zeitschrift *Spiegel-Special* "Die Macht der Mutigen" 82 Gruppen, S.132.

[267] Die Daten stammen aus den Einschaltquotenlisten der Gesellschaft für Konsumforschung. Für das ZDF wurde die Ausstrahlung von Spots der 'Aktion- Sorgenkind' nicht berücksichtigt, da diese Organisation im ZDF-Programm überproportional vertreten ist.

8.1.2 Ziele nicht-kommerzieller Werbung

Nicht kommerzielle Werbespots sollen in erster Linie an das „soziale Verhalten" der Zuschauer appellieren. Diese „prosoziale Reaktion" (so der wissenschaftliche Terminus) ist im wesentlichen gekennzeichnet durch die Absicht, einer anderen Person freiwillig Gutes zu tun.[268] Dabei ist es unerheblich, ob altruistisches Verhalten empathisch oder aber egoistisch motiviert ist. Eine egoistische Motivation kann vorliegen, weil auf ein helfendes Verhalten oftmals eine Belohnung folgt, zum Beispiel in Form sozialer Anerkennung. Doch auch eine individuell empfundene moralische Verpflichtung, eine Selbstwertsteigerung oder auch Reziprozität nach dem Prinzip „eine Hand wäscht die andere" können nicht als rein altruistisch einzustufende Motive prosozialer Handlungen verstanden werden. All diesen Motiven ist aber gemein, daß sie hilfreiches Verhalten fördern. Dagegen wirken andere Faktoren eher hemmend. Hierzu zählen vor allem Streß, Zeitdruck oder auch eventuelle Sachwertverluste.[269] Die Interaktionsmuster, die konkret prosoziales Verhalten determinieren, können verschiedenster Art sein. So ist es denkbar, daß normative Erwartungen eine Person zu einer hilfreichen Handlung gegenüber einer anderen Person animieren können. Der potentielle Spender kommt in eine Situation, die durch die Norm der sozialen Verantwortung bestimmt ist und ihn förmlich drängt, altruistisch zu handeln.[270]

Um die potentielle Wirkung von Werbung auf das prosoziale Verhalten zu verstehen, ist es notwendig, den Prozeß der Genese dieses Verhaltens zu kennen. SCHWARTZ und HOWARD haben ein Prozeßmodell des Altruismus vorgeschlagen, das fünf aufeinanderfolgende Schritte umfaßt[271]:

Aufmerksamkeit ⇨ Motivation ⇨ Bewertung ⇨ Abwehr ⇨ Verhalten

---

[268] Vgl. BIERHOFF, H.W. und R. KLEIN (1990) S. 258.
[269] Vgl. LEVINE, R. (1987) S. 260.
[270] Vgl. BIERHOFF, H.W. und R.KLEIN (1990) S.262f.
[271] Vgl. SCHWARTZ, S.H. und J. A. HOWARD (1981).

Die *Aufmerksamkeitsphase* schließt das Erkennen einer Notlage, die Wahl einer effektiven Hilfehaltung sowie die Selbstzuschreibung von Kompetenz ein. Der nächste Schritt wird von den persönlichen Normen und der Entstehung von Gefühlen (*motivationale Phase*) bestimmt. Die *Bewertung* bezieht sich vornehmlich auf die Abschätzung von hemmenden und fördernden Faktoren für eine altruistische Handlung, wie sie oben beschrieben ist. Wird diese Bewertung nicht eindeutig von den fördernden Faktoren dominiert, könnte der potentielle Helfer versucht sein, seine persönliche Verantwortung abzustreiten (*Abwehr*). Nur wenn die antizipatorische Bewertung ein positives Resultat bringt, wird eine altruistische Handlung (*Verhalten*) wahrscheinlich. Das Absprechen der eigenen Fähigkeit, effektiv eingreifen zu können, oder die Leugnung persönlicher Verantwortung hemmen in jedem Fall die Bereitschaft zu helfen.

Entscheidend in dem Prozeßmodell ist die Bewertung der Situation durch die Person und die Abwehrphase. Vor allem die Beeinflussung dieser beiden Phasen spielt daher für die Planung und Gestaltung nicht-kommerzieller Werbung eine entscheidende Rolle. Einfluß kann eine werbliche Kommunikation am ehesten nehmen, indem sie dazu beiträgt, daß in der motivationalen Phase vom Rezipienten eine Emotion aufgebaut wird, die altruistisches Verhalten fördert. Der Aufbau einer Emotion mit ihren möglichen Folgen für das (prosoziale) Verhalten kann durch Furchtappelle geschehen.

8.1.3 Furchtappelle

Die Art der Verarbeitung eines furchtauslösenden Appells hängt bereits *vor* der Konfrontation mit einer Kommunikation von zwei übergeordneten Faktoren ab: 1. der Angst als solcher, die sich entweder auf externe oder interne Auslöser beziehen kann und 2. der persönlichen Disposition des Rezipienten und seiner Anfälligkeit für Angst oder Furcht. Neben der Unberechenbarkeit individueller

Furchtempfindung besteht furchtinduzierende Kommunikation aber zumeist aus zwei Teilen[272]:

- einer Information über eine drohende Gefahr, die im Mittelpunkt der Kommunikation steht und entsprechend illustriert wird (Aufmerksamkeit, Motivation) und
- einer Information oder Empfehlung, wie diese Gefahr vermieden werden kann (Bewertung, Verhalten).

Diese Komponenten können in unterschiedlicher Weise kombiniert werden. Zum einen kann eine unerwünschte Angewohnheit (z.B. Rauchen) mit negativen Konsequenzen (z.B. Lungenkrebs) assoziiert werden, zum anderen kann eine wünschenswerte Angewohnheit (z.B. Zahnpflege) mit der Vermeidung negativer Konsequenzen (z.B. Karies) assoziiert werden. Die von einem Furchtappell aufgezeigten Konsequenzen müssen aber nicht notgedrungen physischer Natur sein, auch negative soziale Folgen einer Handlung können propagiert werden.

8.1.4 Modelle der Verarbeitung furchtinduzierender Kommunikation

Der zielgerichtete Einsatz von Furchtappellen in einer Werbekommunikation soll, grob betrachtet, drei Wirkungen hervorrufen, eine Erhöhung der Aufmerksamkeit, eine emotionale Erregung der Rezipienten und/oder eine kognitive Reaktion.

Wenn durch einen kommunikativen Reiz realistische Furcht geweckt wird, so kann dieser emotionale Stimulus durchaus zu einer kognitiven Reaktion führen, indem rationale Bewältigungsaktivitäten zur Minderung der Furcht in Gang gesetzt werden. Diese können beispielsweise in die Befolgung von erteilten Verhaltensempfehlungen münden. Wird durch den Reiz jedoch neurotische Furcht erregt, so evoziert diese beim Rezipienten primär Abwehrmechanismen

---

[272] Vgl. MAYER, H. und A. BEITER-ROTHER (1980) S. 328.

wie z.B. das Leugnen der suggerierten Gefahr. Es kann aber auch schlicht zu einer Abwertung der Glaubwürdigkeit des Kommunikators kommen.[273] Wie der Rezipient mit Furchtappellen umgeht, kann durch zwei Modelle beschrieben werden:

8.1.4.1 Furcht-Trieb-Modell

Das Furcht-Trieb-Modell ist eine Variante des klassischen Trieb-Reduktions-Modells[274] und dient der Erklärung potentieller Auswirkungen furchtinduzierender Kommunikation aus motivationstheoretischer Sicht. Die zentrale Grundannahme des Modells geht davon aus, daß die furchteinflößenden Bestandteile einer Botschaft beim Rezipienten zunächst einen emotionalen Spannungszustand auslösen. Diese Prognose basiert auf der Erkenntnis, daß Furcht ein zentraler Aktivator der menschlichen Gefühlslage, gleichsam eine Primäremotion ist.[275] Gleichzeitig ist die Auslösung dieser als negativ empfundenen Emotion sowohl Grundlage als auch Antrieb für Bewältigungsaktivitäten, um so die Spannung wieder zu reduzieren. Die furchtinduzierenden Appelle liefern somit den Anreiz für den Rezipienten, die Verhaltensempfehlung einer Botschaft zu beachten und sich mit ihr auseinanderzusetzen, im besten Fall zu befolgen.

Kognitive Reaktionen wie das Lernen oder Behalten einer Verhaltens-empfehlung stehen daher im Mittelpunkt des Interesses. Idealerweise wird auch davon ausgegangen, daß die emotionale Erregung „Furcht" vornehmlich zu einem gesteigerten Informationsbedürfnis und Anpassungsverhalten seitens des Rezipienten führt. Diese idealtypische Reaktionskette mit der Kumulation in der Befolgung der erteilten Verhaltensempfehlung macht deutlich, daß mit diesem Modell hauptsächlich alle Formen „realistischer Furcht" angesprochen werden. JANIS spricht deshalb auch vom Begriff der „reflektierenden Furcht".[276] Das Furcht-Trieb-Modell propagiert also eine lineare Beziehung

---

[273] Vgl. LEVENTHAL, H. und G.TREMBLY (1968) S. 154.
[274] Vgl. MILLER, N.E. (1948) S. 89-101.
[275] Vgl. IZARD, C.E. (1981) S. 389ff.
[276] Vgl. JANIS, I.L. und S. FESHBACH (1954) S. 154-166.

zwischen Furcht und Persuasionswirkung: Je stärker die Furcht ist, desto eher kann man eine Verhaltensänderung erwarten.

Gerade diese lineare Beziehung kritisiert jedoch wiederum JANIS[277], der eine kurvilineare Beziehung zwischen Furchtgrad und Akzeptanz der Botschaft für wahrscheinlicher hält. Dies würde bedeuten, daß starke Furchtappelle zwar im ersten Moment persuasiver sind als schwache Furchtappelle, bei Überschreiten eines bestimmten Schwellenwertes die Furcht aber auf ein so hohes Niveau steigt, daß aufgrund der „Hyper-Aktivierung" die Beeinflussungswirkung rasch wieder auf den Nullpunkt zurückgeht. Diese kurvilineare Beziehung entsteht nach JANIS aus einer monoton wachsenden Funktion fördernder Effekte und einer zur gleichen Zeit ebenso monoton wachsenden Funktion hemmender Effekte. Die fördernden Effekte entspringen dem Triebcharakter der Furcht und führen zu erhöhter Vigilanz und vermehrter Informationssuche, die letztendlich in die Akzeptanz der Botschaft münden kann. Hemmende Effekte entstehen durch die Mobilisierung von Widerständen bei zunehmender Furchtstärke. Die aus diesen Überlegungen resultierende inverse U-Hypothese würde für eine optimale Wirksamkeit des Appells bei mäßiger Furchterregung sprechen.

Nach einer Literaturübersicht von BOSTER und MONGEAU[278] sowie von SUTTON[279] sprechen die Befunde aber eher für einen linearen Zusammenhang: Je größer die induzierte Furcht ist, desto stärker sind die Änderungen in Verhalten oder Verhaltensabsicht. Beide Studien kommen in ihrer Analyse der inversen U-Beziehungen in der Furchtappellforschung sogar zu dem Schluß, daß lediglich zwei Untersuchungen die Annahmen von JANIS stützen: Diejenige von JANIS und FESHBACH[280] selbst, sowie eine Untersuchung von KRISHER, DARLEY und DARLEY.[281]

---

[277] Vgl. JANIS, I.L. (1967) S. 166-224.
[278] Vgl. BOSTER, F.J. und P. MONGEAU (1984) S. 330-375.
[279] Vgl. SUTTON, S.R. (1982) S. 303-337.
[280] Vgl. JANIS, I. L. und S. FESHBACH (1953) S. 78-92.
[281] Vgl. KRISHER, H.P., DARLEY, S.A. und J.M. DARLEY (1973) S. 301-308.

Auf der Basis der aus der Lerntheorie entlehnten Annahme, daß Angst sowohl eine dynamische als auch eine richtungsgebende Wirkung auf das menschliche Verhalten ausübt, entwickelte MCGUIRE mit dem Zwei-Faktoren-Modell eine weitere Variante des Furcht-Trieb-Modells.[282] Furcht soll demnach in dynamischer Wirkung und als motivierende Kraft die Wahrscheinlichkeit erhöhen, daß eine Botschaft akzeptiert wird und somit eine Verhaltensänderung eintritt. In ihrer Eigenschaft als Signalreiz verfügt Furcht dabei über eine richtungsgebende Wirkung, da sie Vermeidungsreaktionen hervorrufen kann, die ihrerseits den Empfang einer Botschaft erschweren oder gar unmöglich machen können, von einer Änderung des Verhaltens gar nicht zu sprechen. Diese diametralen Wirkungsrichtungen lassen keine monotone Beziehung zwischen Furcht und Persuasion zu. Somit plädiert MCGUIRE ebenfalls für eine kurvilineare Beziehung.

8.1.4.2 Parallel-Response-Modell

Als Reaktion auf einen Furchtappell ergeben sich nach diesem Ansatz von LEVENTHAL zwei parallele, aber getrennt voneinander verlaufende Prozesse. Emotionale und adaptive Handlungen erfolgen unabhängig voneinander. Sowohl die emotionale Reaktion Furcht, als auch das adaptive Verhalten werden durch zwei kognitive Chiffrier- und Identifizierungsprozesse ausgelöst.[283] Die adaptive Reaktion wird als Prozeß der *Gefahrenkontrolle* bezeichnet. Dieser bestimmt die Anpassungsaktivität des Rezipienten. Gesteuert wird er vornehmlich durch Informationen aus der Umgebung. Er gibt dem Individuum somit Aufschluß über die Angemessenheit des eigenen Verhaltens. Dieses soll letztlich der Bewältigung oder Verarbeitung der vermittelten Gefahr dienen. Der zeitgleich ablaufende zweite Prozeß der *Furchtkontrolle* bezieht sich auf das induzierte emotionale Empfinden und dient primär der Reduzierung der durch die Kommunikation erregten emotionalen Spannung. Die Furchtkontrolle und die Gefahrenkontrolle sind als synergetische Wirkungs-

---

[282] Vgl. MCGUIRE W.J. (1972) S.108-141. Erste Ansätze der Theorie finden sich bereits in: MC GUIRE, W.J. (1966) S. 475-514.
[283] Vgl. LEVENTHAL, H. (1970) S. 168.

prozesse der Furcht anzusehen, denen eine Einzelbetrachtung wie beim Furcht-Trieb-Modell nicht gerecht werden kann.

Das Modell von LEVENTHAL geht prinzipiell von einer monoton-positiven Beziehung zwischen Furcht und Persuasion aus. Allerdings ist die Beziehung vom Vorhandensein dritter Faktoren, wie z.b. dem Zeitverlauf des Prozesses, abhängig. Nicht monotone Relationen werden daher nicht ausgeschlossen.[284] Ein grundsätzlicher Vorteil des Parallel-Response-Modells gegenüber dem Furcht-Trieb-Modell besteht darin, daß es die Beziehung zwischen Furcht und Persuasion nicht a priori vorschreibt, bevor die Variablen dieser Beziehung überhaupt identifiziert sind. LEVENTHALS Modell ist auch mit der Mehrzahl der vorhandenen empirischen Daten konsistent.[285]

Das Parallel-Response-Modell wurde von ROGERS zur Protection-Motivation-Theory erweitert. Er geht davon aus, daß für eine konkrete Verhaltensänderung infolge einer furchtinduzierenden Kommunikation verschiedene Kognitionen beeinflußt werden müssen.[286] Im einzelnen sind dies:

1. die Einsicht in die Schadensschwere (negative Konsequenzen),
2. die Wahrscheinlichkeit des Eintretens negativer Konsequenzen,
3. die Effektivität der Verhaltensempfehlung gegen die angedrohten Konsequenzen,
4. die psychologischen und finanziellen Kosten und
5. die Selbsteinschätzung des Rezipienten.[287]

ROGERS geht von einer multiplikativen Verknüpfung der genannten Faktoren aus. Ergebnisse empirischer Studien stützen die Theorie gleichwohl nicht.

An den Beifügungen erkennt man aber Kognitionen, die auch SCHWARTZ und HOWARD für ihr Prozeßmodell des Altruismus verwandten, wie die Kostenabwägung oder die vermutete Selbstwirksamkeit. Deutlich wird vor allem das

---

[284] Vgl. STERNTHAL, B. und C.S.CRAIG (1974) S. 22-34.
[285] Vgl. MAYER, H. und A. BEITER-ROTHER (1980) S. 327.
[286] Vgl. ROGERS, R.W. (1975) S. 93-114.
[287] Vgl. ROGERS, R.W. (1983).

hervorstechende Ziel bisheriger Furchtappellforschung: Die Änderung des Rezipientenverhaltens.

8.2 Forschungsziele

Die einzige Konstante, die sich nach der bisherigen Diskussion zur Wirkung von Furchtappellen durch die gesamte Forschung zieht, ist die stärkere Reaktion auf einen furchtintensiven Reiz. Dabei ist sowohl eine stärkere affektive und kognitive Reaktion ermittelt worden. Keine Einigkeit gibt es aber über die konkrete Richtung dieser stärkeren Reaktion. Daher ergeben sich zunächst zwei grundlegende Hypothesen.

Hypothese 1:   Starke Furchtappelle rufen eine intensivere affektive Reaktion (Bewertung) hervor als schwache Furchtappelle.

Hypothese 2:   Starke Furchtappelle rufen eine intensivere kognitive Reaktion (Erinnerung) hervor als schwache Furchtappelle.

8.2.1 Verarbeitung von Furchtappellen

Ein signifikanter Zusammenhang zwischen dem Grad der emotionalen Erregung und der Erinnerungsleistung bei Fernsehwerbung fand sich in einer Studie von FRIESTAD und THORSTON. Emotionale Botschaften wurden dabei besser und häufiger erinnert als neutrale Botschaften, auch wurden sie positiver bewertet als die neutralen Spots.[288] Zurückgeführt wurden diese Befunde darauf, daß emotionale Stimuli die Aufmerksamkeit besser aktivieren als neutral gestaltete Spots. Eine erhöhte Aktivierung und Aufmerksamkeit ist daher auch bei der Verwendung von intensiven Furchtappellen in nicht-kommerzieller Werbung zu erwarten. Wird aber ein Individuum so stark aktiviert, daß seine Leistungsfähigkeit überschritten ist, kommt es zu einer

---

[288]   Vgl. FRIESTAD, M. und M. THORSTON (1986) S. 111-116.

schlechteren Erinnerungsleistung an die Inhalte, da der Rezipient vor allem mit seinen Emotionen beschäftigt ist. Getestet wurde dieser Sachverhalt nicht nur unter der Bedingung Furcht, sondern auch unter Einsatz sexuell animierender Illustrationen in einer Anzeigenwerbung.[289] Zumindest im Experiment führten beide Appelle zum gleichen Ergebnis: Die Informationsverarbeitung war durch die emotionale Erregung gestört, die Erinnerungsleistung bezüglich inhaltlicher Details nahm ab.

Überaktivierung durch starke Furchtappelle kann nicht nur zu einer schlechteren Erinnerungsleistung an einzelne Kommunikationselemente führen. Die emotional dominierenden Bilder einer furchtintensiven Kommunikation können zur informativen Basis einer Fehleinschätzung der im Werbespot geschilderten Situation werden. Bei der Beurteilung von komplexen Situationen lassen sich Menschen nämlich häufig von Heuristiken leiten. Dies sind Verallgemeinerungen, die auf persönlichen Erfahrungen beruhen und meist automatisch und unbewußt herangezogen werden.[290] Aufgrund ihrer individuellen Basis führen Heuristiken dabei oft zu Verzerrungen und Simplifizierungen, die dem Geschehen nicht angemessen sind. Nach TVERSKY und KAHNEMAN führen nicht nur persönliche Erfahrungen zu Fehleinschätzungen, sondern auch der von ihnen so genannte „availability bias". Demnach stützen sich Rezipienten bei sozialen Urteilen überwiegend auf die ihnen zum Zeitpunkt der Urteilsbildung verfügbaren Informationen.[291] Gestützt wird diese Annahme durch Ergebnisse einer Studie von BROSIUS und KAYSER, die u.a. eine signifikante Überschätzung der Opferzahlen von verunglückten Kindern im Straßenverkehr nach der Rezeption emotionaler Filmbeiträge feststellten.[292]

Zusammenfassend lassen sich also drei weitere Hypothesen aufstellen:

---

[289] Vgl. MOSER, K. (1990) S. 190f.

[290] Vgl. BROSIUS, H.-B. und N. MUNDORF (1990) S. 398-407.

[291] Vgl. TVERSKY, A. und D. KAHNEMAN (1974) S. 1124-1131.

[292] Vgl. BROSIUS, H.-B. und S. KAYSER (1991) S. 248f.

Hypothese 3:	Starke Furchtappelle bewirken kurzfristig eine größere Akzeptanz pointierter Meinungen, die im Spot nahegelegt werden, als schwache Furchtappelle.
Hypothese 4:	Starke Furchtappelle führen eher zu der Einsicht, persönlich Einfluß auf den geschilderten Mißstand nehmen zu müssen, als schwache Furchtappelle.
Hypothese 5:	Starke Furchtappelle verleiten zu einer größeren Überschätzung des geschilderten Schadensausmaßes als schwache Furchtappelle.

8.2.2 Einfluß des Issue-Involvements

Es ist anzunehmen, daß die Wirkung von Furchtappellen sehr stark davon abhängt, ob sich eine Person von einem Thema persönlich angesprochen fühlt oder sogar selbst betroffen ist oder war. SCHNETKAMP[293] charakterisiert dieses „Issue Involvement" als individuenspezifischen Betroffenheitsgrad, mit dem eine generelle Disposition bzw. eine Bereitschaft verbunden ist, sich für sozial relevante Belange zu interessieren, auseinander- und einzusetzen, bzw. aktiv zu werden.[294]

Issue-Involvement kann demnach über die persönliche Erfahrung mit einem Thema gemessen werden. Die persönliche Betroffenheit allein drückt jedoch noch keine andauernde intensive Beschäftigung mit einem bestimmten Themenkomplex aus. Umgekehrt ist das Nicht-Betroffensein auch noch kein Indikator für die Nicht-Beschäftigung mit einem Thema. Berechtigterweise kann man allerdings davon ausgehen, daß Personen, die schon einmal von negativen Auswirkungen eines Themas oder Problems direkt oder indirekt betroffen waren, sich zumindest zu diesem Zeitpunkt intensiv mit der Thematik auseinandergesetzt haben. Die Feststellung, daß Betroffenheit auf ein höheres „Issue-Involvement" bei bestimmten Fragestellungen hinweist, ist also begründet.

---

[293] SCHNETKAMP, G. (1982).
[294] Vgl. BRUHN, M. und J. TILMES (1994) S. 59.

Neuere Studien verbinden erstmals den Einsatz von Furchtappellen mit dem Involvement-Konstrukt. ROSER und THOMPSON untersuchten 1995, ob Mitglieder eines niedrig involvierten Auditoriums durch Furchtappelle in ein hoch involviertes, „aktives" Publikum verwandelt werden könnten.[295] Den Versuchsteilnehmern wurde zu diesem Zweck ein Film über die Folgen der Umweltverschmutzung vorgeführt. Mittels der „signalled stopping technique" sollten die Betrachter immer dann, wenn sie sich nicht mehr auf den Film konzentrierten, via Knopfdruck ein Zeichen geben. Mit einem Computer konnten später sowohl Anzahl wie auch Zeitpunkt der nachlassenden Aufmerksamkeit ermittelt werden. Das Ergebnis wurde dann als Einfluß der Furchtappelle auf die Aufmerksamkeit und die kognitive Leistung der Rezipienten interpretiert. Später mußten die Versuchsteilnehmer zudem noch einen Fragebogen zu ihrer Einschätzung der geschilderten Situation ausfüllen. Das Ergebnis bestätigte die Vermutung, daß Furchtappelle in der Lage sind, hohes Involvement und in der Folge ein aktives Publikum zu erzeugen. Denn nach eigener Auskunft würde sich dieses häufiger der skizzierten Verhaltensempfehlung zur Lösung des skizzierten Umweltproblems bedienen, als die Rezipienten der Kontrollgruppe, die eine neutrale Fassung zum Thema sahen. Da der Erfolg nicht-kommerzieller Werbung entscheidend von der Befolgung der erteilten Ratschläge abhängt, wurde versucht, diese Befunde auch für die vorliegende Untersuchung zu nutzen. Mit Hilfe dieser ausgewählten Verhaltensdispositionen sollte ermittelt werden, inwieweit die Rezipienten durch den problematisierten Gegenstand aktiviert wurden und wie sie ihre Möglichkeiten einschätzten, auf die im Spot problematisierte Situation Einfluß zu nehmen.

HALE, LEMIEUX und MONGEAU berücksichtigten in ihrer Studie[296] ebenfalls eine rezipientenbezogene Variable, nämlich das Ausgangsniveau an Ängstlichkeit (trait-anxiety). Unterschiedliches Involvement sollte durch die Postulierung verschieden schädlicher Konsequenzen von UV-Strahlung kreiert werden. Zu diesem Zweck sollten die Rezipienten je einen Text ohne Illustrationen

---

[295] Vgl. ROSER, C. und M. THOMPSON (1995) S. 103-121.
[296] Vgl. HALE, J.L., LEMIEUX, R. und P.A. MONGEAU (1995) S. 459-475.

lesen. In der schwächeren Fassung des Textes wurden als Folge der UV-Strahlung die leichten Schmerzen eines Sonnenbrandes und die daraus resultierende geringere Attraktivität einer Person hervorgehoben. In der stark furchterregenden Fassung lag die Betonung hingegen auf der Gefahr einer Hautkrebserkrankung sowie dauerhaften Hautschädigungen durch zu extensive UV-Belastung. Es zeigte sich, daß schwach involvierte Personen entgegen den Erwartungen die Botschaft zentral verarbeiteten und sich besser an Einzelinformationen erinnerten. Die Rezipienten hingegen, die den starken Furchtappell lasen, demgemäß hoch involviert sein sollten, verarbeiteten die Informationen heuristisch. Diesen Bruch mit den theoretischen Vorgaben des Elaboration Likelihood Models (ELM) von PETTY und CACIOPPO[297] führen die Autoren darauf zurück, daß in früheren Studien meist die Schädlichkeit der postulierten Konsequenzen einer furchterregenden Kommunikation gleichgehalten wurde, während die Wahrscheinlichkeit ihres Eintretens variierte. In ihrer Studie hätten sie hingegen die Wahrscheinlichkeit des Eintretens konstant gehalten, aber die Schädlichkeit variiert.[298] Weiterhin zeigte sich, daß gering ängstliche Personen die Informationen sowohl zentral als auch peripher verarbeiteten, während von ihrem Naturell her sehr ängstliche Rezipienten nur zentral verarbeiten würden. Ob die überraschenden Ergebnisse wirklich nur durch die differierende Betonung der abhängigen Variable erklärbar sind, sei dahingestellt. In der vorliegenden Untersuchung wurde unabhängig von der zitierten Studie sowohl das Issue-Involvement, als auch die Ängstlichkeit der Rezipienten berücksichtigt.

Die Ausführungen zum Issue-Involvement sollen in folgende Hypothese zur Gedächtniswirkung von Furchtappellen überführt werden:

Hypothese 6:   Bei hohem Issue-Involvement werden Details bei starken Furchtappellen besser erinnert. Bei niedrigem Issue-Involvement werden Details bei schwachen Furchtappellen besser erinnert.

---

[297] Vgl. PETTY, R.E. und J.T. CACIOPPO (1986).
[298] Vgl. HALE, J.L., LEMIEUX, R. und P.A. MONGEAU (1995) S. 472.

8.2.3 Einfluß von Persönlichkeitsvariablen

Persönlichkeitsmerkmale, die bei der prinzipiellen Bewältigungsdisposition des Individuums eine wesentliche Rolle spielen, lassen sich unter dem Begriff der allgemeinen Problemlösungsfähigkeit subsumieren.[299] Gerade bei der Verarbeitung und Bewältigung spannungserzeugender Informationen, wie sie Furchtappelle darstellen, spielt das charakteristische Bewältigungsverhalten eines Individuums eine herausragende Rolle. GOLDSTEIN unterscheidet in diesem Zusammenhang zwei Persönlichkeits-typen, die „Copers" und die „Avoiders".[300] Während erstere sich mit furchtinduzierenden Appellen bewußt auseinandersetzen, gehen die „Avoiders" solchen Stimuli ebenso bewußt aus dem Weg, um von vornherein das Entstehen von Angst oder Furcht zu vermeiden. In seiner Untersuchung zur Wirkung von Furchtappellen, die in JANIS'scher Tradition die Folgen mangelnder Zahnhygiene visualisierten, ergab sich, daß stark furchterregendes Material für die Gruppe der „Avoiders" im intendierten Sinn unwirksam war, während bei den „Copers" starkes wie schwaches Material dieselbe Wirkung erzielte. Bei beiden Persönlichkeitstypen führte der Zustand emotionaler Erregung aber zu erhöhter Vigilanz und einem gesteigerten Informationsbedürfnis. Ob jemand als „Coper" oder „Avoider" klassifiziert werden kann, hängt hauptsächlich von folgenden zwei Faktoren ab.

1. Selbstwertgefühl

Personen mit starkem Selbstwertgefühl sind aktiver und aggressiver bei der Bewältigung ihrer Umwelt und reagieren auf eine Bedrohung mit dem Bemühen, die Gefahr unter Kontrolle zu bringen. Personen mit geringem Selbstbewußtsein reagieren hingegen stark emotional und versuchen vordringlich, ihre Furcht unter Kontrolle zu bringen. Die Gemeinsamkeiten mit dem später von LEVENTHAL entwickelten Parallel-Response-Modell sind offensichtlich.[301] Folglich sind die „Coper" einem Furchtappell und vor allem der Verhaltensempfehlung gegenüber aufgeschlossener, da sie sich um eine Kontrolle der vermittelten Gefahr bemühen. Dies kann beispielsweise durch die Befolgung

---

[299] Vgl. MAYER, H. und A. BEITER-ROTHER (1980) S. 342.
[300] Vgl. GOLDSTEIN, M. (1959) S.247-252.
[301] Vgl. LEVENTHAL, H. (1970) S.119-186.

der Verhaltensempfehlungen geschehen. Die „Avoider" sind hingegen mit der Reduzierung ihres Furchtgefühls beschäftigt und wenden sich demgemäß von der Kommunikation und damit auch von den erteilten Verhaltensempfehlungen ab. Das Selbstwertgefühl der Probanden wurde in der vorliegenden Arbeit in Anlehnung an SPIELBERGER mit zwei Fragen zum Selbstbewußtsein und zur Zukunftsangst erhoben, bei denen sich die Versuchsteilnehmer auf einer vierstufigen Skala selber einschätzen mußten.[302]

2. Anfälligkeitsgefühl

Mit „Anfälligkeit" werden einerseits Erfahrungen einer Person mit dem thematisierten Geschehen als auch bestimmte Persönlichkeitsmerkmale wie Ängstlichkeit oder Unentschlossenheit assoziiert.[303] Furchtinduzierung in Kombination mit einem persönlichen Anfälligkeitsgefühl kann ein Individuum zwar stark für die geschilderte Bedrohung sensibilisieren. Auf der anderen Seite kann so aber auch eine Verhaltensänderung im gewünschten Sinn verhindert werden, insbesondere wenn die Person primär damit beschäftigt ist, ihre starke emotionale Erregung in den Griff zu bekommen. Die Bewältigung der eigenen Furcht dominiert dann die Beherrschung des Gefahrenpotentials. Das Anfälligkeitsgefühl der Versuchsteilnehmer wurde nach dem gleichen Verfahren erhoben wie das Selbstwertgefühl.

Die Diskussion des potentiellen Einflusses von Persönlichkeitsvariablen erlaubt folgende Hypothese hinsichtlich der kognitiven und affektiven Reaktion der Rezipienten.

Hypothese 7: Personen mit niedrigem Selbstwertgefühl oder hoher Anfälligkeit, neigen nach der Konfrontation mit einem starken Furchtappell eher dazu, extreme Positionen zu unterstützen und die eigenen Einflußmöglichkeiten auf die im Spot problematisierte Situation zu minimieren, als nach einem schwachen Furchtappell.

---

[302] Vgl. SPIELBERGER, C.D. (1966) S. 21ff.
[303] Vgl. STERNTHAL, B. und C.S.CRAIG (1974) S. 28.

8.3 Untersuchung

8.3.1 Experimentaldesign

Insgesamt bilden drei verschiedene Werbespots aus dem Bereich des Sozial-Marketing die Grundlage des im folgenden beschriebenen Experiments. Die Wirkung unterschiedlicher Intensität von Furchtappellen bei drei verschiedenen Themen nicht-kommerzieller Werbung auf Kognitionen, Bewertungen und Verhaltensabsichten, sowie mögliche Interaktionen mit Persönlichkeitsvariablen sollen dann unter kontrollierten Bedingungen untersucht werden.

Als Grundlage der Arbeit dienten Originalspots der Organisationen Deutsches Rotes Kreuz (DRK), Bosnienhilfe und Greenpeace. Differierende Grundhaltungen wie Sympathie oder Antipathie zu den drei Organisationen sind zwar nicht auszuschließen, ihre Orientierung an sozialen Aufgaben ist aber ähnlich und auch nicht ernsthaft zu bestreiten. Gleiches gilt für die Inhalte der drei ausgewählten Werbespots: Ein Blutspendeaufruf für Verkehrs- und Unfallopfer (DRK), ein Spendenaufruf für die Kriegsopfer in Bosnien (Bosnienhilfe) und auch die Warnung vor den Folgen des Ozonlochs (Greenpeace) sind nicht-kommerziell und in verschiedener Weise sozial motiviert. Wegen ihrer besonderen Bedeutung sollen diese inhaltlichen Kriterien für jeden der ausgewählten Spots verdeutlicht und ihr Inhalt geschildert werden. Die Stellen, an denen später Furchtappelle - in unserem Fall stark oder schwach furchtinduzierende Bildsequenzen - eingeschnitten wurden, sind mit „[#.Einschnitt]" gekennzeichnet.

Der DRK Basis-Spot
Dieser Werbefilm wurde in klassischer Schnitt-Gegenschnitt Technik produziert. Man sieht als Beginn lediglich ein Signet, auf dem zu lesen ist: "An einem Tag wie jeder andere (...)". Dazu hört man quietschende Reifen, ein Unfallgeräusch, dann ein Martinshorn. [1.Einschnitt] Nun hört man zusätzlich die Rotoren eines Hubschraubers. Es folgt ein Schnitt zum Piloten, der vor neutralem Hintergrund den Zuschauer anlächelt. Das Rotorengeräusch erstirbt. Es folgt das Signet: "Eberhard K.: Rettungshubschrauberpilot". Das monotone

Geräusch einer Herz-Lungen-Maschine ist zu hören. [2.Einschnitt] Ebenfalls vor neutralem Hintergrund: Ein freundlich blickender Arzt in OP-Kleidung. Dann kommt das Signet: "Hartmut M.: Anästhesiearzt". Das gleichmäßige Zischen einer Beatmungsmaschine setzt ein. [3.Einschnitt] Es folgt das Brustbild einer lächelnden Krankenschwester, abgelöst durch das Signet: "Irene E.: DRK-Helferin". Nun ist das stete Schlagen eines Herzens zu hören. [4.Einschnitt] Man sieht das strahlende Gesicht einer jungen Frau. Das zuge-hörige Signet verkündet: "Stefanie P.: Blutspenderin". Während man das Gesicht der Blutspenderin betrachtet, wechselt das Bild von einer schwarz-weiß-Aufnahme in ein Farbbild. Die Kamera fährt zurück und man sieht alle vier Personen nebeneinander stehen. Dazu kommentiert eine Stimme aus dem Off: "Das Lebensretterteam. Durch Ihren gemeinsamen Einsatz haben sie ein Leben gerettet. Denn ohne die Blutspende von Stefanie P. hätte ein Unfallopfer nicht überlebt." Nun folgt der Schnitt auf ein weiteres Signet, auf dem neben dem Emblem des Roten Kreuzes zu lesen ist: "Komm mit! Spende Blut. Beim Roten Kreuz." Auch dieses Signet wird vom Sprecher vorgelesen. Länge des Spots: 47 Sekunden.

Der Spot des DRK spricht den Rezipienten direkt an, potentiell also jedes Mitglied der Bevölkerung. Der Spot zeigt, daß jeder Zuschauer ein Opfer eines Verkehrsunfalls werden kann. Deshalb sei eine Blutspende nicht nur eine gute Sache, im Sinne der Reziprozität gebe man auch etwas her, das man später eventuell selber von einem anderen brauchen könne.

Der Bosnienhilfe Basis-Spot
Der Spot der Bosnienhilfe besteht im wesentlichen aus zwei Bildelementen: Einem Passagierflugzeug und einer Transportmaschine des Militärs. Zu Beginn sieht der Rezipient das Passagierflugzeug auf sich zukommen. Er betrachtet es aus einer etwas höher gestellten Position. Das Flugzeug ist in ein warmes gold-gelbes Licht getaucht. Im Sinne einer subjektiven Kamera verlagert der Zuschauer seine Position bei einem langsamen Schwenk um den fliegenden Jumbo-Jet herum zu einer seitlichen Gesamtansicht. Während des gesamten Zeitraums hört er einerseits das gleichmäßige Brummen der Düsentriebwerke und zudem eine Stewardess aus dem Off, die die Passagiere auf die Landung

vorbereitet: "Meine Damen und Herren. Wir landen in wenigen Minuten in Sarajevo. Die Temperatur beträgt 35 Grad. Wir hoffen, Sie hatten einen angenehmen Flug und wünschen Ihnen einen erholsamen Urlaub in Jugoslawien." Während der Frontalansicht wird das Insert >Sommer 1991< eingeblendet. Nachdem die Stewardess ihre Ansprache beendet hat, [1.Einschnitt] verschwindet das Passagierflugzeug in einer Wolke und macht eine Metamorphose durch. Mittels einer als 'Morphing' bekannten Technik wird aus dem Jumbo-Jet eine Hercules-Transportmaschine des Militärs. Die Hintergrundfarbe wechselt vom warmen Goldgelb in ein kaltes Pink-Violett. Das gleichmäßige Brummen der Triebwerke wandelt sich in das ruppige Geratter einer Propellermaschine. Es wird das Insert >Sommer 1994< eingeblendet. Über die gesamte Dauer des Spots hört der Rezipient von nun an bruchstückhaft das Gespräch zwischen Cockpit und Tower. Zunächst die dunkle, metallisch verzerrte Stimme des Piloten: "This is UN-zero-zero-three. Flight Number one-seven-zero. We are (...) the bosnian coast. We've got six tons of food and medicine on board. How do you (...). [2.Einschnitt] Während das Hilfsflugzeug weiter gen Horizont unterwegs ist, hört der Rezipient die Antwort des Tower: "UN-zero-zero-three. Loud and clear. You are (...)". Über die immer kleiner werdende Transportmaschine im Bildhintergrund hört man einen Sprecher aus dem Off sagen: "Noch immer nehmen Flugzeuge Kurs auf Sarajevo [3.Einschnitt] auch von Ihnen könnte etwas dabei sein." Mit einer Überblendung wird ein Signet auf dem Bildschirm plaziert. Es trägt die Aufschrift: "Bosnien-Herzegovina braucht Ihre Hilfe". Es wird vom Sprecher vorgelesen. [4.Einschnitt] Das Signet "Spenden-Telefon 030 / 19833" wird eingeblendet, dann erfolgt ein Umschnitt: "Diese Initiative wird unterstützt von: (...)" Es erscheinen zahlreiche Namen von Prominenten. Länge des Spots: 46 Sekunden.

Inhaltlich ist eindeutig das Leid der bosnischen Zivilbevölkerung Thema des Spots. Der Zuschauer wird aufgefordert, durch eine Geldspende den Menschen in Bosnien-Herzegovina zu helfen. Es handelt sich somit um einen asymmetrischen, einseitigen Hilfsfluß. Der Spot versucht, den Gegensatz zwischen der hiesigen Lebenssituation und den Zuständen in Bosnien-Herzegovina sowie die Angewiesenheit der dortigen Bevölkerung auf fremde Hilfe zu verdeutlichen.

206

Der Greenpeace Basis-Spot

Bei diesem Film handelte es sich ursprünglich um einen Kinospot. Damit wegen der für eine Fernsehwerbung ungewöhnlichen Länge erst gar keine Spekulationen seitens der Versuchsteilnehmer aufkommen konnten, wurde der Basis-Spot um insgesamt 20 Sekunden gekürzt. In der ersten Einstellung schlägt eine alte Frau ein Fotoalbum auf, das sie zuvor aus dem Bücherregal gezogen und vom Staub der Jahre befreit hat. Ein kleiner Junge in Freizeit-kleidung kommt lächelnd auf die ältere Dame zu. Auf seiner Schulter trägt er einen silberfarbenen Anzug. Es scheint sich um Großmutter und Enkel zu handeln. Die Frau setzt sich in einen Sessel, der Junge hockt sich zu ihren Füßen auf den Boden. Die Großmutter blickt für den Betrachter aus dem Bild heraus und greift etwas auf einem Beistelltisch [1.Einschnitt] In der Folge zieht sich der Junge den silberfarbenen Overall an. Die Großmutter blättert in dem Folianten. Durch die Schnitt-Gegenschnitt Technik wird versucht, dem Betrachter ein Gespräch zwischen den beiden zu suggerieren. Der Knabe lächelt dabei die Großmutter an und diese blickt freundlich und gütig zu dem kleinen Jungen. Nachdem sich der Junge die Schuhe angezogen hat, schaut er für den Zuschauer nach rechts aus dem Bild heraus. [2.Einschnitt] Es folgen nun mehrere Großaufnahmen. Zuerst der Kopf der nun bekümmert scheinenden Frau, dann das Einrasten der Gürtelschnalle des Overalls. Das Fotoalbum wird zugeklappt, die Frau schaut den Rezipienten frontal an und der Junge schließt das dunkle Visier seines ebenfalls silberfarbenen Helms. Ganz in die futuristi-sche Uniform gehüllt, sieht man den Jungen in einer Totalen vor der Haustür stehen. Als er diese öffnet, strömt gleißendes Licht in den Raum. Die alte Frau hält schützend ihre Hand vors Gesicht. Das ganze Bild wird in grelles Weiß getaucht. [3.Einschnitt] Aus diesem weißen Bild taucht in einer Großaufnahme schemenhaft der Helm des Jungen auf. Er köpft einen Fußball aus dem Bild heraus. Die Kamera verfolgt den Flug des Balles und zieht dann extrem zurück, so daß schließlich drei Jungen in denselben Anzügen zu sehen sind, die sich in einer vegetationslosen Mondlandschaft den Ball zuspielen. [4.Einschnitt] Es folgt ein Signet: "FCKW zerstört die Ozonschicht. Eine Folge: Hautkrebs." Der Text wird von einem Sprecher aus dem Off vorgelesen, ebenso wie das folgende: "Der weltweit größte Produzent von FCKW ist die Firma DuPont."

Der Spot schließt mit dem nicht vorgelesenen Signet: "Haben Sie noch Fragen? Greenpeace, 20450 Hamburg." Länge des (gekürzten) Spots: 50 Sekunden.

Die Thematik dieses Spots ist universell gefaßt und nicht an Gruppengrenzen gebunden. Die Bedrohung, die der Menschheit in Zukunft durch das Ozonloch erwächst, wird in einer Spielhandlung umgesetzt. Es wird suggeriert, daß dieses Szenario global eintreten wird, wenn die Menschen nichts dagegen unternehmen. Betroffen sind also auch deutsche Rezipienten - vor allem in der Zukunft.

Die Original-Spots enthielten zunächst keine visuellen Furchtappelle. Potentiell furchtauslösendes Material mußte allen drei Spots noch durch die Einfügung einer Nebenhandlung implantiert werden. Dies geschah anhand eines Einschnitts von je vier Bildsequenzen, die das Hauptthema entweder in vergleichsweise harmloser (flüchtende Menschen in Bosnien) bzw. drastischer Art (verletzte und verstümmelte Menschen) illustrierten[304]. Aus jedem Basis-Spot

---

[304] Gemäß der thematischen Vorgabe eines Autounfalls wurden für die beiden Fassungen des Spots des Deutschen Roten Kreuzes folgende Schnittbilder ausgewählt. Zunächst die Fassung der starken Furchtappelle: 1.Einschnitt: zwei ineinander verkeilte und zerquetschte Autos sind im Vordergrund zu sehen. 2.Einschnitt: man sieht die Hände eines Arztes, der ein Stück eines Schädelknochens entfernt. Die Operationswunde ist blutig. 3.Einschnitt: Ein geöffneter menschlicher Brustkorb ist während einer Operation zu sehen. 4.Einschnitt: Man sieht ein schlagendes menschliches Herz, das von zwei blutgefüllten Schläuchen flankiert wird. In die neutrale Fassung, wurden folgende Schnittbilder eingefügt: 1.Einschnitt: Ein Auto nach einem leichten Auffahrunfall mit eingedrückter Frontpartie ist zu sehen. 2.Einschnitt: Man sieht einen OP-Saal mit diversen Ärzten, Krankenschwestern und Pflegern bei der Arbeit. 3.Einschnitt: Mit einer Pipette untersucht eine Krankenschwester eine Blutprobe. 4.Einschnitt: Ein Arm mit drei blutgefüllten Schläuchen füllt das Bild.
Die Bosnienhilfe gab das Thema 'Krieg' vor. Entsprechend wurden die Schnittbilder gewählt. Für die furchtintensive Variante waren dies: 1.Einschnitt: Die beiden Türme des Hotels 'Holiday Inn' in Sarajevo brennen. 2.Einschnitt: Ein Mann, dem ein Bein abgerissen wurde, liegt neben einem Panzer auf der Straße und krümmt sich vor Schmerzen. Der Beinstumpf ist zu sehen, andere Personen liegen regungslos neben ihm. 3.Einschnitt: Ein älterer Mann liegt tot in seinem Blut. 4.Einschnitt: Mehrere Menschen liegen verletzt auf der Straße. Andere Menschen kümmern sich um die Verletzten. Die ausgewählten Bilder für die furchtschwache Fassung waren gemäßigter: 1.Einschnitt: Das Stadtbild von Sarajevo. Auffallend sind die beiden verkohlten Türme des Hotels 'Holiday Inn'. 2.Einschnitt: Zwei Jungen laden Lebensmittelkisten von einem Pritschenwagen. 3.Einschnitt: Eine zerschossene Häuserfront. Zum großen Teil fehlen die Fenster der Häuser, Schutt liegt auf der

entstanden so zwei neue Versionen. Durch das generelle Vorhandensein von Schnitten an den gleichen Stellen wurde verhindert, daß eine Version kohärenter wirkte als die andere. Die jeweils starke und schwache „Furchtintensität" wurde anhand eines Pretests vorgetestet.

Es wurde außerdem versucht, die Experimentalsituation den Bedingungen in der Realität möglichst anzugleichen. Die Experimentalspots wurden zu diesem Zweck in ein Programmumfeld integriert, bestehend aus einem Nachrichtentrailer, einem Werbeblock und der angekündigten Nachrichtensendung.[305] Die Versuchsteilnehmer wurden über das wahre Ziel der Untersuchung getäuscht. Ihnen wurde suggeriert, es handele sich bei dem Experiment um eine Studie zur Nachrichtenrezeption. Dadurch sollte erreicht werden, daß sich die Teilnehmer mehr auf die Nachrichten als auf die Werbung konzentrierten, so daß ein generell geringerer Aufmerksamkeitspegel für den Werbeblock erhofft wurde.[306]

Um eine Überreizung der Versuchspersonen zu vermeiden, wurde jeder Person nur zu einem Thema eine der beiden Versionen (starke oder schwache Furchtappelle) gezeigt. Aus der Kombination von zwei Furchtappell-Stärken und drei Themen ergeben sich somit sechs verschiedene Versuchsgruppen.

Straße. 4.Einschnitt: Einige Menschen sitzen um einen niedrigen Tisch herum. Es ist dunkel, auf dem Tisch brennt eine Kerze.
Auch das von Greenpeace gewählte Thema 'Hautkrebs' als Resultat übermäßiger UV-Strahlung wurde in der skizzierten Form bearbeitet. Für den furchtstarken Appell ergaben sich folgende Schnittbilder: 1.Einschnitt: Ein Melanom in Großaufnahme. 2.Einschnitt: Bei einer Operation wird mit einem medizinischen Gerät die Haut eines Menschen aufgeschnitten. 3.Einschnitt: Ein perforierter Hautlappen wird in eine blutige Wunde eingenäht. 4.Einschnitt: Die vernarbte, rosa-farbene Bauchdecke eines jungen Mannes ist nach einer Hauttransplantation zu sehen. Für die als schwacher Furchtappell konzipierte Fassung wurden folgende Bilder gewählt: 1.Einschnitt: Vor einem blauen Himmel ist eine strahlende Sonne zu sehen. 2.Einschnitt: Eine leicht bekleidete junge Frau sonnt sich am Strand. Deutlich ist die intensive Rötung der Haut zu erkennen. 3.Einschnitt: Man kann das lebendige Treiben an einem Strand beobachten, viele Sonnenschirme sind zu sehen. Die Luft flimmert vor Hitze. 4.Einschnitt: Die Sonne füllt hell und gleißend das Bild.

[305] Vgl. Beschreibung im Einführungskapitel.

[306] Vgl. FESTINGER, L. und N. MACCOBY (1964) S. 359-366, hier: S. 360f.

8.3.2 Meßinstrument

In der vorliegenden Untersuchung wurde die Wirkung der verschiedenen Furchtintensitäten anhand von Erinnerungsleistungen und Beurteilungen gemessen. Grundsätzlich ist für die nicht-kommerzielle Werbung dabei wichtig: a) die Erinnerung an die Botschaft, b) die Sensibilisierung für das behandelte Thema und c) die Befolgung der Handlungsempfehlung. Hierfür wurden folgende Indikatoren erhoben:

Zunächst sollten die Versuchspersonen den Spot bewerten. Für die *Bewertung* wurde ihnen eine Skala von 1 („hat mir sehr gut gefallen") bis 5 („hat mir gar nicht gefallen") vorgelegt. Diejenigen Gedächtnisaktivitäten, die einen generellen Hinweis auf die Registrierung und Aufnahme einer Werbe-Botschaft geben, wurden als *freie Spot-Erinnerung* definiert. Mit der *Aufmerksamkeit* sollte der Spot erfaßt werden, der dem Rezipienten besonders im Gedächtnis geblieben ist. Die Nennung kann als wesentlicher Indikator sowohl für die kognitive Verarbeitung als auch die affektive Wirkung des Spots angesehen werden.[307] Gerade letzteres spielt für die Wirkung der unterschiedlichen Furchtintensität eine wesentliche Rolle, daher sollte von den Versuchsteilnehmern auch eine Begründung für ihre Angabe notiert werden. Anhand der *ungestützten Detailerinnerung* wurde getestet, ob Rezipienten sich an konkrete Details eines bestimmten Werbespots erinnern können. Sie sollten für den jeweiligen Spot aufschreiben, an welche Dinge sie sich noch erinnern konnten. So kann nicht nur die reine Menge des Erinnerten festgestellt werden, man erhält auch Auskunft darüber, welche Details des Werbespots behalten wurden. Dies ist in bezug auf die visuelle Variation der Furchtintensität mittels der konstruierten Nebenhandlung von besonderem Interesse. Die Frage nach der ungestützten Detailerinnerung war in der vorliegenden Arbeit eine zentrale Frage zur Gedächtniswirkung von Furchtappellen, also zur kognitiven Reaktion.

---

[307] Vgl. KROEBER-RIEL, W. (1991) S.119ff; oder auch: SCHENK, M., DONNERSTAG, J. und J.HÖFLICH (1990) S. 67ff.

Die selbständige Einschätzung der Opferzahlen, die der jeweils im Basis-Spot geschilderte Sachverhalt in einem bestimmten Zeitraum fordert, sollte Aufschluß über kurzfristige Effekte emotionalisierender Bilder auf die Einschätzung des Schadensausmaßes geben.[308] Diese eher *spontane Urteilsbildung* über die Tragweite des Gesehenen wurde je nach Gegenstand des Spots operationalisiert. Dabei sollte immer auf einem fünfstufigen Zahlenstrahl die „richtige Opferzahl" geschätzt werden[309].

Urteile können sich auch in der Zustimmung zu vorformulierten Thesen oder Meinungen manifestieren. Diese Vorgehensweise ist nicht spontan wie die oben erwähnte Schätzung. Kognitive Aktivitäten spielen hier eine größere Rolle, außerdem können eine Vielzahl persönlicher Einstellungen Einfluß auf die Zustimmung bzw. Ablehnung einer geäußerten Meinung nehmen. Zu allen drei Themengebieten wurden je drei Aussagen formuliert, von denen zwei die implizite Zielrichtung des Spots deutlich unterstützten und eine Aussage explizit ablehnenden Charakter hatte. Auf einer siebenstufigen Skala mit den Eckwerten „Dieser Meinung stimme ich zu" und „Dieser Meinung stimme ich nicht zu" sollte die eigene Position bestimmt werden. Ziel der Frage war es, Auskunft darüber zu bekommen, ob stark emotionalisierende Bilder den Rezipienten kurzfristig in seinen Ansichten radikalisieren können.

Wie die Versuchsteilnehmer ihre persönliche Disposition zu dem im Spot aufgegriffenen Thema definieren und welche Handlungsoptionen sie in Erwägung ziehen, ist eine Folge der *individuellen Einschätzung der geschilderten Situation*. Anhand einer siebenstufigen Skala mit den Polen „stimme zu" und „stimme nicht zu" sollten in Anlehnung an ROSER und THOMPSON[310] aus

---

[308] Vgl. BROSIUS, H.-B. und S. KAYSER (1991) S. 236-253.

[309] Es handelte sich hier um eine horizontale Linie, die in regelmäßige Abstände unterteilt war. An den entsprechenden Positionen befanden sich die Opferzahlen (z.B. 50.000, 100.000, etc. bis 300.00 für die Kriegsopfer in Bosien). Für alle drei Versionen war die Linie gleich lang, jedoch mit jeweils anderen absoluten Opferzahlen versehen. Die „richtige" Opferzahl befand sich immer an der gleichen Stelle. Für die vergleichende Auswertung wurden die Skalen in Werte von 1 bis 7 transformiert.

[310] Vgl. ROSER, C. und M. THOMPSON (1995) S. 103-121.

der persönlichen Sicht je vier Verhaltensmöglichkeiten beurteilt werden, die nach ihrer Tragweite und nach dem Aufwand für den Einzelnen gestuft aufeinander folgten: Von der Negation der geschilderten Situation bis zum konkret geäußerten Willen, der Verhaltensempfehlung Folge leisten zu wollen. Auf diese Art sollte der Grad der vom Rezipienten empfundenen Aktivierung durch den Spot erfaßt werden.[311] Die Befunde erlauben dann Rückschlüsse auf die für nicht-kommerzielle Werbung wichtige Genese prosozialen Verhaltens.

In Analogie zu den Ergebnissen von SCHNETKAMP und von HALE, LEMIEUX und MONGEAU[312] wurde die persönliche Erfahrung mit einem Thema oder Gegenstand als Issue-Involvement definiert. Außerdem wurden Anfälligkeitsgefühl und das Selbstwertgefühl mit Hilfe von Auszügen aus dem State-Trait-Anxiety-Inventar SPIELBERGERS operationalisiert.

Das Experiment wurde am 29. und 30. Mai 1995 an der Universität Mainz durchgeführt. Insgesamt nahmen 134 Personen an dem Experiment teil, 68 Frauen und 66 Männer. Die Teilnehmer waren zwischen 19 und 38 Jahren alt, das Durchschnittsalter betrug 23 Jahre.

8.4 Ergebnisse

Gemäß der geschilderten Fragestellung geht es bei der folgenden Auswertung primär um zwei große Themenkomplexe: Einmal um den Einfluß von Furchtappellen auf die Gedächtnisleistung der Rezipienten und zum anderen auf deren Beurteilung und Bewertung von Situation und Schadensausmaß. Diese Themenkomplexe gliedern sich nach der Operationalisierung der Einzelvariablen in vier grundsätzliche Fragen zur spezifischen Wirkung von Furchtappellen:

---

[311] Vgl. ebd.
[312] Vgl. SCHNETKAMP, G. (1982); Vgl. auch: HALE, J.L., LEMIEUX, R. und P.A.MONGEAU (1995) S. 459-477.

1. Welche Wirkung haben Furchtappelle auf die Bewertung eines Werbespots?
2. Wie wirken sich Furchtappelle im Sinne einer Werbewirkung auf die Gedächtnisleistung aus?
3. Hat die Stärke eines Furchtappells einen Einfluß auf die Einschätzung der Situation?
4. Fühlen sich die Rezipienten nach einem starken Furchtappell eher animiert, ihr eigenes Verhalten zu überdenken?

8.4.1 Bewertung der Spots

Die unmittelbare emotionale Reaktion auf einen Werbespot entscheidet meist schon über den weiteren Verarbeitungsweg. Nach den bisherigen Forschungsergebnissen kann man davon ausgehen, daß es wegen der unterschiedlichen Intensität der Furchtappelle zu verschiedenen affektiven Reaktionen auf die beiden Versionen einer Spotgruppe kommt. Dabei ist zu vermuten, daß auf den starken Furchtappell emotional intensiver reagiert wird. Nicht klar ist aber, ob die stärkere Reaktion zu einer deutlicheren Ablehnung oder Akzeptanz des Spots führen wird.

Tabelle 47: **Bewertung der Experimental-Spots**

	Furchtappelle		
	stark MW (n=65)	**schwach** MW (n=69)	p
DRK	3,4	3,5	n.s.
Bosnienhilfe	2,3	2,0	n.s.
Greenpeace	1,7	1,7	n.s.

Die Mittelwerte basieren auf einer Skala zwischen 1 („sehr gut gefallen") und 7 („überhaupt nicht gefallen").

Tabelle 47 zeigt, daß die drei Spotpaare sehr unterschiedlich bewertet wurden. Am besten wurde der Spot von Greenpeace (Mittelwert 1,7) beurteilt. Ob diese Unterschiede zwischen den drei Spots am Thema, an der Art der Darstellung, der Voreinstellung der Studenten oder an anderen Dingen liegen, kann nicht geklärt werden. Gleichzeitig sind die Unterschiede zwischen den beiden Versionen eines jeden Spotpaares nur marginal. Die Stärke des Furchtappells hat also keinen Einfluß auf die Bewertung des Spots. Furchtintensive Reize haben die affektive Reaktion auf einen Stimulus nicht nachhaltig beeinflussen können. Die Stärke von Furchtappellen hat also keinen generellen Einfluß auf die Bewertung eines nicht-kommerziellen Werbespots. Die Hypothese 1 findet also keine Bestätigung.

8.4.2 Einfluß von Furchtappellen auf die Erinnerungsleistung

Auch bei der Erinnerungsleistung finden sich keine Unterschiede zwischen schwachen und starken Furchtappellen. Es gibt zwar deutliche Unterschiede in der Erinnerung an die einzelnen Themen, die Differenzen zwischen den beiden Furchtversionen eines Spots fallen hingegen weit geringer und niemals signifikant aus. Selbst in der Tendenz ergibt sich kein einheitliches Bild. Der Spot zum Thema Bosnienhilfe wird häufiger erinnert, wenn starke Furchtappelle eingebaut waren, bei den anderen beiden Themen hatten schwache Furchtappelle bessere Erinnerungsleistungen zur Folge. Furchtintensive Bilder haben offenbar keinen generellen Einfluß auf die freie Erinnerung an den ganzen Spot. Im Aggregat gibt es keinen Zusammenhang zwischen der Bewertung und der Erinnerungsleistung. Der am besten bewertete Spot von Greenpeace wurde nicht am häufigsten erinnert. Die kognitive Reaktion scheint nicht von der emotionalen Qualität der furchtinduzierenden Parallelhandlung beeinflußt zu sein. *Tabelle 48* zeigt die Ergebnisse im einzelnen. Für die Erinnerung an das Thema des Spots gilt, daß Hypothese 2 nicht zutrifft. Der stärkere Furchtappell bewirkt keine bessere kognitive Erinnerungleistung.

Tabelle 48:	**Einfluß der Furchtappelle auf die freie Spot-Erinnerung**	

	Furchtappelle		
	stark % (n=65)	**schwach** % (n=69)	p
DRK	40	45	n.s.
Bosnienhilfe	80	67	n.s.
Greenpeace	55	73	n.s.

n.s.

Die Erinnerung an einen Experimentalspot im gesamten bedeutet allerdings nicht, daß die Befragten den darin enthaltenen Furchtappell ebenfalls behalten haben. Im nächsten Analyseschritt wurde daher die ungestützte Detailerinnerung daraufhin untersucht, ob die Versuchsteilnehmer sich an die konstruierte furchtinduzierende Nebenhandlung der Spots erinnern konnten, ob sie diese in ihrer freien Wiedergabe der Spotinhalte nannten. Die Rezipienten müßten sich dann gemäß Hypothese 2 zumindest häufiger an furchtstarke Elemente der Nebenhandlung erinnern. *Tabelle 49* zeigt, daß die stark furchtinduzierende Nebenhandlung signifikant häufiger von den Rezipienten bei der Wiedergabe der Spotinhalte angegeben wurde, als die schwächere Version.

Ein furchtinduzierender Einzelreiz in einem Werbespot wird zwar selbst besser erinnert als andere Teile des Spots, führt aber nicht zu einer besseren Erinnerung an den Spot selbst. Die Gleichsetzung von Furchtreiz und Spot, wie sie in vorangegangenen Studien häufiger praktiziert wurde,[313] ist also problematisch. Unsere Daten zeigen lediglich, daß stark furchtinduzierende Reize signifikant häufiger erinnert werden als schwache Stimuli. Zur besseren Kenntnis eines sinnvollen Einsatzes von Furchtappellen trägt das aus einer solchen Betrachtung gewonnene Wissen nicht bei. Die Feststellung ist jedoch

---

[313] Vgl. z.B. JANIS, I.L. und S. FESHBACH (1953) S. 78-92.

berechtigt, daß intensive Furchtappelle zu einer stärkeren kognitiven Reaktion führen. Hypothese 2 wäre somit für die Erinnerung an die Furchtappelle selbst bestätigt.

Tabelle 49: **Erinnerung an die Furchtappelle selbst**

	Furchtappelle	
	stark % (n=65)	**schwach** % (n=69)
frei erinnert	92	59
nicht erinnert	8	41
Gesamt	**100**	**100**

χ^2=19,50; p<.001

Die Analyse in *Tabelle 49* gibt nur einen groben Überblick ohne Differenzierung nach den drei Themen. Im nächsten Schritt haben wir daher für jedes Thema ausgezählt, wie viele Details aus der Nebenhandlung, in denen die furchtinduzierten Reize enthalten waren, die Versuchsteilnehmer nennen konnten. Hierzu wurde die freie Detailerinnerung an die furchtinduzierende Nebenhandlung für DRK, Bosnienhilfe und Greenpeace getrennt ausgewertet.

In *Tabelle 50* ist die mittlere Anzahl der Elemente, die die Befragten erinnern konnten, abgetragen. Die Tabelle zeigt in zwei Fällen signifikante Unterschiede in der Erinnerung an die Details der Furchtappell-Sequenzen. Während jedoch beim DRK die Differenzen in die vermutete Richtung gingen (bei starken Furchtappellen wurden mehr Details erinnert), liefen sie bei den Spots der Bosnienhilfe den Vorhersagen entgegen. Bei Greenpeace war höchstens eine vage Tendenz in die postulierte Richtung festzustellen. Die unterschiedliche Erinnerung an Einzelelemente der Nebenhandlungen in den Spots von Bosnienhilfe und DRK verwundert um so mehr, als die freie Erinnerung an die Experimentalspots zu anderen Vermutungen Anlaß gab. Dort wurde die furchtstarke Version der Bosnienhilfe besonders häufig genannt, die furchtintensive Version des DRK hingegen besonders wenig. Es wird deutlich, wie wenig die Erinnerung an den gesamten Spot mit der Erinnerung an Elemente der Furchtappelle gemein hat. Man muß also vermuten, daß es einen Interaktionseffekt zwischen dem Thema oder der Gestaltung eines Spots und der Erinnerung an die Furchtappelle gibt. Wie dieser Interaktionseffekt beschaffen ist, kann bei nur drei Themen nicht deutlich festgestellt werden. Hierzu wären mehr Themen in verschiedener Aufmachung notwendig.

Tabelle 50: **Einfluß der Furchtappelle auf die freie Detailerinnerung**

| | **Furchtappelle** | | |
	stark MW (n=65)	**schwach** MW (n=69)	p
DRK	1,9	0,5	<.001[a]
Bosnienhilfe	0,6	1,6	<.05 [b]
Greenpeace	1,3	1,1	n.s.

Mittelwerte unterscheiden sich nach dem t-Test für unabhängige Stichproben.
[a] : t= 3,89
[b] : t= 2,55

Aus diesen Ergebnissen folgt zunächst, daß es keine generellen Effekte der Stärke von Furchtappellen auf die Erinnerungsleistung gibt. Starke Furchtappelle können bei dem einen Spot (DRK) zu signifikant mehr Detailerinnerung führen, beim anderen Spot (Bosnienhilfe) zu signifikant weniger Erinnerung. Im dritten Fall (Greenpeace) ist kein direkter Einfluß feststellbar, die Erinnerung scheint unabhängig der Stärke des Furchtappells zu sein. Hypothese 2 muß also weiter differenziert werden. Die Frage, ob starke oder schwache Furchtappelle die Erinnerung fördern, hängt offenbar von Thema und/oder Aufmachung der Spots ab.

8.4.3 Einfluß des Issue-Involvements

Das Issue-Involvement wurde durch die Frage nach der persönlichen Erfahrung mit dem problematisierten Gegenstand, entweder durch eigenes Erleben oder durch jemanden aus dem persönlichen Umfeld, erhoben. Für die freie Spot-Erinnerung ergaben sich weder insgesamt noch getrennt für die drei Themen Unterschiede zwischen hoch und niedrig Involvierten. Ein Blick auf *Tabelle 51* zeigt, daß in Kombination mit starken Furchtappellen das Issue-Involvement durchaus Einfluß auf die Anzahl erinnerter Details der Nebenhandlung hat: Über alle drei Themen hinweg werden Einzelheiten furchtintensiver Appelle bei hohem Issue-Involvement besser erinnert.[314]

Tabelle 51 : **Einfluß des Issue-Involvements auf die Erinnerung an Furchtappelle**

Issue-Involvement	starker Furchtappell		schwacher Furchtappell	
	hoch MW (n=46)	niedrig MW (n=19)	hoch MW (n=46)	niedrig MW (n=23)
Erinnerung an die Furchtappelle	4,3 [a]	2,2 [b]	2,1 [b]	2,5 [b]

Interaktionseffekte: $F=8,40; p<.05$
Mittelwerte mit unterschiedlichen Kennbuchstaben unterscheiden sich signifikant auf dem 5-Prozent-Niveau.

Nicht-kommerzielle Werbung, die den Betrachter direkt anspricht und einen Gegenstand thematisiert, der im potentiellen Erfahrungsbereich der Rezipienten anzusiedeln ist, wie etwa beim Thema „Straßenverkehr" des DRK, könnte zur Erreichung ihrer Ziele visuelle Furchtappelle einsetzen. Wenn also Rezipienten ihre eigenen Erfahrungen mit dem Gesehenen in Verbindung setzen können, werden die gezeigten negativen physischen Konsequenzen in der Folge besser erinnert. Der Rezipient ist in diesem Zusammenhang für furchtinduzierende

---

[314]   Eine getrennte Analyse für die drei Themen ist aufgrund der dann geringen Fallzahlen nicht sinnvoll.

218

Kommunikationselemente durch die eigene Vita sensibilisiert, so daß er die Furchtappelle intensiver verarbeitet und sich daher auch besser an Einzelheiten erinnert. Intensive Furchtappelle werden bei großer persönlicher Nähe zu den negativen Auswirkungen eines Verhaltens eher erinnert, als schwächere Furchtappelle. Hypothese 6, die unterstellte, daß das Issue-Involvement einen Anteil an der Verarbeitung furchtinduzierender Kommunikation hat, kann daher als bestätigt gelten.

8.4.4 Beurteilung der dargestellten Situation

Stark emotionalisierende Bilder können, wie beschrieben, einen wesentlichen Einfluß auf die Beurteilung und Einschätzung einer Situation haben. Der Begriff der Beurteilung oder Einschätzung wurde durch die nachfolgende Kategorisierung in drei Bereiche aufgeteilt, innerhalb derer die Meinung des Rezipienten zur geschilderten Situation gefragt war.

1. die Zustimmung zu oder die Ablehnung von pointierten Aussagen, die sich entweder positiv oder negativ zur im Spot geschilderten Thematik äußern.

2. die persönliche Disposition zur Handlung anhand vorgegebener Muster, die von einer Leugnung eigener Einflußmöglichkeiten bis hin zur möglichen Befolgung der explizit oder implizit formulierten Verhaltensaufforderung reichen.

3. die freie Einschätzung des Schadensausmaßes des problematisierten Sachverhaltes auf einem vorgegebenen Zahlenstrahl.

Gemäß Hypothese 3 hatten wir erwartet, daß ein starker Furchtappell die Beurteilungen stärker in die Richtung des Appells verändert als ein schwacher Furchtappell. Dies wird im vorliegenden Fall aber nicht bestätigt (*Tabelle 52*): Keine der pointierten Meinungen wurde nach schwachen bzw. starken Furchtappellen anders beurteilt. Die Hypothese 3 muß somit verworfen werden. Der postulierte Zusammenhang zwischen der Furchtappellintensität und einer Radikalisierung der Ansichten ist weder signifikant noch in der Tendenz nachzuweisen. Die Begründung hierfür könnte aus den Ausführungen von

BROSIUS und KAYSER folgen.[315] Die Autoren argumentieren, daß Meinungen dann nicht von emotionalen Bildfolgen beeinflußt werden, wenn nach diesen Meinungen direkt gefragt wird. In diesem Fall übertönen die vorhandenen Voreinstellungen in einem Rationalisierungsprozeß die emotionalen Bilder in ihrer Wirkung. Nur durch indirekte Maße, zum Beispiel durch Fragen nach der Erinnerung, können Wirkungen emotionalen Materials sichtbar gemacht werden.

Tabelle 52:   **Zustimmung zu pointierten Meinungen**

	Furchtappelle	
	stark MW	**schwach** MW
DRK	(n=25)	(n=22)
Forderung nach Einführung eines Tempolimits	4,1	3,8
Forderung nach härterem Durchgreifen gegen Verkehrssünder	3,1	3,1
Behauptung, das Verletzungsrisiko sei seit Jahren nicht gestiegen	1,7	1,6
Bosnienhilfe	(n=20)	(n=21)
Forderung nach Konzentration deutscher Hilfe für Bosnien	5,0	4,8
Forderung nach einem aktiven Einsatz von UNO und NATO	4,4	4,2
Forderung nach vorrangiger Behandlung inländischer Probleme	2,6	2,6
Greenpeace	(n=20)	(n=26)
Vorhersage einer nahenden Klimakatastrophe	5,2	4,8
Forderung nach härteren Gesetzen zum Schutz der Atmosphäre	4,9	5,0
Behauptung der relativen Harmlosigkeit des Ozonlochs	2,7	3,2

Alle Differenzen: n.s.; je höher der Mittelwert, desto eher stimmten die Befragten der pointierten Meinung bzw. der Forderung zu.

---

[315]   Vgl. BROSIUS, H.-B. und S. KAYSER (1991).

8.4.5 Moderierender Einfluß von Persönlichkeitsmerkmalen

Konkret ist zu klären, ob furchtinduzierende Stimuli nur bei bestimmten Personen eine Wirkung in Richtung der im Spot geschilderten Situation haben. Die Versuchspersonen wurden als „labil" bzw. als „stabil" bezüglich ihrer kurzfristigen Irritierbarkeit durch äußere Reize eingestuft. Dies geschah in Analogie zu GOLDSTEINS Differenzierung in „Coper" und „Avoider" und wohl wissend, daß zur Persönlichkeitsdimension der Labilität oder Stabilität noch andere Faktoren beitragen können als die hier verwendeten Indikatoren.

Bedeutende Unterschiede fanden sich lediglich für den DRK-Spot. Jeweils bei der Forderung nach einem härteren Eingreifen des Gesetzgebers ergaben sich deutliche Unterschiede in der Beurteilung zwischen „labilen und stabilen" sowie „selbstbewußten und unsicheren" Personen. *Tabelle 53* zeigt die Ergebnisse im Überblick.

Tabelle 53: **Persönliche Prädispositionen und ihr Einfluß auf die Beurteilung pointierter Meinungen zum Straßenverkehr**

DRK	Furchtappelle				
	stark		schwach		
Die *Labilität* ist:	hoch MW (n=10)	niedrig MW (n=15)	hoch MW (n=15)	niedrig MW (n=7)	p
Forderung nach härterem Vorgehen gegen Verkehrssünder	3,7 [a]	2,7 [b]	2,6 [b]	4,3 [a]	<.05*
Das *Selbstwertgefühl* ist:	niedrig (n=13)	hoch (n=12)	niedrig (n=13)	hoch (n=9)	
Forderung nach härterem Vorgehen gegen Verkehrssünder	3,7 [a]	2,4 [b]	2,7 [b]	3,8 [a]	<.05**

Interaktionseffekte: *F=4,96; **F=3,96.
Einzelne Mittelwerte mit unterschiedlichen Kennbuchstaben unterschieden sich signifikant auf dem 5-Prozent-Niveau nach dem t-Test für unabhängige Stichproben.

Es scheint hier so zu sein, daß labile und unsichere Rezipienten nach der Konfrontation mit einem furchtintensiven Stimulus primär damit beschäftigt sind, ihre Emotionen zu kontrollieren. Der Ruf nach der „starken Hand des Staates" als einer Methode, den furchtauslösenden Stimulus zu eliminieren, findet daher eher Zustimmung. Das im Theorieteil diskutierte Parallel-Response-Modell von LEVENTHAL[316] würde somit seine Bestätigung erfahren: Labile und wenig selbstbewußte Personen sind vornehmlich an einer „Furchtkontrolle" interessiert, während stabile und selbstbewußte Rezipienten sich unter dem Aspekt einer „Gefahrenkontrolle" nicht zu einer stärkeren Unterstützung der vermeintlich furchtreduzierenden Forderung verleiten lassen. Wie schon bei den Befunden zur freien Erinnerung an die Greenpeace-Spots, ist aber auch hier bei einem Wechsel der betrachteten Stimulusintensität eine Umkehrung der Ergebnisse festzustellen. Stabile und selbstbewußte Menschen beschäftigen sich augenscheinlich nach einem *schwachen* Appell eher mit den insinuierten inhaltlichen Folgerungen eines Spots und stimmen der pointierten Forderung nach gesetzlichen Handlungen in größerem Ausmaß zu. Ein möglicher Grund könnte sein, daß sie durch die mäßige Visualisierung nicht so offensichtlich zur Meinungsänderung gedrängt werden. Selbstbewußte und stabile Persönlichkeiten können folglich eher dann beeinflußt werden, wenn der Beeinflussungsversuch nicht offenkundig wird.

An dieser Stelle ist es angebracht, über die postulierten Zusammenhänge zwischen persönlichem Bewältigungsverhalten und der Intensität furcht-induzierender Kommunikationsinhalte auf der einen, sowie der ermittelten Werte zur Erinnerungsleistung und Situationsbeurteilung auf der anderen Seite nachzudenken. Sowohl LEVENTHALS Modell, als auch die Theorie der Unter-scheidung zwischen „Coper" und „Avoider" liefert Ansätze, nach denen die bessere Erinnerung an stark furchtinduzierende Elemente, wie auch die ausgeprägtere Zustimmung zu pointierten Aussagen durch labile oder unsichere Personen mit deren starker emotionaler Spannung zu erklären ist. Doch die Frage, warum selbstbewußte und stabile Rezipienten nach einem schwachen Appell deutlich häufiger nach einer externen Problemlösung rufen, als nach

---

[316] Vgl. LEVENTHAL, H. (1970) S. 168f.

einem schwachen emotionalen Appell läßt sich mit diesen Theoriemodellen kaum erklären. Denn nach GOLDSTEINS Modell sind z.B. jeweils ähnliche Werte für selbstbewußte und stabile Personen zu erwarten, egal, ob sie dem starken oder schwachen Appell ausgesetzt waren.

Wie schon beim Thema Verkehr (der Forderung nach einem härteren Vorgehen des Gesetzgebers gegen Verkehrsrowdies), so rufen auch beim Thema Klimaschutz in der Situation der emotionalen Verunsicherung labile und wenig selbstbewußte Rezipienten nach einer externen Lösung für das geschilderte Problem, wie *Tabelle 54* zeigt.

Tabelle 54: **Persönliche Prädispositionen und ihr Einfluß auf die Beurteilung pointierter Meinungen zum Klimaschutz**

Greenpeace	**Furchtappelle**				
	stark		**schwach**		
Die *Labilität* ist:	hoch MW (n=10)	niedrig MW (n=10)	hoch MW (n=9)	niedrig MW (n=17)	p
Forderung nach härteren Gesetzen zum Schutz der Atmosphäre	5,7 [a]	4,1 [b]	4,7	5,1	<.05*
Das *Selbstwertgefühl* ist:	niedrig (n=12)	hoch (n=8)	niedrig (n=10)	hoch (n=16)	
Forderung nach härteren Gesetzen zum Schutz der Atmosphäre	5,6 [a]	3,9 [b]	4,4	5,3	<.01**

Interaktionseffekte: *F=4,74; **F=8,14
Einzelne Mittelwerte mit unterschiedlichen Kennbuchstaben unterscheiden sich signifikant auf dem 5-Prozent-Niveau nach dem t-Test für unabhängige Stichproben.

Es scheinen die gleichen Mechanismen wie bei den Spots des DRK zu greifen: Labile und wenig selbstbewußte Personen fordern nach der Konfrontation mit den starken Furchtappellen signifikant stärker gesetzliche Lösungen. Stabile und selbstbewußte Personen verlangen durchaus gleiches, allerdings eher dann, wenn sie einem schwachen Appell ausgesetzt waren. Interessant ist, daß dies auch für Studenten zu gelten scheint: Wird ein Mißstand offensichtlich, so wird nach einer externen und gesetzlichen Lösung verlangt. Insgesamt kann man Hypothese 7 in bezug auf einzelne Persönlichkeitsmerkmale bestätigen. Labile und unsichere Personen neigen nach starken Furchtappellen stärker zu Ansichten, daß externe Ordnungskräfte eingreifen müssen.

8.4.6 Furchtappelle und persönliche Einflußnahme

Im Rahmen von Hypothese 4 gingen wir davon aus, daß starke Furchtappelle dazu führen, daß Rezipienten eher dazu tendieren, persönlich Einfluß auf die geschilderten Mißstände nehmen zu wollen. An der Zustimmung oder Ablehnung zu vorformulierten Positionen wurde die Verhaltensdisposition der Rezipienten abgelesen. Nur einer von zwölf Positionen wurde nach der Konfrontation mit einem starken Furchtappell signifikant stärker zugestimmmt: *„Hilfe von außen ist für die Menschen in Bosnien-Herzegovina sicher notwendig, aber keine Lösung"*. Die sonst uneinheitlichen Ergebnisse können das Modell von ROGER und THOMSON nicht bestätigen. Starke Furchtappelle können ein lethargisches Publikum nicht signifikant aktivieren. Hypothese 4 konnte folglich nicht bestätigt werden. Persönliche Handlungsoptionen bei den von uns untersuchten Themen können nicht durch die hier verwandten und einmal präsentierten Furchtappelle beeinflußt werden.

8.4.7 Furchtappelle und Schadensschätzung

Bei der Betrachtung über die Einzelgruppen hinweg zeigt sich hier ein signifikanter Unterschied zwischen den Rezipienten eines starken oder schwachen Furchtappells. Für alle drei Themen gilt in der Tendenz, daß Rezipienten, die einen starken Furchtappell gesehen hatten, das Ausmaß des Schadens stärker einschätzen. Dieser Befund gleicht denen von BROSIUS und KAYSER.[317]

---

[317] Vgl. BROSIUS, H.-B. und S. KAYSER (1991).

Offensichtlich werden die Rezipienten eher unbewußt von den intensiven Bildern beeinflußt und vermuten in der Folge ein größeres Schadensausmaß. Dieses Ergebnis ist daher nicht nur für die vorliegende Studie und ihre Fragestellung nach der Verarbeitung von Furchtappellen in nicht-kommerzieller Werbung interessant, sondern darüber hinaus auch z.B. für Fragestellungen zu den Wirkungen von Propagandamaterial.

Tabelle 55: **Schätzung der Opferzahlen des jeweiligen Themas**

| | **Furchtappelle** | | |
	stark MW	schwach MW	p
Alle Gruppen	3,8 (n=65)	3,2 (n=69)	<.05 [a]
DRK	4,0 (n=25)	3,5 (n=22)	n.s.
Bosnienhilfe	4,1 (n=20)	3,7 (n=21)	n.s.
Greenpeace	3,1 (n=20)	2,5 (n=26)	n.s.

Die 'richtige' Opferzahl befand sich immer auf der Position 3,8.
[a]: t= 2,54

Starke Furchtappelle führen also bei den einzelnen Themen tendenziell zu einer Überschätzung der negativen Folgen des problematisierten Sachverhaltes. Die mehr implizite Schätzung, wie sie auf dem Zahlenstrahl vorgenommen wird, erfolgt meist spontaner und wird somit nicht von den gleichen kognitiven Prozessen kontrolliert wie die Auseinandersetzung mit bzw. die Zustimmung zu den explizit formulierten Meinungen und Verhaltensoptionen. In Anlehnung an Ergebnisse der Risikoforschung kann daher für dieses Resultat davon ausgegangen werden, daß die Beurteilungen der Schadensdimension anhand vereinfachender Heuristiken vorgenommen wurden[318], für die wiederum die gesehenen Bilder mit dem furchtauslösenden Charakter die Grundlage bildeten. Hypothese 5 kann daher beibehalten werden.

8.5 Zusammenfassung

Die Ergebnisse zur Wirkung von Furchtappellen in der Werbekommunikation sind sehr uneinheitlich. Eine eindeutige Wirkungsrichtung konnte anhand der experimentellen Untersuchung nicht festgestellt werden. Der Einsatz von Furchtappellen in Spendenaufrufen führt zu keiner signifikant besseren oder schlechteren Bewertung der zugrundeliegenden Kommunikationen (hier nicht-kommerzielle Werbespots). Auch tragen starke Furchtappelle nicht zu einer besseren Erinnerung an den gesamten Spot bei. Man kann also nicht erwarten, daß ein bestimmter Kommunikationsinhalt durch den Einsatz von Furchtappellen besser transportiert werden kann. Die Erinnerung an die Furchtappelle selbst hängt vom zugrundeliegenden Thema ab. So kann es sein - wie man zunächst vermuten möchte - daß starke Furchtappelle besser erinnert werden als schwache, was im Blutspende-Spot des DRK tatsächlich der Fall war. Hier sind die Personen eher persönlich involviert, das Thema ist nicht stark emotional belegt. Beim Spot zur Bosnienhilfe war die Wirkung aber gerade umgekeht: Die schwachen Furchtappelle wurden besser erinnert. Furchtbare Kriegsbilder, die starke Präsenz des Themas in den Medien und eine wahrgenommene eigene Hilflosigkeit mag hier eher zu einer Wahrnehmungsabwehr geführt haben. Die Frage, ob starke oder schwache Furchtappelle die Erinnerung fördern, hängt offenbar vom Thema und/oder der Aufmachung der Spots ab. Liegt das Thema im unmittelbaren Erfahrungsbereich des Rezipienten (z.B. bei Verkehrsunfällen), so werden die anhand von Furchtappellen gezeigten negativen physischen Konsequenzen besser erinnert. Der Einsatz von Furchtappellen erreicht also sein Ziel bei den Rezipienten, die durch die eigene Erfahrung bereits sensibilisiert sind. Eine Veränderung von Ansichten, die in die vom Spot intendierte Richtung laufen, konnte ebenfalls nicht durch starke Furchtappelle erreicht

---

[318] Vgl. TVERSKY, A. und D. KAHNEMAN (1974) S. 1124-1131.

werden. Dieses Ergebnis verwunderte insoweit nicht, als daß eine Änderung von Meinungen ohnehin nicht Teil kurzfristiger werblicher Kommunikation sein kann und experimentell ohnehin kaum belegbar ist. Starke Furchtappelle können jedoch tendenziell zu einer (kurzfristigen) Überschätzung des problematisierten Sachverhalts führen. Schließlich scheinen labile und anfällige Menschen nach der Konfrontation mit starken Furchtappellen eher nach fremder Hilfe zu rufen, als ihre eigene Verhaltensoption wahrzunehmen.

9 Fazit

Die vielen Einzelbefunde aus den experimentellen Studien zeigen einige Gemeinsamkeiten, die hier aufgezählt werden sollen. Man kann die folgenden Passagen sicherlich nicht als gesicherte Erkenntnis betrachten, hierzu sind im einzelnen Replikationen bzw. Erweiterungen notwendig. Zudem waren wir nicht in der Lage, unsere Ergebnisse durch die Untersuchung größerer oder anderen Populationen abzusichern. Dennoch lassen sich einige Erkenntnisse ableiten:

Der Ausgangspunkt unserer Überlegungen betraf das Zusammenspiel zweier Aspekte moderner Fernsehwerbung. Zum einen zeichnet sich die gegenwärtige Werbung durch eine Fülle neuer Formen und Präsentationsstile aus. Für die Rezipienten stellen diese neuen Formen und Stile zunächst eine ungewöhnliche Variation der herkömmlichen Werbung dar. Die Untersuchung der Wirkung dieser Stilmittel war der eine Schwerpunkt der Studien. Zum anderen sind Werbespots, Werbeblöcke und andere Teile des Fernsehprogramms keine isolierten Einzelreize, sondern werden den Rezipienten in einer endlosen Kette von Bildern und Worten dargeboten. Die Präsentation eines einzelnen Elements, beispielsweise eines Werbespots, wird daher nicht nur die Verarbeitung dieses Reizes beeinflussen, sondern auch die Verarbeitung der umgebenden Reize, also anderer Werbespots oder des umgebenden Programms. Solche Ausstrahlungseffekte standen ebenfalls im Mittelpunkt der Untersuchung. Als erster genereller Befund ergibt sich daher:

1. Die Rezeption und die Verarbeitung von Werbespots kann durch die Gestaltung der Spots selbst und durch die Gestaltung des Spotumfeldes in vielfältiger Weise beeinflußt werden. Hierbei haben sowohl eine kreative Gestaltung des Spots selbst als auch viele der neuen Werbeformen eine insgesamt positive Wirkung auf die Verarbeitungsleistung. Kreativität und Ungewöhnlichkeit sind jedoch flüchtige Attribute von Werbung. Erfolgreiche Gestaltungen wie auch ungewohnte Werbeformen werden von zahl-

reichen Nachahmern kopiert, so daß sich die Wirkungsvorteile schnell abnutzen. Beispielsweise wird sich die positive Wirkung von Tandemspots auf die Erinnerung der Produkte sicherlich abschleifen, wenn viele Werbetreibende dieses Stilmittel einsetzen. Erfolgreich werben heißt demnach auch, neue Trends zu setzen und nicht unbedingt, bereits bis an die Grenze ausgereizte Formen nachzuahmen. Gerade im Fernsehen gilt Innovation statt Imitation, wenn man Aufmerksamkeit erreichen will. Gestaltungsmittel mit hoher Aufmerksamkeit entpuppen sich allerdings häufig als Trojanisches Pferd. Sie steigern zwar Awareness und Spot-Erinnerung. In den meisten unserer und der zitierten Untersuchungen führen stark aktivierende Stimuli jedoch regelmäßig zur Hemmung der Detailverarbeitung, was nicht im Sinn der Werbewirkung sein kann. Dies gilt oft nicht nur für die aktivierende Werbung selbst, sondern häufig auch für umliegende werbliche Informationen. Die monokausale Vorstellung, man müsse den Rezipienten nur irgendwie, egal wie und möglichst stark aktivieren, um werbliche Inhalte zu transportieren, ist kurzsichtig. Sie wird den komplexen kognitiven und emotionalen Verarbeitungsstrategien und dem Wahrnehmungsverhalten der Fernsehzuschauer nicht gerecht. Zusammenfassend kommen wir zu dem Ergebnis, daß sich die Wirkung von Fernsehwerbung nur auf die Veränderung kurzfristiger Affekte und die Vermittlung überraschend weniger inhaltlicher Informationen beschränken kann. Die Vermittlung von Detailinformationen muß und sollte sogar von anderen Teilen des Marketing-Mix übernommen werden. Will Fernsehwerbung auch in der Gunst der Rezipienten überleben, so muß sie sich vornehmlich an emotional-kreativen Vorbildern orientieren. Wirkungsvolle Fernsehwerbespots werden in Zukunft zunehmend „kleine Kunstwerke" und immer seltener reine Produktpräsentationen sein. Man könnte aus unseren Befunden auch den Vorteil zweistufiger Kampagnen ableiten: In der ersten Stufe wird durch kreative und auffällige Gestaltung beim Rezipienten ein hohes Aufmerksamkeitsbzw. Beachtungsniveau erzeugt. Der Name des Produkts bleibt haften. In der zweiten Stufe könnten durch detailorientierte Gestaltung notwendige und zentrale Informationen vermittelt werden.

2. Die in den vorliegenden Studien gefundenen deutlichen Effekte beziehen sich vor allem auf Sponsoring, Tandem-Spots und emotionalisierende Werbung. Alle drei Stilmittel fördern die Erinnerung und die Verarbeitung der Werbebotschaften. Emotionalisierende Elemente in der Werbung (vgl. Kapitel 3) verleihen zunächst dem Werbespot selbst große Auffälligkeit. Am deutlichsten war diese Wirkung bei erotischen Elementen (Jade-Man-Spot). Hier ist vermutlich der emotionalisierende Gehalt am eindeutigsten und auch bei geringer Involviertheit direkt verstehbar. Die Wirkung von Beklemmung und Spannung durch in beiden Fällen uneindeutige Botschaften erfordern vergleichsweise mehr Verarbeitungskapazität, bevor man die emotionalisierende Botschaft verstehen kann. Entsprechend war hier die Wirkung geringer. Für den einer emotionalisierenden Werbung nachgeschalteten Spot zeigten sich zwei gegenläufige Wirkungen. Auf der einen Seite konnte er noch von der erhöhten Aufmerksamkeit gegenüber dem emotionalisierenden Spot profitieren. Das entsprechende Produkt wurde häufiger frei erinnert. Auf der anderen Seite kam es in bezug auf die Bewertung des Spots zu einem Kontrasteffekt. Der nachfolgende Spot gefällt dann deutlich schlechter. Die Frage, ob das Umfeld eines emotionalisierenden Spots zu suchen oder zu meiden ist, hängt also vom Werbeziel ab. Spielt vor allem die „Awareness" der Marke eine Rolle, kann ein emotionalisierendes Umfeld durchaus förderlich sein. Man muß dann allerdings in Kauf nehmen, daß die Bewertung des Spots weniger gut ausfällt und möglicherweise (das haben wir allerdings nicht untersucht) auf die Bewertung des Produkts abfärbt.

3. Die Gestaltung eines Spots als Tandem (Basis-Spot und nach weiteren Spots ein Reminder innerhalb eines Werbeblocks) fördert die freie Erinnerung an das entsprechende Produkt, die gestützte Erinnerung und die Detailerinnerung (vgl. Kapitel 5). Details einer Werbung werden aber nur dann besser erinnert, wenn sie sowohl im Basisspot als auch im Reminder präsentiert werden. Die Mehrkosten lassen sich unter der Perspektive der Erinnerungssteigerung durchaus rechtfertigen. Wie für alle auf besondere Auffälligkeit zielende neue Werbeformen muß man allerdings befürchten, daß im Laufe der Zeit mit Abnutzungs- wenn nicht gar mit Reaktanzeffekten zu rechnen

ist. Da ein Tandemspot auffälliger ist als ein Solo-Spot und die Persuasions-absicht offenkundiger wird, hatten wir mit negativen Auswirkungen auf die Bewertung des Spots gerechnet. Dies trat jedoch nur unmerklich ein. Es ist allerdings zu vermuten, daß negative Assoziationen gegenüber einer Reminderkombination überproportional zunehmen, wenn diese besonders unattraktiv gestaltet ist. Wesentlich entscheidender für die Bewertung ist die Anmutungsqualität des Spots an sich: Eine ansprechende Spotgestaltung ist eine notwendige Bedingung für die Wirkungsmöglichkeiten des Reminders und reduziert potentielle Reaktanz. Wir konnten zusätzlich Ausstrahlungs-effekte vom Tandemspot auf den umschlossenen Spot und umgekehrt fest-stellen. Tendenziell wird die freie Spot-Erinnerung an den umschlossenen Spot gefördert, die Detailerinnerung jedoch gehemmt. Wir finden also wieder das gleiche Muster: Eine aufmerksamkeitsfördernde Umgebung erhöht die freie Erinnerung, beeinträchtigt allerdings die Detilerinnerung. Umgekehrt scheint es Hinweise darauf zu geben, daß die Erinnerungs-leistung an die Reminderwerbung schlechter wird, wenn der umschlossene Spot besonders attraktiv ist. Besonders bei allgemein geringen Kontaktwahr-scheinlichkeiten bestimmter Zielgruppen mit Werbeträgern scheinen Tan-demspots eine nahezu ideale Form zu sein, kurzfristig Positionierungserfolge gerade neuer Produkte durch Vermittlung der Hauptinformationen (z.B. der Marke) zu erreichen. Diese Werbeform ist aber eher für den Start einer Kampagne, jedoch nicht als „Langzeittreatment" zu empfehlen.

4. Das Sponsern einer Sendung mit einem Hinweis auf ein Produkt (vgl. Kapitel 6) hat vor allem in Kombination mit einem Spot zum gleichen Pro-dukt in einem Werbeblock der Sendung eine starke Wirkung auf die Ver-arbeitungsleistung. Sponsoring und Spot sind zusammen wesentlich effektiver als Sponsoring und Werbespots einzeln. Hier kumulieren die Wirkungen deutlich. Die Konkurrenz weiterer Marken im Werbeblock konnte die Wirkung der Sponsor-Werbespot-Kombination nicht beein-trächtigen. Wir konnten ebenfalls keine Beeinträchtigung durch die Art des programmlichen Umfeldes feststellen. In dem Tierfilm war die Wirkung des sachfremden Tocade-Trailers und -Spots eher noch stärker als die Wirkung des thematisch nahestehenden Frolic-Spot. Allerdings kann auf so schmaler

Basis der generelle Zusammenhang zwischen Sponsor und Programmumfeld nicht hinreichend geklärt werden.

5. In zwei Studien (Kapitel 4 und Kapitel 6) haben wir die Wirkung von Produkt-Konkurrenz in einem Werbeblock untersucht. Die Wirkung muß wiederum differenziert beurteilt werden. Auf die freie Erinnerung hat das gleichzeitige Vorhandensein mehrerer Konkurrenzprodukte eine positive Wirkung. Offensichtlich dienen die verschiedenen Marken gegenseitig als Hinweisreize. Das entsprechende Cluster von Produkten ist dann besonders erinnerungswirksam. Negative Wirkungen der Konkurrenz existieren in bezug auf die Erinnerung an Details und die Verwechslung von Produkten und deren Attribute. Hier sind Rezipienten, vor allem unter der Bedingung geringer Involviertheit, offenbar überfordert, aus den verschiedenen Spots die zahlreichen Details zu merken und dem richtigen Produkt zuzuordnen. Je nach Strategie, entweder die Marke bekannt zu machen oder Details zu transportieren, kann ein Umfeld mit Konkurrenzmarken also durchaus wünschenswert oder aber zu vermeiden sein. Vornehmlich unbekanntere Marken könnten in Form einer Steigerung der Erinnerung an die Marke selbst von der Konkurrenz profitieren.

6. Wir haben in allen Studien auch die Einstellung zur Werbung und deren Einfluß auf die Stärke der Wirkung untersucht. Aus Platzgründen konnten in diesem Buch die entsprechenden Auswertungen nicht detailliert dargestellt werden. Deshalb hier die Zusammenfassung: Wir haben die Einstellung zur Werbung mit sehr unterschiedlichen Instrumenten erhoben. Zum Teil haben wir nur eine oder zwei Fragen gestellt (z.B. „Wie gut bzw. schlecht gefällt Ihnen Fernsehwerbung?"), zum Teil aber auch umfangreiche Fragebatterien. Wir haben anhand der Antworten die Befragten in den einzelnen Studien in solche mit eher positiver und eher negativer Einstellung zusammengefaßt.[319] Bis auf eine Ausnahme (die Studie in Kapitel 4) gab es keine signifikanten Unterschiede in der Erinnerungsleistung, der Bewertung oder sonstiger

---

[319] Die studentischen Stichproben hatten insgesamt eine eher kritische Einstellung zur Werbung. Der empirische Mittelwert lag jeweils leicht im negativen Bereich.

abhängiger Variablen zwischen positiv und negativ Eingestellten. In jedem Fall hatte die jeweilige experimentelle Bedingung einen stärkeren Einfluß auf die Rezeption der Werbung. Warum die Ausnahme in Kapitel 4 zustande gekommen ist und womit sie begründet werden könnte, kann mit den vorliegenden Daten nicht geklärt werden. Zum Teil gab es Hinweise auf Kontrasteffekte. Die besonders auffälligen Spots (Aramis, sexuelle Elemente in Kapitel 2; Kindesmißbrauch, emotionalisierende Werbung in Kapitel 3) wurden tendenziell von den negativ Eingestellten positiver bewertet als von den positiv Eingestellten. Die übrigen Spots wurden tendenziell von den positiv Eingestellten besser bewertet. Vor dem Hintergrund dieser Befunde läßt sich folgern, daß die Einstellung gegenüber Werbung entweder mit unseren Meßinstrumenten nicht valide erhoben werden konnte oder sie keine für die Verarbeitung von Werbung relevante Größe darstellt. Möglicherweise spielen Prozesse der sozialen Erwünschtheit und situative Faktoren eine große Rolle. Zwar äußert man sich Werbung gegenüber kritisch, die Verarbeitung selbst wird davon jedoch nicht berührt. Einstellung zu Werbung verdient also eine genauere tiefergehende Analyse. Um die möglichen Zusammenhänge zwischen Einstellung und Rezeption von Werbung genauer zu ergründen, wären Untersuchungen notwendig, die sich primär - und nicht wie in unseren Studien sekundär - mit diesem komplexen Konstrukt beschäftigen und seine vielschichtigen Aspekte analytisch trennen. GLEICH und GROEBEL[320] haben dazu wichtige Studien zusammengestellt. Sie kommen zu dem Ergebnis, daß die *Funktion* von Werbung für den Rezipienten eine entscheidende Rolle spielt. Je nach Motivation, die der Rezeption von Werbung vorausgeht, zeigen sich systematische Unterschiede in den Beurteilungen: Bei Personen, die von Werbung eine sachliche Information der Konsumenten erwarten, sind eher negative Einstellungen zu finden, die gleichzeitig mit insgesamt zurückhaltenden Meinungen gegenüber dem Fernsehen und bestimmten Programmangeboten korrelieren. Die Urteile werden positiver, wenn beim Fernsehzuschauer der Unterhaltungsaspekt im Vordergrund steht.

---

[320] GLEICH, U. und J. GROEBEL (1994) S. 467.

7. Wir haben die kurzfristigen Wirkungen neuer, den Rezipienten bis dahin wenig vertrauten Elementen von Werbung untersucht. Die zum Teil deutlichen Wirkungsmöglichkeiten nutzen sich möglicherweise bei längerer Präsentation ab, vor allem wenn viele Werbetreibende sich auf die neuen wirkungsstarken Gestaltungsformen konzentrieren. Dies betrifft die gestalterische Form des klassischen Werbespots genauso wie die Kreation neuartiger Werbeformen oder -elemente. So bleibt vermutlich den Werbetreibenden nur die Möglichkeit, sich fortwährend nach neuen ungewohnten Werbereizen umzusehen und die Rezipienten in der Flut gleichförmiger Werbung mit dem Besonderen und Unbekannten (als erster) zu erreichen.

8. Aus den Ergebnissen unserer Studien lassen sich auch methodische Konsequenzen für die weitere Werbewirkungsforschung ziehen. Wir haben häufig gegenläufige Effekte auf freie, gestützte oder Detailerinnerung sowie Bewertung gefunden. Dies zeigt, daß Studien möglichst verschiedene Indikatoren für Werbewirkung parallel untersuchen sollten. Gerade unter der Perspektive, daß sich die Verarbeitung werblicher Botschaften innerhalb eine Werbeblocks gegenseitig beeinflußt, bekommen verschiedene Dimensionen von Werbewirkung eine besondere Bedeutung.

Literatur

ANTIL, J. (1984) Conceptualisation and Operationalisation of Involvement, in: KINNEAR, Th. (Hrsg.) *Advances in Consumer Research 11*, Association for Consumer Research, Provo (UT), S. 203-209.

ARD (1995) Dienstanweisung zur Trennung von Werbung und Programm und zum Sponsoring, in: *SDR intern. Informationen für die Beschäftigten*, S. 36-42.

AXELROD, J.N. (1980) Advertising Wearout, in: *Journal of Advertising Research 20*, S. 13-20.

BAGOZZI, R.P. und A.J. SILK (1981) Recall, Recognition, and the Measurement of Memory for Print Advertisements. Arbeitspapier der Alfred P. Sloan School of Management am MiT, Cambridge (Mass.). Zit. nach KROEBER-RIEL, W. (1992) *Konsumentenverhalten*, München, S. 364f.

BALDAUF, S. (1995) Mit Vollgas ins Regionalfernsehen, in: *TeleImages 2*, Frankfurt: IPA-plus, S. 12-13.

BATRA, R. und M.L. RAY (1985) How Advertising works at Contact, in: ALWITT, L.F. und A.A. MITCHELL (Hrsg.) *Psychological Processing and Advertising Effects*, Hillsdale (NJ).

BEHR, R. L., und S. IYENGAR (1985) Television news, real-world cues, and changes in the public agenda, *Public Opinion Quarterly 49*, S. 38-57.

BEHRENS, K.C. (1970) Begrifflich-systematische Grundlagen der Werbung - Erscheinungsformen der Werbung, in: BEHRENS, K.C. (Hrsg.) *Handbuch der Werbung*, Wiesbaden.

BELCH, G.E., BELCH, M.A. und A. VILLARREAL (1987) Effects of advertising communications: Review of research, in: *Research in Marketing 9*, S. 59-117.

BELLO, D.C., PITTS, R.E. und M.J. ETZEL (1983) The communication effects of controversial sexual content in television-programs and commercial, in: *Journal of Advertising 12* (3), S. 32-42.

BERLYNE, D.E. (1970) Novelty, Complexity, and Hedonic Value, in: *Perception and Psychophysics 8*, S. 279-286. Zitiert nach RETHANS, A.J. et al. (1986) Effects of Television Commercial Repetition, Receiver Knowledge, and Commercial Length: A Test of the Two-Factor Model, in: *Journal of Marketing Research 13 (February)*, S. 50-61.

BERRY, C. und B. R. CLIFFORD (1986) Learning from television news. Effects of presentation and knowledge on comprehension and memory. IBA Report, North East London Polytechnic.

BERRY, C., GUNTER, B. und B. R. Clifford (1980) Nachrichtenpräsentation im TV: Faktoren, die die Erinnerungsleistung der Zuschauer beeinflussen, in: *Media Perspektiven 10*, S. 688-694.

BETTMAN, J.R. (1979) *An Information Processing Theory of Consumer Choice*, Reading (Mass.).

BIERHOFF, H.W. und R. KLEIN (1990) Prosoziales Verhalten, in: STROEBE, W., HEWSTONE, M., CODOL, J.-P. und , M. STEPHENSON (Hrsg.) *Sozialpsychologie*, Berlin u.a., S.258-274.

BIRBAUMER, N. (1975) *Physiologische Psychologie - eine Einführung an ausgewählten Themen*, Berlin u.a.

BITNER, M.J und C. OBERMILLER (1985) The Elaboration Likelihood Model: Limitations and Extensions in Marketing, in: *Advances in Consumer Research 12*, S. 420-425.

BOSTER, F.J. und P. MONGEAU (1984) Fear-Arousing persuasive Messages, in: *Communications Yearbook 8*, Beverly Hills, S.330-375.

BREHM, J.W. (1989) Psychological Reactance: Theory and Applications, in: SRULL, T.K. (Hrsg.) *Advances in Consumer Research 16*, Provo (UT), Association for Consumer Research, S. 72-75.

BROSIUS, H.-B. (1990) Bewertung gut, Behalten schlecht: Die Wirkung von Musik in Informationsfilmen, in: *Medienpsychologie 2*, S. 44-55.

BROSIUS, H.-B. und C. BERRY (1990) Ein Drei-Faktoren-Modell der Wirkung von Fernsehnachrichten, in: *Media Perspektiven 9*, S. 573-583.

BROSIUS, H.-B. und N. MUNDORF (1990) Eins und eins ist ungleich zwei: Differentielle Aufmerksamkeit, Lebhaftigkeit von Informationen und Medienwirkung, in: *Publizistik 35*, S. 398-407.

BROSIUS, H.-B. und S. KAYSER (1991) Der Einfluß von emotionalen Darstellungen im Fernsehen auf Informationsaufnahme und Urteilsbildung, in: *Medienpsychologie 3*, S. 236-253.

BROSIUS, H.B. und J. HABERMEIER (1993) Auflockerung oder Ablenkung? Die Wirkung von Zwischenblenden in der Fernsehwerbung, in: *Publizistik 38*, S. 76-89.

BRUHN, M. (1987) *Sponsoring: Unternehmen als Mäzene und Sponsoren*, Wiesbaden.

BRUHN, M. und J. TILMES (1994) *Social Marketing: Einsatz des Marketing für nichtkommerzielle Organisationen*, Stuttgart u.a.

BUCHMÜLLER, H. (1989) *Empirische Studien zur Werbewirkungsforschung*. Magisterarbeit: Mainz.

BÜHL, M.E. (1996) *Der Einfluß von Programmsponsoring auf die Rezeption von Werbebotschaften*, Mainz: Institut für Publizistik, unveröffentlichte Magisterarbeit.

BURKE MARKETING RESEARCH INC. (1978) *Day-after recall television commercial norms*, White Plains.

CACIOPPO, J.T. und R.E. PETTY (1979) Effects of Message Repetition and Position on Cognitive Response, Recall, and Persuasion, in: *Journal of Personality and Social Psychology 37 (January)*, S. 97-109.

CACIOPPO, J.T. und R.E. PETTY (1986) *Communication and Persuasion. Central and Peripheral Routes to Attitude Change,* New York u.a.

CACIOPPO, J.T. und R.E. PETTY (1989) Effects of Message Repetition on Argument Processing, Recall, and Persuasion, in: *Basic and Applied Social Psychology 10*, S. 3-12.

CELSI, R.L und J.C. OLSON (1988) The Role of Involvement in Attention and Comprehension Processes, in: *Journal of Consumer Research 15 (September)*, S. 210-224.

CHAIKEN, S. (1980) Heuristic Versus Systematic Information Processing and the Use of Source Versus Message Cues in Persuasion, in: *Journal of Personality and Social Psychology 39*, S. 752-766.

CHAIKEN, S. und A. EAGLY (1993) Communication Modality as a Determinant of Persuasion: The Role of Communicator Salience, in: *Journal of Personality and Social Psychology 45*, S. 241-256.

CHAIKEN, S. und A. H. EAGLY (1976) Communication Modality as a Determinant of Message Persuasiveness and Message Comprehensibility, in: *Journal of Personality and Social Psychology 34*, S. 605-614.

CHESTNUT, R., LaCHANCE, C. und A. LUBITZ (1977) The „decorative" female model: Sexual stimuli and the recognition of advertisements, in: *Journal of Advertising 6*, S. 11-14.

CLANCY, K.J. und D.M. KWESKIN (1971) TV commercial recall correlates, in: *Journal of Advertising Research 11*, S.18-20.

CRAIK, F.I. und R.S. LOCKHARDT (1972) Levels of Processing: A Framework for Memory Research, in: *Journal of Verbal Learning and Verbal Behaviour 11*, S. 671-684.

DEBUS, M. (1995) Anhaltende Dominanz der Fernsehwerbung, in: *Media Perspektiven 6*, S. 246-257.

DEUTSCHER WERBERAT (1992) Verlautbarung des Deutschen Werberats zum Thema Herabwürdigung und Diskriminierung von Personen, in: *Jahrbuch Deutscher Werberat* (1992).

DÖRFLER, G. (1993) *Product Placement im Fernsehen - unlautere Werbung oder denkbare Finanzierungsquelle im dualen Rundfunksystem?*, Frankfurt am Main.

EULER, H.A. (1983) Lerntheoretische Ansätze, in: EULER, H.A. und H. MANDL. *Emotionspsychologie*, München u.a.

FAHR, A. (1995) *Fernsehwerbung: Der Einfluß von Kurzwiederholungen auf die Erinnerung und Beurteilung von Werbespots*, Mainz: Institut für Publizistik, unveröffentlichte Magisterarbeit.

FAHR, A., KOCH, S., KNEIFFEL, I. und J. STEUERNAGEL (1994) *Erinnerungseffekte der Wiederholung von Werbespots innerhalb eines Werbeblocks am Beispiel des Hörfunks*, Arbeitsgruppenbericht, Johannes Gutenberg-Universität Mainz.

FELDMEIER, S.(1994) Programm-Sponsoring. Effekte brauchen Zeit, in: *Werben & Verkaufen* Backround 30 (29.7.).

FESTINGER, L. und N. MACCOBY (1964) On Resistance to Persuasive Communication, in: *Journal of Abnormal and Social Psychology 4*, S. 359-366.

FISHBEIN, M. und J. AJZEN (1975) *Belief, Attitude, Intention and Behaviour*: An Introduction to Theory and Research, Reading (Mass.).

FRIEDSTAD, M. und M. THORSTON (1986) Emotion-Eliciting Advertising: Effects on Long Term Memory and Judgement, in: *Advances in Consumer Research*, S. 111-116.

FRÖHLICH, W. (1987) *Wörterbuch zur Psychologie*, München.

GLANZER, M. und A. R. CUNITZ (1966). Two storage mechanisms in free recall, *Journal of Verbal Learning and Verbal Behaviour 5*, S. 351-360.

GLASS, A.L., HOLYOAK, K.J. und J.L. SANTA (1979) *Cognition*, Reading (Mass.).

GLEICH, U. und C. FREY (1995) Sponsoring und andere neue Formen der Werbung, in: *Media Perspektiven 5*, S. 235-240.

GLEICH, U. und J. GROEBEL (1994) ARD-Forschungsdienst: Einstellungen der Rezipienten gegenüber Werbung - Befunde internationaler Forschung, in: *Media Perspektiven 9*, S. 467-472.

GOLDSTEIN, M. (1959) The Relationship between Coping and Avoiding Behavior and Response to Fear-Arousing Propaganda, in: *Journal of Abnormal and Social Psychology 58*, S. 247-252.

GREENWALD, A.G. und C. LEAVITT (1984) Audience Involvement in Advertising: Four Levels, in: *Journal of Consumer Research 11*, S. 581-592.

GUNTER, B. (1979). Recall of brief television news items: Effects of presentation mode, picture content and serial position, in: *Journal of Educational Television and Other Media 5*, S. 57-61.

HALE, J.L., LEMIEUX, R. und P.A. MONGEAU (1995) Cognitive Processing of Fear-Arousing Message Content, in: *Communication Research 22*, S. 459-475.

HARTMANN, R. (1995) Erst denken, dann sponsern, in: *PR-Magazin 5*, S. 20-21.

HAWKINS, S.A. und S.J. JOCH (1992) Low-Involvement Learning: Memory without Evaluation, in: *Journal of Consumer Research 19 (September)*, S. 221-225.

HERRMANNS, A. (1993) *Sponsoring. Charakterisierung und Arten des Sponsoring*, in: BERNDT, R. und A. HERRMANNS (Hrsg.) *Handbuch Marketingkommunikation*, Wiesbaden, S. 625-648.

HOVLAND, C.I. et al. (1964) *Communication and persuasion*, New Haven.

HUBERT, K. (1987) *Image. Corporate-Image, Marken-Image, Produkt-Image*, Landsberg a.L.

ISENBART, J. (1995[a]) Das Erste und Zweite zum Dritten. Werbewirkung: ARD und ZDF präsentieren Teilergebnisse der Studie „Qualitäten der Fernsehwerbung III", in: *Media Spectrum 6*, S. 41-43.

ISENBART, J. (1995[b]) „Hält doppelt wirklich besser?", in: *Media Spectrum 10*, S. 32ff. und 11, S. 51ff.

ISENBART, J. (1996) Mehr als nur „fundierter Glaube"? - Round-table von UFA und Media Spectrum: Wirkungsforschung auf dem Prüfstand, in: *Media Spectrum 3*, S. 36-38.

ISPR GmbH (1995) *Guideline. Programm-Sponsoring. Darstellung von Möglichkeiten, konzeptionelle Umsetzung und Ergebnisse*, München.

IZARD, C.E. (1981) *Die Emotionen des Menschen*, Weinheim u.a.

JANIS, I.L. (1967) Effects of fear arousal on attitude change: Recent developments in theory and experimental research, in: BERKOWITZ, L. (Hrsg.) *Advances in Experimental Social Psychology 3*, New York, S. 166-224.

JANIS, I.L. und S. FESHBACH (1953) Effects of Fear-Arousing Communications, in: *Journal of Abnormal and Social Psychology 48*, S. 78-92.

JANIS, I.L. und S. FESHBACH (1954) Personality differences associated with responsiveness to fear-arousing communications, in: *Journal of Abnormal Psychology 23*, S. 154-166.

KARLE, R. (1995) Gedränge an der Biertheke, in: *PR-Magazin 5*, S. 16.

KEPPLINGER, H.M. (1990) Sehen ist nicht erinnern, Erinnern ist nicht verstehen, in: *Viertel-Jahreshefte für Media- und Werbewirkung 1*, S. 26-33.

KOSCHNICK, W.J. (1988) *Standardlexikon für Mediaplanung und Media-forschung*, München u.a.

KRAUSS, W. (1982) *Insertwirkungen im Werbefernsehen. Eine empirische Untersuchung zum „Mainzelmänncheneffekt"*, Bochum.

KRAUSS, W., STEPHAN, E. und W. SCHMITT (1989) *Die Wirkung von Zwischenblenden im Werbefernsehen. Eine experimentelle Untersuchung*, Köln.

KRISHER, H.P., DARLEY, S.A. und J.M. DARLEY (1973) Fear Providations, Intentions to take preventive actions and actual preventive Art, in: *Personality and Social Psychology 26*, S. 301-308.

KROEBER-RIEL, W. (1979) Activation Research - Psychobiological Approaches in Consumer Research, in: *Journal of Consumer Research 5* (4), S. 240-250.

KROEBER-RIEL, W. (1984) Emotional Product Differentiation by Classical Conditioning (with Consequences for the 'low-involvement-Hierarchy'), in: KINNEAR, TH. (Hrsg.) *Advances in Consumer Research 11*, Ann Arbor: Association of Consumer Research, S. 538-543.

KROEBER-RIEL, W. (1991) *Strategie und Technik der Werbung*, Stuttgart.

KROEBER-RIEL, W. (1992) *Konsumentenverhalten*, München.

KRUGMAN, H.E. (1965) The Impact of Television Advertising: Learning without Involvement, in: *Public Opinion Quarterly 29*, S. 349-365.

KRUGMAN, H.E. (1966) The Measurement of Advertising Involvement, in: *Public Opinion Quarterly 30*, S. 583-596.

KRUGMAN, H.E. (1988) Point of view: Limits of attention to advertising, in: *Journal of Advertising Research 28*, S. 47-50.

LASTOVICKA, J.L. und D.M. GARDNER (1979) Components of Involvement, in: MALONEY, J.C. und B. SILVERMAN (Hrsg.) *Attitude Research plays for High Stakes*, Chicago, S. 56-73.

LAUX, L., GLANZMANN, P. und P. SCHAFFER (1981) *Das State-Trait-Angstinventar. Theoretische Grundlagen und Handlungsanweisungen*, Weinheim.

LEACH, D. C. (1981) *Should ads be tested?,* in: *Advertising Age*, 20. Oktober, S.28-30.

LEVENTHAL, H. (1970) Findings and theory in the study of fear communications, in: BERKOWITZ, L. (Hrsg.) *Advances in Experimental Social Psychology 5*, New York, S. 119-186.

LEVENTHAL, H. und G. TREMBLY (1968) Negative Emotions and persuasion, in: *Journal of Personality 36*, S. 154-168.

LEVINE, R. (1987) Waiting is a power game, zit. nach: BIERHOFF, H.W. und R. KLEIN (1990) *Prosoziales Verhalten*, Berlin u.a., S. 258-274.

LILIENTHAL, G. (1990) *Der Einfluß der Reihenfolge und der Präsentationsform von Fernsehnachrichten auf die Erinnerung und das Verstehen,* Mainz: Institut für Publizistik, unveröffentlichte Magisterarbeit.

LINDSAY, P.H. und D.A. NORMAN (1981) *Human Information Processing,* New York, S. 239.

LOESCH, G. (1981) Mainzelmänncheneffekte oder Kroeber-Riel-Effekte, in: *Interview und Analyse 8* , Heft 11/12, S. 470-475.

LORD, K.R. und R.E. BURNKRANT (1988) *Television program elaboration effects on commercial processing,* Advances in Consumer Research 15, S. 213-218.

MACKENZIE, S.B., LUTZ, R.J. und G.E. BELCH (1986) The Role of Attitude Toward the Ad as Mediator of Advertising Effectiveness: A Test of Competing Explanations, in: *Journal of Marketing Research 23,* S. 130-143.

MAYER, H. (1982) *Werbepsychologie.* Stuttgart.

MAYER, H. (1993) *Werbepsychologie,* 2. überarb. Auflage, Stuttgart.

MAYER, H. (1990) *Werbewirkung und Kaufverhalten,* Stuttgart.

MAYER, H. und A. BEITER-ROTHER (1980) Konsequenzen furcht- und angstinduzierender Kommunikation, in: *Jahrbuch der Absatz- und Verbrauchsforschung (26-4),* S. 314-352.

MAYER, H. und E. WEIDLING (1986) Aktuelle Forschungsergebnisse aus der Markt- und Werbepsychologie, in: *Jahrbuch der Absatz- und Verbrauchsforschung 32,* S. 314-343.

MAYER, H. und G. SCHUHMANN (1979) Wiederholungseffekte von Werbemaßnahmen, in: *Jahrbuch der Absatz- und Verbrauchsforschung 2,* S. 143-161.

MAYER, H., DÄUMER, U. und H. RÜHLE (1992) *Werbepsychologie*, Stuttgart.

MCGUIRE, W.J. (1972) Attitude change: The information processing paradigm, in: MCCLINTOCK, C.D. (Hrsg.) *Experimental social psychology*, New York, S. 108-141.

MCGUIRE, W.J. (1966) Attitudes and opinion, in: *Annual Review of Psychology 17*, S. 475-514.

MCGUIRE, W.J. (1968) The Nature of Attitudes and Attitude Change, in: LINDZEY, G. und E. ARONSON (Hrsg.) *Handbook of Social Psychology*, New York, S. 136-314.

MEDIA FACTS (1995) Heft Dezember.

MEFFERT, H. (1996) *Marktforschung*, Wiesbaden.

MEINERS, M. (1994) Sponsoring. Grenzgang nach acht. Mit gesponserten Sendungen nach 20 Uhr loten ARD und ZDF die Grenzen des Erlaubten aus, in: *Focus 14* (02. 04.), S. 168.

MILLER, N.E. (1948) Studies of fear as an acquirable drive: Fear as motivation and fear-reduction as re-inforcement in the learning of new responses, in: *Journal of Experimental Psychology 38*, S. 89-101.

MÖLLER, J.D. (1994) Sportsponsoring. Status und Perspektiven in der Wirkungsforschung, in: *Media Spectrum 10*, S. 58.

MOSER, K. (1990) *Werbepsychologie*, München.

MUNDORF, N. und D. ZILLMANN (1991) Effects of Story Sequencing on Affective Reactions to Broadcast News, in: *Journal of Broadcasting & Electronic Media 2*, S. 197-211.

MUNDORF, N., DREW, D., ZILLMANN, D. und J. WEAVER (1990) Effects of Disturbing News on Recall of Subsequently Presented News, in: *Communication Research 5*, S. 601-615.

MUNDORF, N., ZILLMANN, D. und D. DREW (1991) Effects of Disturbing Televised Events on Acqusition of Information from Subsequently Presented Commercials, in: *Journal of Advertising 1*, S. 46-53.

MURPHY, J. H., CUNNINGHAM, I. C. M. und G. B. WILCOX (1979) The impact of program environment on recall of humorous television commercials, in: *Journal of Advertising Research 8*, S. 17-21.

MUTZ, M. (1995) Kommerz und Karitas, in: *Spiegel Special 11: Die Macht der Mutigen*, S. 131-132.

NIEMEYER, H.-G. und J.M. CZYCHOLL (1994) *Zapper, Sticker und andere Medientypen. Eine marktpsychologische Studie zum selektiven TV-Verhalten*, Stuttgart.

NISBETT, R.E. und L. ROSS (1980) *Human Inference: Strategies and Shortcomings of Social Judgement*, Englewood Cliffs.

o.V. (1993) Kultursponsoring soll nun Erfolgsnachweise bringen. Unternehmen verpassen den Sponsoring-Aktivitäten professionelle Konzepte, in: *Horizont vom 19.3.*, S. 2.

o.V. (1993) Langfristige Konzepte tragen durch die Krise. Strategisches, kreatives und innovatives Sponsoring hat weiter Wachstumschancen, in: *Werben & Verkaufen 39*, S. 94.

o.V. (1994) Neuer Trend geht „ganz dicht an die Zielgruppe", in: *Werben & Verkaufen 14*, S. 114.

o.V. (1994) Sponsoren werben klassisch. Opel mit amüsanten Motiven /NEC nahe an Produktwerbung, in: *Horizont 29*, S.6.

o.V. (1995) Mitleid via Mattscheibe - Hilfsorganisationen verlieren in großem Umfang Spenden an TV-Talkshows, in: *Süddeutsche Zeitung* vom 26. Juni.

OBERMILLER, C. (1985) Varietes of Mere Exposure: The Effects of Processing Style and Repetition on Affective Response, in: *Journal of Consumer Research 12 (June)*, S. 17-30.

OPASCHOWSKI, H.W. (1992) *Freizeit 2001. Eine Projektstudie zur Freizeitforschung vom B.A.T. Freizeit-Forschungsinstitut*, Hamburg.

OSTHEIMER, R. H. (1970) Frequency effects over time, in: *Journal of Advertising Research 10*, S. 19-22.

PARK, C.W. und G.W. MCCLUNG (1986) The effects of TV-program Involvement on involvement with commercials, in: *Advances in Consumer Research 13*, S. 544-548.

PETERSON, R.A. und R.A. KERIN (1977) The female role in advertisments: Some experimental evidence, in: *Journal of Marketing 41*, S. 59-63.

PETTY, R.E. und J.T. CACIOPPO (1986[a]) *Communication and persuasion*, New York.

PETTY, R.E. und J.T. CACIOPPO (1986[b]) The Elaborated Likelihood Model of Persuasion, in: *Advances in Experimental Social Psychology 19*, S. 124-205.

PETTY, R.E., CACIOPPO, J.T. und D. SCHUHMANN (1983) Central and Peripheral Routes to Advertising Effectiveness: The Moderating Role of Involvement, in: *Journal of Consumer Research 10*, S. 136-146.

PETTY, R.E., OSTROM, T.M. und T.C. BROCK (1981) Historical Foundation of the Cognitive Response Approach to Attitudes and Persuasion, in: dies. (Hrsg.) *Cognitive Responses in Persuasion*, Hillsdale (NY).

PULCH, B. (1995) Ran an den Zuschauer. Das TV-Sponsoring legt kräftig zu, in: *Werben & Verkaufen 9*, S. 126.

REEVES, B. (1989) Theories about news and theories about cognition: Arguments for a more radical separation, in: *American Behavioral Scientist 33*, S. 191-198.

RETHANS, A.J. et al. (1986) Effects of Television Commercial Repetition, Receiver Knowledge, and Commercial Length: A Test of the Two-Factor Model, in: *Journal of Marketing Research 13 (Februar)*, S. 50-61.

RICHMOND, D. und P.T. HARTMAN (1982) Sex appeal in advertising, in: *Journal of Advertising Research 22*, S. 53-60.

ROGERS, R.W. (1975) A protection motivation theory of fear appeals and attitude change, in: *Journal of Psychology 91*, S. 93-114.

ROGERS, R.W. (1983) Cognitive and physiological processes in fear appeals and attitude change: a revised theory of protection and motivation, in: CACIOPPO, J.T. und R.E. PETTY (Hrsg.) *Social Psychophysiology: a sourcebook*, New York.

ROSENSTIEL, L. von (1973) *Psychologie der Werbung*, Rosenheim.

ROSER, C. und M. THOMPSON (1995) Fear Appeals and the Formation of Active Publics, in: *Journal of Communication 45-1*, S. 103-121.

ROSSITER, J.R. und L. PERCY (1983) Visual Communication in Advertising, in: HARRIS, R.J. (Hrsg.) *Information Processing Research in Advertising*, Hillsdale (NJ), S. 83-125.

SANBONMATSU, D.M. und F.R. KARDES (1988) The effect of physiological arousal on information processing and persuasion, in: *Journal of Consumer Research 15*, S. 379-385.

SCHACHTER, S. und J.E. SINGER (1992) Cognitive, social and psychological determinants of emotional states, in: *Psychological Review 4*, S. 379-399.

SCHENK, M. (1987) *Medienwirkungsforschung*, Tübingen.

SCHENK, M., DONNERSTAG, J. und J. HÖFLICH (1990) *Wirkungen der Werbe-kommunikation*, Köln-Wien.

SCHLOSSER, S. (1994) Lockerere TV-Sponsoring-Regeln. Ab August dürfen Sponsoren in der Unterbrecherwerbung auch Werbespots schalten. Kreativere Sponsorhinweise möglich, in: *Horizont 22* vom 3. Juni, S. 13.

SCHNETKAMP, G. (1982) *Einstellungen und Involvement als Bestimmungs-faktoren sozialen Verhaltens*, Frankfurt.

SCHUH, A. (1988) Vom instrumentellen zum identitätsgestützten Sponsoring, in: *Thexis 6*, S. 15.

SCHWARTZ, S.H. und J.A. HOWARD (1981) A normative decision-making model of altruism, in: RUSHTON, J.P. und R.M. SORRENTINO (Hrsg.) *Altruism and Helping Behavior*, Hillsdale.

SCHWEIGER, G. und G. SCHRATTENECKER (1986) *Werbung. Eine Einführung*, Stuttgart.

SCHWERIN, H. A. (1960) Program-commercial compatibility, in: *Bulletin 8*, Schwerin Research Corporation.

SIEBENHAAR, H.-P. (1996) TV-Sport: Spielfeld mit hoher Werbewirkung, in: *Media Spectrum 1*, S.14-17.

SIMON, H. (1978) Rationality as process and product of thought, in: *American Economic Review 68*, S. 1-16.

SOLDOW, G.F. und V. PRINCIPE (1981) Response to commercials as a function of program content, in: *Journal of Advertising Research 21*, S. 59-66.

SOLOMON, R.L. (1980) The opponent-process-theory of acquired motivation, in: *American Psychologist 35*, S. 619-712.

SPANIER, J. (1993) *Ausstrahlungseffekte von emotionalisierenden Werbespots*, Mainz: Institut für Publizistik, unveröffentlichte Magisterarbeit.

SPIELBERGER, C.D. (1966) *Anxiety and behaviour*, New York.

SPIELBERGER, C.D. (1972) *Anxiety: Current trends in theory and research 1*, New York.

STAAB, J. F. (1992) Ausstrahlungseffekte von Beiträgen in Fernsehnachrichten. Zur Ursachenattribution bei der Rezeption politischer Medieninhalte, in: *Rundfunk und Fernsehen 40*, S. 544-556.

STEADMAN, M. (1969) How sexy illustrations affect brand recall, in: *Journal of Advertising Research 9*, S.15-19.

STEGMAIER, P. (1991) Die Privatsender rühren die Werbe-Einheitssoße an, in: *Werben & Verkaufen 48*, S. 12-14.

STEINER, G. A. (1966) The people look at commercials: A study of audience behavior, in: *Journal of Business of the University of Chicago 39*, S. 272-304.

STEINER, K. (1980) Werbung im Fernsehen, in: ORF (Hrsg.) *Berichte zur Medienforschung 24*, Wien.

STERNTHAL, B. und C.S. CRAIG (1974) Fear appeals: Revisited and revised, in: *Journal of Consumer Research 1*, S. 22-34.

STROEBE, W., HEWSTONE, M., CODOL, J.-P. und G.M. STEPHENSON (1992) *Sozialpsychologie. Eine Einführung*, 2. Auflage, Berlin-Heidelberg.

SUTTON, S.R. (1982) Fear-arousing communications: A critical examination of theory and research, in: EISER, J.R. (Hrsg.) *Social psychology and behavioral medicine*, London, S.303-337.

SYFFERT, R. (1966) *Werbelehre - Theorie und Praxis der Werbung*, Stuttgart.

TANNENBAUM, P. H. (1954) Effects of serial position on recall of radio news stories, *Journalism Quarterly 31*, S. 319-323.

TANNENBAUM, P.H. (1978) Emotionale Erregung durch Kommunikative Reize. Der Stand der Forschung, in: *Fernsehen und Bildung 12*, S. 184-194.

TANNENBAUM, P.H. und D. ZILLMANN (1975) Emotional arousal in the facilitation of aggression through communication, in: *Advances in Experimental Social Psychology 8*, S. 149-192.

TRAXEL, W. (1983) Zur Geschichte der Emotionskonzepte, in: EULER, H.A. und H. MANDL (Hrsg.) *Emotionspsychologie. Ein Handbuch in Schlüsselbegriffen*. München u.a., S. 11-18.

TROMMSDORFF, V. (1982) Mainzelmännchen: Wie man unbequeme Forschungsbefunde beseitigt, in: *Interview und Analyse 9*, S. 59-61.

TVERSKY, A. und D. KAHNEMAN (1974) Judgment under Uncertainty: Heuristics and Biases, in: *Science 185*, S. 1124-1131.

UFA Film- und Fernseh- GmbH (Hrsg.) und P. BEIKE (1995) *Kontaktdefinition und Kontaktpreisberechnung im Sportsponsoring*, Hamburg-München.

VAIHINGER, S. (1996) *Der Einfluß der Stärke von Furchtappellen auf die Verarbeitung nicht-kommerzieller Werbung*, Mainz: Institut für Publizistik, unveröffentlichte Magisterarbeit.

VITOUCH, P. (1982) Psychologie der Emotion, in: STURM, H., VITOUCH, P. und H. BAUER. Emotion und Erregung - Kinder als Fernsehzuschauer. Eine psychophysiologische Untersuchung, in: *Fernsehen und Bildung 1*, S. 17-29.

WALFORD, N.C. (1992) Reflexionen über Sponsoring, in: *Vierteljahreshefte für Media- und Werbewirkung 4*, S. 29.

WELLER, B.R., ROBERTS, C.R. und C. NEUHAUS (1979) A longitudinal study of the effect of erotic content upon advertising brand recall, in: LEIGH, J.H und C.K. MARTIN (Hrsg.) *Current Issues and Research in Advertising 2*, S. 145-161.

WICHMANN, D. (1994) Werbung durch die Hintertür. Durch Sponsoring weichen ARD und ZDF das abendliche Reklame-Verbot auf, in: *Die Welt* vom 25.03.

WILSON, D.R. und N.K. MOORE (1979) The role of sexually-oriented stimuli in advertising: Theory and literature review, in: WILKIE, W.A. (Hrsg.) *Advances in Consumer Research 6*, S. 55-61.

WOLTER, R. (1995) Programmsponsoring: Medialer Sündenfall?, in: *PR-Magazin 3*, S. 26-28.

YERKES, R.M. und J.D. DODSON (1908) The relation of strength of stimulus to repetity of habit formation, in: *Journal of Comparative Neurological Psychology 18*, S. 459-482.

YOSEPH, S. (1977) On-air: Are we testing the message or the medium? Vortrag auf dem Treffen der Walter Thompson Research Konferenz, New York, November.

ZAICHKOWSKY, J.L. (1985) Measuring the Involvement Construct, in: *Journal of Consumer Research 12*, S. 341-352.

ZAJONC, R.B. (1980) Feeling and Thinking. Preferences need no Inferences, in: *American Psychologist 35*, S. 151-175f.

ZANJONC, R.B. (1968) Attitudinal Effects of Mere Exposure, in: *Journal of Personalitiy and Social Psychology 9 (Monograph Supplement)*, S. 1-27.

ZASTROW, H. (1993) Sponsoring: Rationale Komponente siegt, in: *Horizont 41*, S. 50-54.

ZDF (1991): *Mainzelmännchen machen die Werbung im ZDF unterhaltsamer.* Ergebnisse einer experimentellen Untersuchung des ZDF Werbefernsehens, Mainz.

ZDF (1992) *Medienrecht. Staatsvertrag über den Rundfunk im vereinten Deutschland,* ZDF-Schriftenreihe 44, Mainz.

ZILLMANN, D. (1971) Exitation Transfer in Communication-Mediated Aggressive Behaviour, in: *Journal of Experimantal Social Psychology 4,* S. 419-434.

ZILLMANN, D. (1983) Transfer of Exitation in Emotional Behaviour, in: CACIOPPO, J.T. und R.E. PETTY (Hrsg.) *Social Psychology. A Sourcebook,* New York, S. 215-240.

ZIMMERMANN, E. (1972) *Das Experiment in den Sozialwissenschaften.* Studienskripten zur Soziologie, Stuttgart.